HIPROFIT

Europäische Hochschulschriften
Publications Universitaires Européennes
European University Studies

Reihe V
Volks- und Betriebswirtschaft

Série V Series V
Sciences économiques, gestion d'entreprise
Economics and Management

Bd./Vol. 2401

PETER LANG
Frankfurt am Main · Berlin · Bern · New York · Paris · Wien

Peter Rausch

HIPROFIT

Ein Konzept zur Unterstützung der hierarchischen Produktionsplanung mittels Fuzzy-Clusteranalysen und unscharfer LP-Tools

PETER LANG
Europäischer Verlag der Wissenschaften

Die Deutsche Bibliothek - CIP-Einheitsaufnahme

Rausch, Peter:

HIPROFIT : ein Konzept zur Unterstützung der hierarchischen Produktionsplanung mittels Fuzzy-Clusteranalysen und unscharfer LP-Tools / Peter Rausch. - Frankfurt am Main ; Berlin ; Bern ; New York ; Paris ; Wien : Lang, 1999
(Europäische Hochschulschriften : Reihe 5, Volks- und Betriebswirtschaft ; Bd. 2401)
Zugl.: Frankfurt (Main), Univ., Diss., 1998
ISBN 3-631-34235-7

D 30
ISSN 0531-7339
ISBN 3-631-34235-7

Vorwort

Die vorliegende Arbeit wurde im Februar 1998 vom Fachbereich Wirtschaftswissenschaften der Johann Wolfgang Goethe-Universität in Frankfurt am Main angenommen.

Mein besonderer Dank gilt meinem Doktorvater, Herrn Prof. Dr. Heinrich Rommelfanger, der maßgeblich zum Gelingen der Arbeit beigetragen hat. Er hat mir jederzeit als Diskussions- und Anprechpartner mit fachlichem Rat zur Seite gestanden und ein offenes, kreatives Forschungsumfeld geschaffen, das dieser Arbeit sehr zu gute kam. Sein großes persönliches Engagement und seine nicht nur auf das fachliche beschränkte Unterstützung ist im höchsten Maße zu würdigen. Herrn Prof. Dr. Heinz Isermann danke ich herzlich für die Übernahme des Koreferats und seine wertvollen Anregungen.

Unermeßlicher Dank gebührt meiner Mutter, die mich in den viele Jahren meiner Ausbildung uneingeschränkt unterstützt und gefördert hat. Ganz besonders danke ich für ihre Hilfe bei der Endgestaltung des Manuskripts.

Meine Frau Margarete verzichtete auf so manche gemeinsame Stunde und hat mir viel Geduld und Verständnis entgegengebracht. Sie unterstützte mich vor allem in der Endphase meiner Promotion. Ich danke ihr dafür von ganzem Herzen.

Der Graduiertenförderung der Johann Wolfgang Goethe-Universität, die diese Arbeit mit finanziellen Mitteln des Landes Hessen unterstützt hat, bin ich zu großem Dank verpflichtet.

Frankfurt, September 1998 Peter Rausch

Abbildungsverzeichnis

Abkürzungsverzeichnis

AA	–	Auftragsagent
Abb.	–	Abbildung
Aufl.	–	Auflage
Bd.	–	Band
BDE	–	Betriebsdatenerfassung
bzw.	–	beziehungsweise
CLAZZI	–	Cluster analysis Anticipating Fuzziness
CLP	–	Capacitated Lot Sizing Problem
CRP	–	Capacity Requirements Planning
Ders.	–	Derselbe
d.h.	–	das heißt
Diss.	–	Dissertation
DNC	–	Direct Numerical Control
EDV	–	elektronische Datenverarbeitung
EJOR	–	European Journal of Operational Reserach
FCM	–	Fuzzy C–Means–Verfahren
FULPAL	–	Fuzzy Linear Programming based on Aspiration Levels
FSS	–	Fuzzy Sets and Systems
FZ	–	Fortschrittszahl
HIPROFIT	–	Hierarchische Produktionsplanung mit fuzzy interaktiven Tools
Hrsg.	–	Herausgeber
i.a.	–	im allgemeinen
i.d.R.	–	in der Regel
IEEE Trans. on PAMI	–	IEEE Transactions on Pattern Analysis and Machine Intelligence
IEEE Trans. on SMC	–	IEEE Transactions on Systems, Man, and Cybernetics
IJPR	–	International Journal of Production Research
IJPE	–	International Journal of Production Economics
jap.	–	japanisch
JASA	–	Journal of the American Statistical Association
Jg.	–	Jahrgang
JIT	–	Just–in–Time
KI	–	Künstliche Intelligenz

LAN	–	Local Area Network
LP	–	Lineare Programmierung
MGA	–	Maschinengruppenagent
MIP	–	Mixed Inter Programming
MOLP	–	Multi Objective Linear Programming
MRP I	–	Material Requirements Planning
MRP II	–	Manufacturing Resource Planning II
		oder auch: Management Resource Planning II
MS	–	Management Science
o.a.	–	oben angeführte
o.O.	–	ohne Ort
o.Jg.	–	ohne Jahrgang
OR	–	Operations Research
PC	–	Personal Computer
PPS	–	Produktionsplanung und –steuerung
ROT	–	Run Out Time
S.	–	Seite
Sp.	–	Spalte
TSP	–	Travelling Salesman Problem
u.a.	–	unter anderem
u.B.d.N.	–	unter Beachtung der Nebenbedingungen
u.U.	–	unter Umständen
vgl.	–	vergleiche
Vol.	–	Volume
WiSt	–	Wirtschaftswissenschaftliches Studium
WISU	–	Das Wirtschaftsstudium
z.B.	–	zum Beispiel
ZfB	–	Zeitschrift für Betriebswirtschaft
ZfbF	–	Zeitschrift für betriebswirtschaftliche Forschung
ZOR	–	Zeitschrift für Operations Research
z.T.	–	zum Teil
ZwF	–	Zeitschrift für wirtschaftliche Fertigung
z.Zt.	–	zur Zeit

Symbolverzeichnis

$\cap$ – Schnittmenge

$\subset$ – echte Inklusion

$\subseteq$ – Inklusion

∞ – unendlich

$\times$ – cartesisches Produkt

$\rightarrow$ – ... wird abgebildet auf ...

$\Rightarrow$ – aus ... folgt ...

$\Leftrightarrow$ – ist äquivalent

$\oplus$ – erweiterte Addition

$\ominus$ – erweiterte Subtraktion

$\odot$ – erweiterte Multiplikation

$>$ – größer als

$\geq$ – größer gleich

$<$ – kleiner als

$\leq$ – kleiner gleich

$\tilde{\leq}$ – Kleiner–Gleich–Relation

$\tilde{\leq}_R$ – Kleiner–Gleich–Relation

$\cong$ – Gleich–Relation

$\succ$ – Präferenz

$\in$ – Element von

$\notin$ – nicht Element von

$\neq$ – ungleich

$\mathbb{R}$ – Menge der reellen Zahlen

$\mathbb{N}$ – Menge der natürlichen Zahlen

$\forall$ – für alle

$\emptyset$ – leere Menge

$\wedge$ – und

$\tilde{\wp}(X)$ – Fuzzy–Potenzmenge

α – Fuzzy–Niveau

$\overline{\alpha}^{\epsilon}$ – rechte Spannweite einer Fuzzy–Zahl des ϵ–Typs

$\underline{\gamma}^{\epsilon}$ – linke Spannweite einer Fuzzy–Zahl des ϵ–Typs

$\underline{\gamma}_k^{\epsilon}$ – Vektor linker Spannweiten der Fuzzy–Zielkoeffizienten einer Zielfunktion k

δ – Gewichtungsfaktor

ϵ - ϵ–Niveau

$\zeta, \eta, \theta, \vartheta$ – Gewichtungsfaktoren für Lance/ Williams–Formel

$\kappa^\epsilon, \hat{\kappa}^\epsilon$	–	Risikoaversionsparameter
λ	–	Grad der Satisfizierung
λ_A	–	Mindestanspruchsniveau
λ^*	–	erreichtes Anspruchsniveau
μ_{ij}	–	Zugehörigkeit des Objekts O_i zum Cluster P_j
$\mu_i(\mathbf{x})$	–	Zugehörigkeitsfunktion
ξ	-	Stopkriterium für FCM–Verfahren
ϱ	–	Gewichtungsfaktor
τ	–	Parameter für die erweiterte parameterabhängige Addition
ϕ	–	allgemeiner Aggregationsoperator
φ, χ, ψ	–	Parameter für ISODATA–Verfahren
a°	–	Zahl der Eigenschaften, über die beide Objekte verfügen
$a_{ij}(\omega)$	–	Zufallsvariable, über einen Wahrscheinlichkeitsraum definiert
a_{ij}	–	Restriktionskoeffizient
$(\underline{a}; \overline{a}; \underline{\alpha}^\epsilon; \overline{\alpha}^\epsilon)$	–	Fuzzy–Intervall des ϵ–Typs
$\tilde{A}$	–	unscharfe Menge
AI_j	–	verfügbarer Lagerbestand von j
b_i	–	Restriktionsgrenze, die möglichst nicht überschritten werden sollte
$b_i(\omega)$	–	Zufallsvariable, über einen Wahrscheinlichkeitsraum definiert
$(b_i + e_i)$	–	Restriktionsgrenze, in keinem Fall zu überschreiten
$(b_i; 0; \overline{e}_i^\epsilon)$	–	Fuzzy–Zahl des ϵ–Typs
$\tilde{b}_i$	–	größtmöglicher Wert einer linken Restriktionsseite
c	–	Anzahl der Cluster
c_{it}	–	Produktionskosten pro EH des Typs i in t (ohne Arbeitskosten)
d_j	–	Nachfrage der Produktfamilie j
d_{ij}	–	Distanz zweier Objekte O_i und O_j
$d^*_{i,t}$	–	effektive Nachfrage nach i in t
$d_{i,t}$	–	Bruttobedarf nach i in t
$\mathbf{D}$	–	Distanzmatrix
e	–	Zahl der Eigenschaften, die bei *keinem* Objekt vorhanden ist
$\overline{e}_i^\epsilon$	–	rechte Spannweite einer Fuzzy–Zahl des ϵ–Typs
E	–	Menge aller Elemente
$E(x)$	–	Erwartungswert von x
f	–	Anzahl der Merkmale
g	–	Gewichtungsparameter
g_i^A	–	Anspruchsniveau für Restriktion i

h_{it}	–	Lagerkosten pro EH des Typs i in t
H	–	Präferenzfunktion
I	–	Anzahl der Produkttypen
$I_{i,t}$	–	Bestand von i am Ende von t
I_i^{min}	–	Sicherheitsbestand von i
I_i^{max}	–	Höchstbestand von i
J°	–	Indexmenge der in der Planungsperiode aufzulegenden Produktfamilien
J_+^{β}	–	Menge der Produktfamilien, die die Obergrenze überschreiten
J_-^{β}	–	Menge der Produktfamilien, die die Untergrenze unterschreiten
k_h	–	Herstellkosten
K	–	Anzahl der Zielfunktionen
K°	–	Indexmenge aller Artikel, die zur Produktfamilie Y_j gehören
$\mathbf{K}$	–	Kovarianzmatrix
$\mathbf{K}^{-1}$	–	Inverse der Kovarianzmatrix
L	–	Länge der Durchlaufzeit (in Perioden)
$\tilde{L}_i$	–	unscharfe Menge des zufriedenstellenden Verbrauchs einer Ressource i
m_i	–	Produktionskoeffizient (Arbeitszeit/ EH) des Typs X_i (Stunden/ EH)
m	–	Parameter für das FCM–Verfahren
$\mathbf{m}_i$	–	Merkmalsvektor des Objekts O_i
m_{ij}	–	Ausprägung des j–ten Merkmals bei Objekt O_i
$\mathbf{M}$	–	Datenmatrix
Min	–	Minimum
Max	–	Maximum
n	–	Anzahl der Objekte
n_z	–	Anzahl der Objekte des Clusters P_z
$\tilde{N}_k$	–	unscharfe Menge der zufriedenstellenden Zielwerte zw_k
o_t	–	Kosten einer Überstunde in t
O_i	–	Objekt i
$(om)_t$	–	Anzahl verfügbarer Überstunden in t
OT_t	–	genutzte Überstunden in t
$p(\omega_s), p_s$	–	Wahrscheinlichkeit, daß Umweltzustand s eintritt
P	–	Partition
P_z	–	Cluster z
q	–	Parameter der Minkowski–Metrik
r_{ij}	–	Zielfunktionskoeffizient
$r_i(\omega)$	–	Zufallsvariable, die über einen Wahrscheinlichkeitsraum definiert ist

$\mathbf{r}_k$	–	Vektor der Zielfunktionskoeffizienten einer Zielfunktion k
rh_t	–	Kosten einer regulären Arbeitsstunde in t
$(rm)_t$	–	Anzahl verfügbarer Arbeitsstunden in t
RH_t	–	genutzte reguläre Arbeitsstunden in t
ROT_j	–	Reichweite von j
s_j	–	Rüstkosten der Produktfamilie Y_j
s_{ij}	–	Ähnlichkeit zweier Objekte O_i und O_j
$supp(\tilde{A})$	–	stützende Menge eines Fuzzy Sets
$\tilde{S}$	–	unscharfes Mindestanspruchsniveau
$\mathbf{S}$	–	Ähnlichkeitsmatrix
Sup	–	Supremum
u	–	Anzahl der Restriktionen
$u(a_i)$	–	Nutzen der Alternative a_i
$u(zw_{ik})$	–	Beitrag des Zielwerts zw_k zum Nutzen der Alternative a_i
$\overline{\mathbf{u}}_z$	–	Centroid des Clusters P_z
$\mathbf{U}$	–	Zugehörigkeitsmatrix
v, w	–	Zahl der Eigenschaften, über die nur ein Objekt verfügt
$w(P)$	–	Summe der Clustervarianzen der Partition P
w_m^{allg}	–	verallgemeinertes Varianzkriterium
x_{opt}	–	optimale Losgröße
$\mathbf{x}$	–	Vektor Entscheidungsvariablen
$\mathbf{x}_{ideal}$	–	ideale Lösung
X_{it}	–	zu produzierende EH vom Produkttyp i in t
X_i^*	–	Menge der zu disaggregierenden Einheiten vom Typ X_i
X^v	–	vollständige Lösung
X_Z	–	Menge d. zulässigen Lösungen
Y_j	–	Produktfamilie j
Y_j^{min}	–	Untergrenze der Produktionsmenge von Y_j
Y_j^{max}	–	Obergrenze der Produktionsmenge von Y_j
Y_j^*	–	Menge der zu disaggregierenden Einheiten von Familie Y_j
z^A	–	Mindestanspruchsniveau Zielwert zw
$\underline{z}_k$	–	Untergrenze für Zielwert zw_k
$\overline{z}_k$	–	Obergrenze für Zielwert zw_k
Z_k	–	Produkt k
zw	–	Zielwert

1 Einleitung

1.1 Problemstellung und Zielsetzung

Obwohl in der Praxis seit Jahrzehnten auf hierarchische Produktionsplanungskonzepte zurückgegriffen und intensiv nach innovativen Lösungskonzepten geforscht wird, konnten die Probleme der Produktionsplanung bislang nicht überzeugend gelöst werden. Dies ist nicht verwunderlich, da sich in den letzten Jahren die Rahmenbedingungen der Produktionsplanung im Spannungsfeld marktseitiger, gesellschaftlicher und nicht zuletzt technischer Entwicklungen dramatisch verändert haben. Zudem ist in vielen Branchen dem durch die Globalisierung der Märkte eingeleiteten Verdrängungswettbewerb Rechnung zu tragen. Es reicht daher nicht aus, Kostenführerschaftsstrategien zu verfolgen. Zusätzlich müssen marktseitige Anforderungen bezüglich der Qualität und der logistischen Leistungsfähigkeit erfüllt werden. Um die hieraus resultierenden komplexen Dispositionsaufgaben zu bewältigen, ist der Einsatz moderner hierarchischer Dispositionskonzepte i.d.R. unabdingbar.

Trotz einer permanenten Weiterentwicklung der in der Praxis weit verbreiteten hierarchisch–funktional strukturierten Planungssysteme können aber die Dispositionsprobleme in den meisten Fällen nur unzureichend gelöst werden. Dies ist nicht zuletzt darauf zurückzuführen, daß derartige Systeme im Regelfall weder leistungsorientierte Zielgrößen wie z.B. Zeitziele berücksichtigen können noch Mechanismen zur Auflösung von Zielkonflikten umfassen. Deshalb wird in zunehmendem Maße versucht, kosten– und leistungsorientierte Ziele durch gewisse Rationalisierungsmaßnahmen zu erreichen, wobei sowohl die Informations– als auch die Materialflüsse gestrafft werden sollen. Im Zuge solcher Rationalisierungsbemühungen werden beispielsweise werkstattähnliche Organisationsformen durch flußorientierte schlanke Konzepte substituiert. Darüber hinaus setzt sich zumindest bei Unternehmen, die entsprechende Investitionsmittel aufbringen können, die Nutzung flexibler Fertigungssysteme und anderer produktionstechnischer Entwicklungen immer stärker durch.

Das Erfolgspotential, das mit einem durch derartige Systeme beschleunigten Informations– und Materialfluß verbunden ist, kann aber nur vollständig erschlossen werden, wenn das übergeordnete Dispositionssystem bei kurzfristigen Störungen oder Nachfrageschwankungen nicht zum Engpaß wird, also entsprechend schnell und flexibel arbeitet. Dies ist jedoch bei funktional strukturierten hierarchischen Planungssystemen nicht der Fall, da Interdependenzen zwischen den einzelnen Dispositionsfunktionen

Planänderungen auf sämtlichen Dispositionsebenen erforderlich machen. Konventionelle Systeme reagieren daher nur sehr schwerfällig auf unerwartete Ereignisse.

Abgesehen von langwierigen, durch Rückkopplungen ausgelösten Umdispositionen beschränkt sich die Antizipierung von Unsicherheiten bei konventionellen Dispositionssystemen vorwiegend auf das Einkalkulieren von Sicherheitspuffern. Diese Puffer können bei geplanten Durchlaufzeiten aber auch bei Beständen angesetzt werden. Weil diese Form der Berücksichtigung von Unsicherheiten zu erhöhten Kapitalbindungskosten und zu längeren Durchlaufzeiten führt, muß ihre Bewältigung bei konventionellen Dispositionssystemen insgesamt gesehen als mangelhaft bezeichnet werden. Dies bezieht sich nicht nur auf Unbestimmtheiten im stochastischen Sinne sondern auch auf Größen, die nur vage oder verbal beschrieben werden können.

Funktionale Dispositionssysteme sind somit im Hinblick auf den dynamischen Wandel im Produktionsumfeld bzw. den hieraus resultierenden Anforderungen zu überdenken, wobei auch die rasanten Fortschritte bei technischen Entwicklungen antizipiert werden müssen. So wird z.B. aufgrund der gestiegenen Leistungsfähigkeit der EDV die Nutzung von Dispositionskonzepten bzw. –algorithmen praktikabel, die früher nur für relativ kleine Problemstellungen in angemessener Zeit zu Ergebnissen führten. Im Rahmen dieser Arbeit soll daher analysiert werden, ob auf derartigen Algorithmen basierende Dispositionskonzepte besser zur Lösung der o.a. Probleme der Produktionsplanung geeignet sind. Als Alternative zu funktionalen Systemen sind vor allem Konzepte zu erwägen, die vormals isoliert durchgeführte Dispositionsfunktionen integrieren und das Dispositionsproblem nach objekt– bzw. produktbezogenen Kriterien hierarchisch strukturieren. Auch Kombinationen derartiger Dekompositionsformen mit dezentralen Planungskonzepten sind denkbar.

Solche alternativen Konzepte machen i.d.R. ein Reengineering bisheriger Dispositionsstrukturen erforderlich. Um eine dem eigentlichen Dispositionsprozeß vorgelagerte Umstrukturierung zu unterstützen, soll daher eine Kopplung von Produktionsplanungssystemen mit clusteranalytischen Verfahren erwogen werden. Hierbei ist zu berücksichtigen, daß in vielen Fällen keine eindeutige Separierung der Dispositionsobjekte möglich ist. Dichotome Klassenstrukturen, die sich als Resultat deterministischer Clustervarianten ergeben, sind daher unzweckmäßig.

Besser geeignet erscheinen Fuzzy–Clusteranalysen, da diese wesentlich flexibler sind und Mehrfachzuordnungen von Planungsobjekten zu den Aggregaten gestatten, wodurch sich i.d.R. wesentlich realistischere Modellstrukturen ergeben. Da aber gängige

Fuzzy–Varianten z.T. sehr restriktiven Bedingungen unterliegen, die zu verzerrten Klassenzugehörigkeiten führen können, soll speziell für die hierarchische Produktionsplanung ein Algorithmus entwickelt werden, der diese Schwäche beseitigt. Das entsprechende Software–Modul CLAZZI ist daher Bestandteil des Konzepts *HIerarchische PROduktionsplanung mit Fuzzy Interaktiven Tools* (HIPROFIT), das eine Lösung der o.a. Probleme der Produktionsplanung ermöglichen und primär die Disposition bei Serienfertigern unterstützen soll.

Die Eigenschaften der im Entscheidungsmodell abzubildenden unscharfen Aggregate, also die entsprechenden Modellparameter wie z.B. Produktionskoeffizienten von Produktgruppen werden dann von den Attributen der Einzelelemente der jeweiligen Aggregate geprägt. Da aber die genaue mengenmäßige Zusammensetzung der Planungsaggregate zu Beginn der Disposition nicht bekannt ist, besteht bei der Beschreibung der entsprechenden Modellparameter durch deterministische Werte die Gefahr, daß das Modell die Problemstellung nur unzureichend abbildet.

Als weiteres Ziel dieser Arbeit soll daher gezeigt werden, wie realitätskonforme lineare Optimierungsmodelle für Produktionsplanungsprobleme unter Verwendung von Fuzzy–Parametern konstruiert werden können. Um die hieraus resultierenden Fuzzy–Probleme zu lösen, wird als weiteres Modul von HIPROFIT das Fuzzy–Mehrzielsatisfizierungsverfahren FULPAL integriert. Diese Software soll im Rahmen eines interaktiven Dispositionsprozesses einen wesentlichen Beitrag zur Lösung des Problems der Bewältigung von Unbestimmtheiten unter Beachtung der unternehmensspezifischen Zielsetzungen leisten, wobei auch stochastische Unsicherheiten zu berücksichtigen sind. Hierbei soll der Tatsache Rechnung getragen werden, daß die Fuzzy Set– und die Wahrscheinlichkeitstheorie komplementäre Konzepte zur Beschreibung von Ungenauigkeiten sind, die sich fruchtbar ergänzen können.

1.2 Gang der Untersuchung

Zu Beginn der Analyse werden zunächst Grundbegriffe und Instrumente der hierarchischen Produktionsplanung erläutert. Daraufhin erfolgt die Erörterung grundlegender Dekompositionsformen des Dispositionsproblems, da diese von zentraler Bedeutung für den Modellaufbau sind. Aufgrund des immensen Einflusses der Aggregationsstrategien auf die jeweiligen Dekompositionsformen werden anschließend wichtige Aggregationskonzepte erörtert. Um die auf diesen Konzepten basierenden Dispositionssysteme später im Kontext der Produktionsplanungsziele beurteilen zu können, schließt sich in Abschnitt 2.3 eine Diskussion potentieller Zielgrößen an. Da zwischen den verschiedenen Zielen Konflikte bestehen können, werden hierbei auch Konfliktlösungsmechanismen analysiert.

In den nachfolgenden Abschnitten wird untersucht, inwiefern die Ziele der Produktionsplanung durch konventionelle, hierarchische Planungskonzepte realisierbar sind und welche Konfliktlösungsmechanismen dabei zum Einsatz kommen. Als bedeutendste Ansätze werden in diesem Zusammenhang das MRP II–Konzept und das Modell von Hax und Meal vorgestellt. Im Rahmen eines Vergleichs konventioneller Ansätze erfolgt anschließend eine Verallgemeinerung der bisherigen Erkenntnisse zu hierarchischen Planungssystemen, wobei auch generelle Probleme gewisser Modelltypen herausgearbeitet werden. Zudem wird auf Konsequenzen, die sich hieraus für die Gestaltung hierarchischer Produktionsplanungssysteme ergeben, hingewiesen.

Die Kapitel 3 und 4 beinhalten Vorschläge zur Lösung der Probleme konventioneller Dispositionssysteme. Zu Beginn des dritten Kapitels wird angeregt, hierarchische Produktionsplanungssysteme durch eine Dezentralisierung von Dispositionsfunktionen zu modifizieren. Danach schließt sich eine Analyse der Erfolgspotentiale, der Grenzen und der möglichen Entwicklungstendenzen von Dezentralisierungskonzepten an.

Da die Umsetzung der Erkenntnisse aus den oben beschriebenen Abschnitten ein Reengineering konventioneller Konzepte erforderlich macht, wird zudem geprüft, inwiefern Clusteranalysen als Instrument der heuristischen Aggregation zum Einsatz kommen können. Insbesondere wird gezeigt, wie der Prozeß der Aggregation und die anschließende Konstruktion von linearen Optimierungsmodellen unterstützt werden kann. Darüber hinaus soll verdeutlicht werden, welche Schwierigkeiten sich ergeben, wenn bei der Modellkonstruktion ausschließlich deterministische Modellparameter verwendet werden.

Zu Beginn des vierten Kapitels wird dann untersucht, für welche Modellelemente eine Beschreibung durch Fuzzy Sets zweckmäßig ist. Des weiteren soll aufgezeigt werden, welchen Beitrag die Fuzzy Set–Theorie zur Bewältigung von Unbestimmtheiten im Bereich der Produktionsplanung leisten kann, wobei insbesondere auf interaktive Instrumente eingegangen wird.

Um bei einer Unterstützung des Konstruktionsprozesses von Fuzzy–Modellen durch Clusteranalysen Probleme auszuschließen, die sich bei deterministischen Varianten ergeben, wird geprüft, inwiefern diese durch den Einsatz von Fuzzy–Clusterverfahren vermieden werden. Weil sich im Verlauf der Analyse herausstellen wird, daß sich herkömmliche Ansätze des Fuzzy–Clustering nicht ohne Einschränkung für die zugrunde liegende Problemstellung eignen, wird schließlich der sachadäquate Algorithmus CLAZZI entwickelt, der ein Modul des Gesamtkonzepts HIPROFIT ist.

Im nächsten Abschnitt wird das Softwaremodul FULPAL und der gleichnamige Algorithmus als geeignetes Verfahren zur Lösung von linearen Fuzzy-Mehrzielsystemen erläutert. Ein Beispiel zur aggregierten Produktionsprogrammplanung, das unscharfe Restriktionsgrenzen und -koeffizienten sowie Fuzzy-Zielkoeffizienten einschließt, verdeutlicht hierbei den interaktiven Ablauf des Algorithmus. Danach soll das Beispiel erweitert werden, um zu zeigen, wie bei diesem Verfahren stochastische Parameter berücksichtigt werden können.

Abschließend werden in Kapitel 5 die wichtigsten Ergebnisse der Untersuchung zusammengefaßt und Anregungen für weitere Forschungsaktivitäten auf dem Gebiet der hierarchischen Produktionsplanung mit Fuzzy-Werkzeugen gegeben.

2 Konventionelle Systeme der hierarchischen Produktionsplanung

2.1 Grundbegriffe und Instrumente

Zu den Aufgaben der Produktionsplanung gehört die Produktionsprogrammplanung, die Planung der Bereitstellung aller zur Produktion benötigten Produktionsfaktoren sowie die Planung des Produktionsprozesses.[1)]

Im Rahmen der *Programmplanung* wird über die zeitliche Verteilung des Produktionsprogramms entschieden, d.h. über die Art und Menge der Güter, die in einem gewissen Planungszeitraum produziert werden sollen.[2)] Hierbei sind die Unternehmensziele, die verfügbaren Ressourcen sowie marktseitige Gegebenheiten wie z.B. Nachfragemengen oder Kundenerwartungen bezüglich der Liefertermine zu beachten.[3)]

Die *Bereitstellungsplanung* soll die Sicherstellung einer termingerechten und kostengünstigen Versorgung der Fertigung mit den entsprechenden Produktionsfaktoren ermöglichen. In der *Prozeß- oder Ablaufplanung* sind die einzelnen Bearbeitungsaufträge den jeweiligen Maschinen und Arbeitskräften unter Beachtung der Liefertermine zeitlich zuzuordnen.[4)]

---

1)Vgl. Gutenberg 1983, S. 149.

2)Vgl. Fleischmann 1988, S. 348.

3)Vgl. Domschke et al. 1993, S. 10.

4)Vgl. Adam 1993, S. 39.

Um die Disponenten bei der Erfüllung der o.a. Aufgaben zu unterstützen, werden in der Praxis sogenannte *Produktionsplanungs- und Steuerungssysteme (PPS-Systeme)* eingesetzt. Unter PPS-Systemen werden computergestützte Systeme zur kurzfristigen Planung, Steuerung und Kontrolle des Produktionsgeschehens verstanden.[5] Zentraler Gegenstand der PPS ist die Disposition, bei der das kurzfristige Produktionsprogramm, der Bedarf an Faktoren sowie der zeitliche Ablauf der Produktionsprozesse bei gegebenen Produktionskapazitäten fixiert wird.

Obwohl PPS-Systeme erst in Abschnitt 2.4.1 genauer erläutert werden, läßt bereits die knappe Beschreibung der einzelnen PPS-Teilaufgaben erkennen, daß zwischen diesen starke Interdependenzen bestehen. So ergeben sich z.B. zwischen der Programm- und der Bereitstellungsplanung Abhängigkeiten, da zur Produktionsprogrammplanung Informationen über die Art und Menge der verfügbaren Produktionsfaktoren benötigt werden. Diese Informationen basieren i.d.R. auf Schätzungen.[6] Will man sich nicht mit groben Schätzungen der Menge benötigter Produktionsfaktoren zufriedengeben, so müssen im Rahmen einer Bereitstellungsplanung relativ genaue Bedarfszahlen der Endprodukte vorliegen, um hieraus die mehr oder weniger exakten Materialbedarfe abzuleiten. Relativ genaue Bedarfszahlen sind jedoch aufgrund von Nachfrageunsicherheiten, deren Beseitigung durch detatillierte Prognosen zu teuer oder u.U. sogar ausgeschlossen ist, i.a. nicht bekannt.[7]

Solche wechselseitige Abhängigkeiten zwischen Produktionsplanungsfunktionen werden als *sachlich-horizontale Interdependenzen* bezeichnet und können sich auch zwischen der Produktionsprogramm- und der Ablaufplanung ergeben. Die Bestimmung der Produktionsmengen erfordert nämlich Kenntnisse über die verfügbaren Kapazitäten[8] und die damit verbundenen Produktionskosten. Diese sind aber von der Festlegung der Produktionsreihenfolge abhängig, die erst im Rahmen der Ablaufplanung ermittelt wird. Die Lösung des Reihenfolgeproblems setzt jedoch wiederum Informationen über die Produktionsmengen voraus.

Darüber hinaus sind im Rahmen der Produktionsplanung *zeitlich-vertikale Interdependenzen* zu berücksichtigen. Derartige Abhängigkeiten liegen vor, wenn sich Entscheidungen der aktuellen Planungsperiode auf die Disposition nachfolgender Perioden

---

[5] Vgl. Drexl et al. 1994, S. 1022.

[6] Vgl. Kilger 1975, S. 124.

[7] Möglichkeiten zur Berücksichtigung derartiger Unsicherheiten werden im Zusammenhang mit konventionellen Dispositionssystemen und in Kapitel 4 erörtert.

[8] Vgl. Steven 1994, S. 9.

auswirken. So werden beispielsweise die verfügbaren Lagerbestände durch Entscheidungen über die Produktionsmengen der vorausgegangenen Perioden beeinflußt.[9]

Um deshalb möglichst gute Planungsresultate zu erzielen, wäre ein Mehrperiodenmodell, das alle Planungsbereiche integriert, wünschenswert.[10] Aufgrund des immensen Problemumfangs und der ausgeprägten Komplexität des Dispositionsproblems ist jedoch schon bei einer relativ kleinen Anzahl von Produktarten und Fertigungsressourcen die Bildung eines solchen Simultan- bzw. Totalmodells, das in angemessener Zeit lösbar ist, bis heute unmöglich.[11] Dies ist darauf zurückzuführen, daß immer noch keine effizienten Algorithmen zur Lösung derart komplexer Probleme zur Verfügung stehen.

Die langen Rechenzeiten, die bei der Lösung von Totalmodellen anfallen, können zur Folge haben, daß sich das Problem der Datenunsicherheit verschärft, da viele Modellparameter wie z.B. Nachfragemengen relativ früh beschafft werden müssen.[12] Beschreibt man diese Parameter durch deterministische Werte, so besteht die Gefahr, daß viele Daten aufgrund der mehr oder weniger langen Beschaffungszeiten schon wieder obsolet sind, bevor sie überhaupt benötigt werden.[13] Zudem muß die Effizienz aufwendiger und datenintensiver Total- bzw. Simultanmodelle angezweifelt werden,[14] weil die Beschaffung entsprechend großer Datenmengen in ausreichender Genauigkeit i.d.R. sehr teuer und zeitaufwendig ist.[15] Davon abgesehen ist die bei der Konstruktion eines Totalmodells anfallende Datenflut im Regelfall planungstechnisch nicht mehr beherrschbar, so daß schon bei relativ kleinen Unternehmen eine Dekomposition der gesamten Dispositionsaufgabe unumgänglich ist. Für die meisten Probleme werden daher Problemlösungsverfahren des Operations Research erst durch eine hierarchische Zerlegung des Gesamtproblems praktikabel.[16]

Da außerdem die Gefahr besteht, daß komplexe Totalmodelle von OR-unerfahrenen Entscheidungsträgern nur schwer überblickt und verstanden werden, muß mit Akzep-

---

[9] Vgl. Steven 1994, S. 9-10.

[10] Vgl. Adam 1993, S. 43.

[11] Vgl. auch Zäpfel/ Gfrerer 1984, S. 235.

[12] Vgl. hierzu auch die Ausführungen zu den Effekten einer Verkürzung von Dispositionszyklen in Abschnitt 3.1.3.

[13] Vgl. Kistner 1987, S. 299. Weitere Probleme, die durch Datenunsicherheiten entstehen, werden im Zusammenhang mit der Analyse konventioneller Dispositionssysteme erörtert.

[14] Vgl. Helfrich 1992, S. 34.

[15] Vgl. hierzu auch Abschnitt 4.2.

[16] Vgl. z.B. Takatsu 1980, S. 140.

tanzproblemen und Widerständen bei deren Einführung gerechnet werden. Zusätzliche Akzeptanzprobleme können entstehen, weil die einstufige Struktur von Simultanmodellen den i.d.R. mehrstufigen organisatorischen Strukturen entgegensteht.[17] Folglich ist dem eigentlichen Planungsprozeß i.d.R. eine Problemdekomposition vorgelagert, bei der darauf abgezielt wird, das komplexe Gesamtproblem in weitgehend isolierte Teilprobleme zu zerlegen, die durch adäquate Partialmodelle gelöst und über wenige kontrollierte Schnittstellen koordiniert werden.[18] Besonders vielversprechend sind dabei Dekompositionsalternativen, bei denen das Gesamtproblem in relativ viele, schwach gekoppelte Teilprobleme mit möglichst wenigen Schnittstellen zerlegt werden kann.

Die hieraus resultierenden Dispositionssysteme setzen sich dann aus wenigstens zwei Teilsystemen, die mindestens hinsichtlich eines konkretisierungsbedürftigen Aspekts in einem Verhältnis der Über– bzw. Unterordnung stehen, zusammen. Eine solche Struktur wird von Rieper als *hierarchisch* bezeichnet.[19] Schneeweiß spricht in diesem Zusammenhang von einseitigen Abhängigkeiten und bezeichnet die Gestaltung solcher Planungshierarchien sowie die Konzeption von Planungsabläufen innerhalb dieser Strukturen als *hierarchische Planung.*[20]

Jedes untergeordnete Teilplanungssystem eines hierarchischen Planungssystems ist dann nur einem einzigen System unmittelbar unterstellt, wobei jede Ebene von den über– oder untergeordneten Nachbarn Dateninputs erhält und Outputs an sie abgeben kann. Übergeordnete Planungsebenen setzen dabei den nachgeordneten Ebenen bindende Vorgaben, was zur Folge hat, daß die jeweiligen Zielerreichungsgrade durch die Pläne der oberen Planungsebenen i.d.R. wesentlich stärker beeinflußt werden als durch Entscheidungen der unteren Dispositionsstufen.[21]

Um möglichst gute Planungsresultate zu erzielen, sollte deshalb der Problembereich, der den größten Einfluß auf das Dispositionsproblem hat, der obersten Planungsebene zugeordnet werden. I.a. ist der Entscheidungsbereich und der Planungshorizont um so umfassender, je höher eine Planungsebene in der Dispositionshierarchie angeordnet ist.[22] Der Planungshorizont einer untergeordneten Ebene sollte höchstens so lang sein wie der der übergeordneten.

---

[17] Vgl. Stadtler 1988, S. 25.

[18] Vgl. Kistner/ Steven 1991, S. 124.

[19] Vgl. Rieper 1979, S. 121.

[20] Vgl. Schneeweiß 1994, S. 161.

[21] Vgl. Stadtler 1988, S. 53.

[22] Vgl. Gelders/ Van Wassenhove 1981, S. 102.

Auf der obersten Ebene wird dann versucht, das Planungsproblem durch die Aggregation von Zeitintervallen und durch die Vernachlässigung von entscheidungsirrelevanten Informationen zu vergröbern[23] und i.S. einer Simultanplanung als Ganzes zu lösen. Da allerdings a priori nicht bekannt ist, welche Informationen entscheidungsirrelevant sind, muß hierbei mit Abstraktionsfehlern gerechnet werden.[24] Alle weiteren hierauf basierenden Planungsschritte sind anschließend sukzessiv abzuarbeiten. Somit werden bei der hierarchischen Planung Elemente der Simultan- und der Sukzessivplanung miteinander kombiniert.

Eine Dekompositionsstruktur, bei der Teilplanungsprozesse, wie oben beschrieben, unterschiedlichen Hierarchieebenen zugeordnet und in einer strengen Reihenfolge sukzessiv ausgeführt werden, wird als *vertikale Dekomposition* bezeichnet.[25] Diese Form der Zerlegung, die in Abb. 1 dargestellt ist, bringt eine enorme Komplexitätsreduktion mit sich, da sämtliche Detailentscheidungen nicht mehr simultan getroffen werden müssen. Somit ergibt sich für die Disponenten eine größere Transparenz und ein verbessertes Problemverständnis.

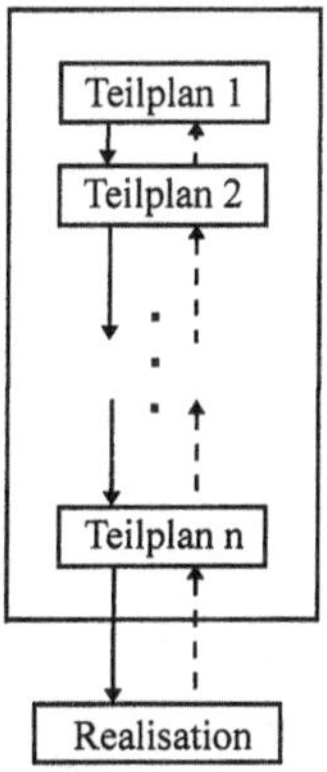

Abb. 1: Vertikale Dekomposition des Gesamtproblems

Durch die Möglichkeit, Dispositionsentscheidungen zeitlich zu staffeln, können außerdem Entscheidungen unter Berücksichtigung nicht–deterministischer Modellelemente solange verschoben werden, bis verläßlichere Prognosen über die entscheidungsrelevanten Parameter vorliegen.[26] Die vertikale Dekomposition leistet daher auch einen Beitrag zur Bewältigung von Zukunftsunsicherheiten.

---

23) Vgl. Schneeweiß 1994, S. 164.

24) Vgl. hierzu Abschnitt 2.2.1.

25) Vgl. Lermen 1992, S. 38.

26) Vgl. Dempster et al. 1981, S. 708; vgl. auch Abschnitt 3.1.3.

Um hierbei zu gewährleisten, daß die Ergebnisse höherer Planungsebenen durchgesetzt werden, sind Konsistenzbedingungen für die nachgeordneten Ebenen zu definieren. Bei einer Vielzahl solcher Konsistenzbedingungen steigt jedoch die Komplexität der zu lösenden Teilprobleme, so daß die Vorteile des hierarchischen Ansatzes z.T. wieder kompensiert werden.[27)] Daher sollte schon bei der Gestaltung hierarchischer Planungssysteme versucht werden, potentielle Unzulässigkeiten, die sich auf unteren Planungsebenen einstellen können, zu antizipieren. Durch die Berücksichtigung der wesentlichen Charakteristika der "Basis-Levels" entsteht dann ein gewisser "Bottom-up"-Einfluß auf die oberen Planungsebenen. Schneeweiß bezeichnet diesen Einfluß als *Feedforward-Wirkung.*[28)]
Da sich jedoch trotz aller Maßnahmen zur Konsistenzsicherung bei der Disposition auf den unteren Planungsebenen herausstellen kann, daß die Vorgaben übergeordneter Ebenen nicht durchsetzbar sind, sollten bei einer vertikalen Zerlegung zusätzliche Rückkopplungsmechanismen eingerichtet werden.[29)]

Abgesehen von einer vertikalen Zerlegung hierarchischer Planungssysteme kann das Dispositionsproblem auch, wie Abb. 2 zeigt, *horizontal dekomponiert* werden. Bei dieser Dekompositionsform wird das Gesamtplanungssystem in mehrere Teilplanungsprobleme zerlegt, die isoliert und parallel zueinander gelöst werden. Zwischen den unterschiedlichen Teilproblemen bestehen hierbei keine eindeutigen Über- bzw. Unterordnungsrelationen.[30)] Typischerweise haben sie i.d.R. vergleichbare Zeitbezüge[31)] und weisen in etwa die gleiche Komplexität auf.

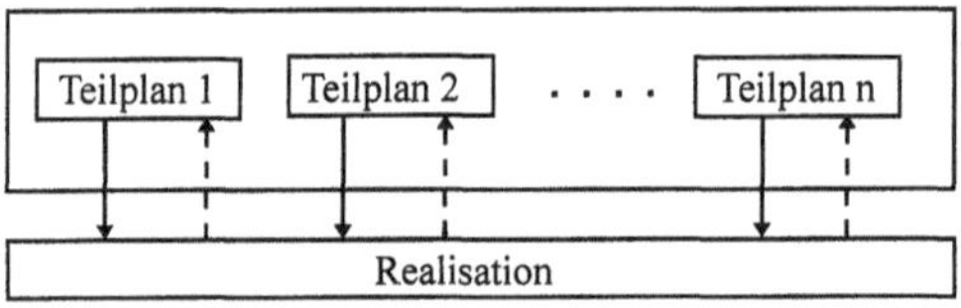

Abb. 2: Horizontale Dekomposition des Gesamtproblems

Um bei der horizontalen Dekomposition Interdependenzen zwischen einzelnen Problembereichen zu antizipieren, wird diesen i.a. eine Ebene übergeordnet, die Koordinationsfunktionen wahrnimmt und Kopplungsbeziehungen explizit abbildet.[32)] Ignoriert

27) Vgl. Winter 1991, S. 6.

28) Vgl. Schneeweiß 1995, S. 6.

29) Vgl. hierzu auch die Ausführungen auf Seite 61.

30) Vgl. Zäpfel/ Gfrerer 1984, S. 238.

31) Vgl. Stadtler 1988, S. 30.

32) Vgl. Winter 1991, S. 90.

man diese Beziehungen oder stimmt man die Teilprobleme nur ungenügend aufeinander ab, so muß bei dieser Dekompositionsform wie bei der vertikalen Dekomposition mit starker Suboptimalität der Planungsergebnisse gerechnet werden.[33)]

Andererseits erlaubt die horizontale Dekomposition eine Beschleunigung der Dispositionsvorgänge durch paralleles Planen. Hierdurch können die Reaktionszeiten auf unvorhergesehene Ereignisse drastisch verkürzt werden.[34)] Des weiteren lassen sich die Dispositionsaufgaben bei horizontalen Dekompositionsstrukturen weitgehend dezentral abwickeln und obere Planungsebenen von Detailentscheidungen entlasten,[35)] wenn zwischen den Teilproblemen keine oder nur geringfügige Interdependenzen bestehen.[36)]

Um in den Genuß der Vorteile horizontaler und vertikaler Strukturen bei weitgehender Vermeidung der jeweiligen Nachteile zu kommen, bietet es sich an, die beiden Dekompositionsformen, wie in Abb. 3 dargestellt, miteinander zu kombinieren. Solche Mischformen, die auch als *Dekompositionsstrategien* bezeichnet werden,[37)] bieten vielfältige Möglichkeiten zur sachadäquaten Gestaltung hierarchischer Planungssysteme. Da die Wahl einer Dekompositionsstrategie bzw. –alternative den Aufbau der Planungshierarchie determiniert, ist sie von entscheidender Bedeutung für die spätere Lösungsgüte des Planungsproblems.[38)]

Eine Dekompositionsalternative, die zu "guten" Planungsresultaten führt, sollte deshalb innerhalb der Dispositionsbereiche "möglichst viele" Abhängigkeiten erfassen bzw. mit "möglichst wenigen" Interdependenzen zwischen den einzelnen Teilproblemen verbunden sein.[39)] In Ermangelung einer präzisen Definition, was unter "möglichst wenigen" bzw. "möglichst vielen" Abhängigkeiten verstanden wird, ist jedoch eine objektive Bewertung von Dekompositionsstrategien äußerst schwierig. Letztendlich wird man nur fallspezifisch und subjektiv entscheiden können, wann Interdependenzen zwischen Teilproblemen so schwach sind, daß die betreffenden Problembereiche entkoppelt werden können.

[33)] Vgl. Switalski 1987a, S. 446.

[34)] Vgl. hierzu auch Abschnitt 3.1.

[35)] Vgl. Manz 1983, S. 14.

[36)] Weitere Aspekte zur Vorteilhaftigkeit der verschiedenen Dekompositionsformen sowie die damit verbundenen Probleme werden im Zusammenhang mit der Aggregation in Abschnitt 2.2 diskutiert.

[37)] Vgl. Winter 1991, S. 93.

[38)] Vgl. Winter 1991, S. 174.

[39)] Vgl. Riis 1994, S. 245.

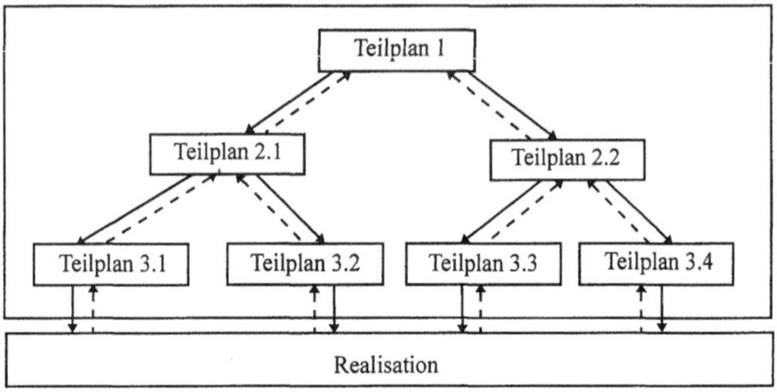

Abb. 3: Mischform aus vertikaler und horizontaler Dekomposition des Gesamtproblems

Interdependenzen zwischen den Subproblemen sind allerdings in den meisten Fällen selbst bei geschicktem Zerlegen des Dispositionsproblems nicht vermeidbar. Aus diesem Grund müssen sowohl die Partiallösungen horizontaler als auch vertikaler Dekompositionsstrukturen zu einer konsistenten Gesamtlösung koordiniert werden. Die jeweiligen Koordinationsmechanismen können dabei als *Externalisierung* der entsprechenden Kopplungen zwischen den Teilproblemen interpretiert werden und wirken sich entscheidend auf die Qualität der Dispositionsresultate aus.[40)]
Maßnahmen zur Koordination einzelner Subprobleme werden daher später im Kontext unterschiedlicher Planungsansätze in den Abschnitten 2.4, 2.5 und 3.1.2 diskutiert.

2.2 Aggregation als Instrument der Problemdekomposition

Um den Koordinationsaufwand zu minimieren, sollte der Dekompositionsprozeß durch Instrumente unterstützt werden, die zu hierarchischen Strukturen führen, bei denen möglichst wenige Interdependenzen zwischen den jeweiligen Submodellen bestehen. Ein Instrument, das hierzu genutzt werden kann, ist die Aggregation.

Unter einer *Aggregation* wird die sinnvolle Gruppierung und Zusammenfassung von Daten bzw. Modellelementen verstanden,[41)] wobei sich die Eigenschaften der Aggregate aus den Attributen der Einzelelemente ergeben. Als potentielle Aggregationsobjekte kommen hierbei die in der Tabelle 1 angeführten Modellelemente in Frage.

---

40) Vgl. Winter 1991, S. 97.

41) Vgl. Mayr 1996, S. 15.

Aggregationsobjekt	Aggregat
Produkte	Produktfamilien/ -gruppen
Betriebsmittel	Betriebsmittelgruppen oder Maschinen–Center
Aufträge	Auftragsbündel (Endprodukte/ Bauteile)
zeitl. Intervalle	Perioden
Aufgaben	Aufgabenbündel/ Funktionen

Tabelle 1: Aggregationsobjekte und ihre Aggregate

Wird eine mehrstufige Aggregation vorgenommen bzw. werden Objekte über mehrere Ebenen zusammengefaßt, so entsteht eine Hierarchie von Planungsebenen, die über Aggregations– bzw. Disaggregationsmechanismen miteinander in Verbindung stehen.

Dabei muß der Verdichtungsgrad auf den jeweiligen Entscheidungsebenen dem speziellen Problemtyp angemessen sein.[42)] So werden beispielsweise auf einer taktisch–operativen Planungsebene detailliertere Daten über entscheidungsrelevante Eigenschaften der Systemelemente benötigt als auf einer strategischen. Davon abgesehen sollten Objekte nur dann aggregiert werden, wenn sie eine homogene Menge bezüglich der Ausprägungen der jeweiligen Aggregationskriterien bilden.[43)] Die Wahl dieser Kriterien hat deshalb einen erheblichen Einfluß auf die Ausgestaltung der Dispositionshierarchie.

Potentielle *Aggregationskriterien* sind spezielle Attribute der zu aggregierenden Objekte wie z.B. Nachfragemengen, Nachfragestrukturen oder Produktionskoeffizienten.[44)] Bei der Zusammenfassung von Betriebsmitteln werden häufig funktions– und kostenbezogene Aggregationskriterien verwendet. Zudem ist mit jeder Aggregation i.d.R. auch eine zeitbezogene Gruppierung von Modellelementen verbunden.[45)] Dies ist beispielsweise der Fall, wenn Wochenbedarfe zu Monatsbedarfen aggregiert werden.

Da die Disponenten am besten wissen, welche Objekteigenschaften im Kontext der Disposition entscheidungsrelevant sind und von welchen Kriterien abstrahiert werden kann, empfiehlt es sich, ihnen die Selektion der Aggregationskriterien zu überlassen. Wählt man die Kriterien sorgfältig aus, stellen sich bei der Aggregation ein Reihe von Vorteilen ein:

[42)] Vgl. Switalski 1988, S. 383.

[43)] Vgl. Boskma 1982, S. 244.

[44)] Vgl. Kistner/ Switalski 1989a, S. 203; vgl. hierzu auch die Ausführungen in den Abschnitten 2.5.1 und 3.2.

[45)] Ein ausführlicher Überblick über Aggregationskriterien für verschiedene Aggregationsobjekte findet sich in Winter 1991, S. 47-48, 55-56.

Entscheidungsträger auf den oberen Dispositionsebenen werden von vielen entscheidungsirrelevanten Detailinformationen entlastet[46] und die entsprechenden Planungsmodelle überschaubarer. Hierdurch wird den beschränkten Informationsverarbeitungskapazitäten der Entscheidungsträger Rechnung getragen und Akzeptanzproblemen, die komplexe Modellstrukturen bei den Disponenten hervorrufen können, entgegengewirkt.

Ferner sind die einzelnen Subprobleme im Vergleich zu einem Detailmodell mit relativ geringem Aufwand lösbar. Wird z.B. auf den oberen Planungsebenen mit linearen Optimierungsmodellen disponiert, so ergibt sich durch die Aggregation von Parametern und Variablen eine mitunter erhebliche Komplexitätsreduktion, da die Anzahl der Restriktionen und Entscheidungsvariablen reduziert wird. U.U. verringert sich der Lösungsaufwand für die Subprobleme so stark, daß für diese effiziente Lösungsverfahren eingesetzt werden können, die für das detaillierte Problem aufgrund zu langer Rechenzeiten ungeeignet wären.[47]

Zudem bietet es sich bei aggregierten, nicht–deterministischen Planungsparametern u.U. an, Prognoseverfahren zu verwenden, deren Einsatz für sämtliche Einzelgrößen zu aufwendig wäre.[48] Sind die Ausprägungen gewisser Merkmale der Einzelgrößen nicht vollständig miteinander korreliert, stellen sich außerdem im Vergleich zu Aussagen über die Einzelgrößen statistisch zuverlässigere Prognosewerte für die Aggregate ein. Dies ist darauf zurückzuführen, daß aggregierte Prognosewerte bei unvollständiger Korrelation der Elemente eine geringere Varianz aufweisen als die Summe der Varianzen der Einzelgrößen. Gegenläufige Prognosefehler bezüglich der Einzelgrößen können sich sogar in einem gewissen Umfang ausgleichen.

Die auf der Basis dieser aggregierten Daten ermittelte Lösung ist anschließend konsistent zu disaggregieren. Bei einer *konsistenten Disaggregation* wird gefordert, daß sämtliche Vorgaben übergeordneter Ebenen streng einzuhalten sind.[49] Hierzu müssen entsprechende Konsistenzbedingungen definiert und kontrolliert werden. Lassen sich dann aus einem Ausgangsplan unter Berücksichtigung dieser Bedingungen durchführbare Detailpläne ableiten, so wird dieser Ausgangsplan als *zulässig* bezeichnet.[50] Wel-

[46] Vgl. Kistner/ Switalski 1989b, S. 481.

[47] Vgl. Bartels 1986, S. 24; vgl. Kistner/ Steven 1991, S. 126.

[48] Vgl. Switalski 1989, S. 78.

[49] Vgl. Gabbay 1979, S. 99.

[50] Vgl. Axsäter 1986, S. 797.

che Probleme sich hierbei ergeben können, wird nun im Zusammenhang mit dem Konzept der perfekten Aggregation erläutert.

2.2.1 Das Konzept der perfekten Aggregation

Führt eine konsistente Disaggregation der Planungsergebnisse zum gleichen Resultat wie eine detaillierte Planung, so liegt eine *perfekte Aggregation* vor.[51] Diese ist jedoch an bestimmte Bedingungen geknüpft, die sich aus der Abbildung 4 ableiten lassen.

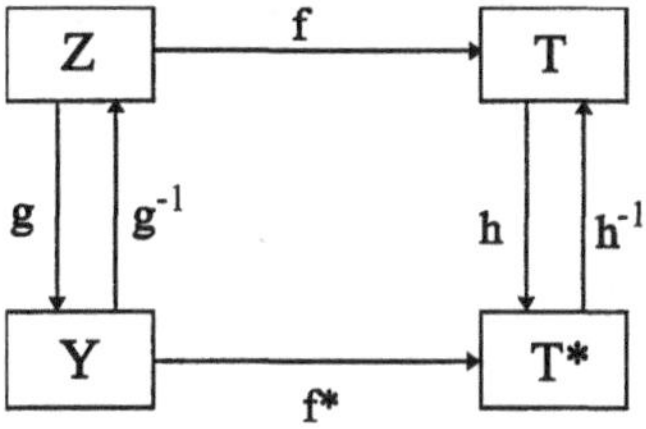

Abb. 4: Aggregations- und Disaggregationsbeziehungen

Sind Z die Produktnachfragen, Y die aggregierten Nachfragen, T die zur Produktion von Z benötigten Materialbedarfe sowie T^* die auf die Produktaggregate bezogenen Materialbedarfe, so können die Beziehungen zwischen diesen Größen durch die in Abb. 4 dargestellten Funktionen wiedergegeben werden.
Aggregationsfunktion g bildet Z in Y ab. g^{-1} ist die entsprechende Disaggregationsfunktion. h ist ebenfalls eine Aggregationsfunktion und ordnet jedem T ein T^* zu. Die dazugehörige Disaggregationsfunktion wird durch h^{-1} symbolisiert. Mittels der Funktion f können aus den jeweiligen Produktnachfragen Z die entsprechenden Bedarfe T bestimmt werden. Auf aggregierter Ebene erfolgt die Ermittlung der Bedarfe T^* durch die Funktion f^*.

Somit bestehen grundsätzlich zwei Alternativen zur Ermittlung der einzelnen Materialbedarfe T aus den vorliegenden Produktnachfragen Z:[52]

1. T kann über die Funktion $f(Z)$ direkt berechnet werden.
2. Die Bedarfe der Produkte werden über die Funktion $g(Z)$ zu Produktgruppenbedarfen aggregiert. Mittels der Funktion f^* werden anschließend die entsprechenden Gruppenmaterialbedarfe T^* errechnet. Die Gruppenmaterialbedarfe werden dann mittels der Disaggregationsfunktion h^{-1} in Einzelmaterialbedarfe T zerlegt.

[51] Vgl. Axsäter 1981, S. 746.

[52] Vgl. Lermen 1992, S. 46.

Im Fall der perfekten Aggregation muß also

$$f(Z) = h^{-1}\left(f^*\left(g\left(Z\right)\right)\right) \tag{1}$$

gelten. Falls diese Gleichung nicht eindeutig lösbar ist, so ist eine perfekte Aggregation ausgeschlossen.
Sind die in Abb. 4 dargestellten Zusammenhänge kommutativ, so kann Gleichung (1) auch zu folgender Bedingung umgeformt werden:

$$f^*(Y) = h\left(f\left(g^{-1}(Y)\right)\right) \tag{2}$$

Weitere Bedingungen für eine perfekte Aggregation können aus den Ergebnissen einer Untersuchung von Axsäter et al. abgeleitet werden.[53)] Demnach ist eine perfekte Aggregation nur möglich, wenn alle Teile, die in ein Produkt eingehen, der gleichen Teilefamilie angehören.[54)] Wird außerdem mit Betriebsmittelaggregaten gearbeitet, so müssen alle Produkte einer Produktgruppe auf Maschinen der gleichen Maschinengruppe gefertigt werden.[55)]

Die o.a. Voraussetzungen für eine perfekte Aggregation sind derart restriktiv, daß deren Einhaltung in realen Planungssituationen stark angezweifelt werden muß. Gibt man sich deshalb damit zufrieden, daß die Konsistenzbedingungen nur für einen eingeschränkten Teil des Definitionsbereiches der Variablen des detaillierten Modells gelten müssen, so bezeichnet man dies als *eingeschränkte Konsistenz.*[56)] Wie jedoch Liesegang zeigt, kann selbst eine *perfekte Aggregation unter eingeschränkter Konsistenz* nur unter Bedingungen erreicht werden, die in der Praxis kaum anzutreffen sind.[57)]

Da das Konzept der perfekten Aggregation in der Anwendung nicht relevant ist, sollte man zumindest fordern, die Konsistenz so gut wie möglich zu gewährleisten. Zur Sicherung einer solchen *approximativen Konsistenz* genügt es, statt strikter Konsistenzbedingungen Soll–Vorschriften vorzugeben.[58)] Daher sind die Disaggregationsmechanismen bzw. die Konsistenzbedingungen zu flexibilisieren, so daß gewisse Spielräume für die Disaggregation der Pläne entstehen.[59)]

[53)] Da eine ausführliche Darstellung dieser Analyse zu weit führen würde, wird an dieser Stelle auf Axsäter et al. 1983 verwiesen.

[54)] Vgl. Winter 1991, S. 72.

[55)] Vgl. Switalski 1988, S. 387.

[56)] Vgl. Liesegang 1980, S. 95.

[57)] Vgl. Liesegang 1980, S. 101; Vgl. zu den Bedingungen und deren Herleitung: Paris 1980, S. 42-44; Liesegang 1980, S. 97-103.

[58)] Vgl. Winter 1991, S. 73.

[59)] In Abschnitt 4.3.3 wird daher vorgeschlagen, zunächst mit unscharfen Planungsparametern zu disponieren.

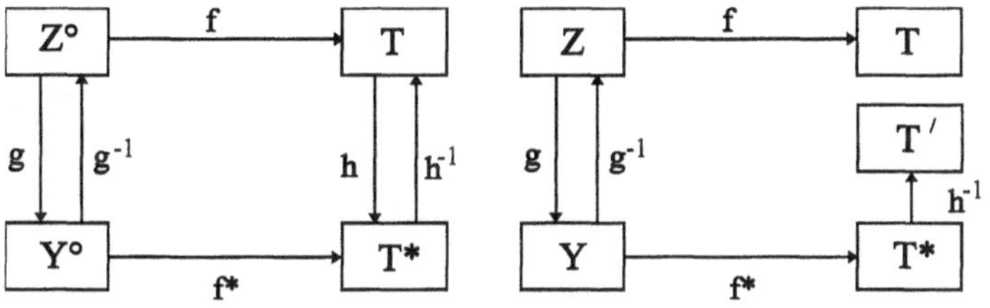

Abb. 5: Aggregations– und Disaggregationsbeziehungen bei approximativer Aggregation

Statt einer perfekten Aggregation wird somit eine *approximative* oder *fastperfekte Aggregation*[60], die in Abb. 5 dargestellt ist, angestrebt.[61] Abb. 5 zeigt, daß die Materialbedarfe T', die sich nach einer Disaggregation der Ergebnisse des aggregierten Modells ergeben, bei der approximativen Aggregation von den Resultaten eines detaillierten Modells abweichen können. Allerdings erfordert die approximative Aggregation, daß die detaillierten Pläne im Mittel mit dem aggregierten Plan übereinstimmen[62] und die nachstehende Bedingung erfüllt ist:[63]

$$f^*(g(Z^\circ)) = h(f(Z^\circ)) \quad \text{mit} \quad Z^\circ = E(Z) \tag{3}$$

Da aber i.d.R. ein Vergleich der disaggregierten Ergebnisse mit den Resultaten eines Detailmodells ausgeschlossen ist, kann die Bedingung (3) im Normalfall nicht überprüft werden. Sieht man deshalb von dieser Bedingung ab und orientiert sich bei der Aggregation von Daten an der empirischen Struktur des Dispositionsproblems, die von Axsäter auch als *natural hierarchical structure*[64] bezeichnet wird, so spricht man von einer *heuristischen Aggregation.*[65]

Ansatzpunkte zur Identifizierung hierarchischer Strukturen, die auf einer heuristischen Aggregation von Endprodukten basieren, können sich z.B. aus der Analyse von Maschinenfolgen, Faktorbedarfen und Rüstkosten ergeben.[66] Die Resultate des entsprechenden aggregierten Modells können dann, wie später an einem Beispiel in Abschnitt 2.5.1 demonstriert wird, durch problemspezifische Disaggregationsmechanismen detailliert werden.

---

[60] Sondermann 1973, S. 240.

[61] Vgl. Switalski 1988, S. 385.

[62] Vgl. Sondermann 1973, S. 240; vgl. Axsäter 1981, S. 752.

[63] Vgl. Switalski 1988, S. 387.

[64] Axsäter 1979, S. 89.

[65] Vgl. Switalski 1988, S. 389.

[66] Vgl. Switalski 1988, S. 389.

2.2.2 Der optimale Aggregationsgrad

Um möglichst gute Planungsresultate also Resultate, die in der Nähe vom theoretischen Optimum liegen, zu erhalten, müssen die Strukturen des zugrunde liegenden Produktionssystems durch ein aggregiertes Modell sachadäquat abgebildet werden. D.h., daß die Aggregate möglichst homogene Einheiten bilden sollten und sämtliche entscheidungsrelevanten Eigenschaften des Systems in ausreichender Detailliertheit im Modell berücksichtigt werden.

Auf der anderen Seite ist jedoch eine Erhöhung der Abbildungsgenauigkeit mit zusätzlichen Planungs– und Informationskosten verbunden.[67] Dies ist darauf zurückzuführen, daß mit zunehmendem Datenumfang auch die Komplexität des mehr oder weniger stark aggregierten Modells zunimmt. Wie bereits im Zusammenhang mit Totalmodellen in Abschnitt 2.1 dargelegt wurde, führt das Planen mit derart großen Partialmodellen zu einem spürbaren Anstieg der Rechenzeiten und steht der Nutzung der zu Beginn des Hauptabschnitts beschriebenen Vorteile der Aggregation entgegen.

Konkrete Aussagen, wie stark der Umfang eines Modells im Vergleich zum entsprechenden Detailmodell durch eine Aggregation zu reduzieren ist, können aber an dieser Stelle nicht gemacht werden, da derartige Schätzungen nur im Kontext einer spezifischen Problemstellung möglich sind. Selbst in einem konkreten Problemfall wird die praktische Fixierung eines annähernd optimalen Aggregationsniveaus mit erheblichen Schwierigkeiten verbunden sein, weil für verschiedene Abstraktionsniveaus die jeweiligen Kosten und die oben beschriebenen Vorteile der Aggregation miteinander verglichen werden müssen.

Diese Schwierigkeiten sind darauf zurückzuführen, daß die exakte Determinierung des Ausmaßes des Aggregationsfehlers und die damit verbundene Beeinträchtigung der Zielrealisierung nicht im voraus bekannt oder nur unter Hinnahme eines prohibitiv hohen Aufwands möglich ist. Zur Bestimmung des genauen Aggregationsfehlers müßte man nämlich das Optimum des detaillierten Modells kennen.[68] Da aber auf die Konstruktion eines Detailmodells verzichtet werden soll, ist die Bestimmung der Differenz zwischen dem Optimum und den Ergebnissen eines aggregierten Modells a priori ausgeschlossen.

Dennoch lassen sich zumindest für lineare Optimierungsprobleme grobe Schätzungen des Ausmaßes von Aggregationsfehlern anstellen.[69] I.a. ist zu vermuten, daß der Ho-

[67] Vgl. Bitz 1977, S. 332.

[68] Vgl. Wittemann 1985, S. 247.

[69] Vgl. hierzu Zipkin 1980a und Zipkin 1980b. Ein Überblick über Möglichkeiten zur Abschätzung

mogenitätsgrad der Aggregate im Rahmen einer stärkeren Aggregation der Parameter tendenziell abnimmt und sich daher größere Differenzen zwischen den Zielwerten des detaillierten und des aggregierten Modells einstellen.

Zusätzliche Probleme bei der Wahl eines angemessenen Aggregationsgrades bereitet die Quantifizierung der zu Beginn dieses Hauptabschnitts beschriebenen Vorteile der Aggregation, da deren Bewertung, z.B. in monetärer Form, im Normalfall nur auf rein subjektiven Einschätzungen der Disponenten beruhen kann. In den meisten Fällen muß bezweifelt werden, ob die Entscheidungsträger hierzu überhaupt in der Lage sind. Daher kann eine monetäre Bewertung, wenn überhaupt, nur mit einer gewissen Willkür erfolgen. Ähnliche Probleme stellen sich ein, wenn man versucht, die Vorteile der Aggregation durch Nutzenkonzepte zu quantifizieren.[70)]

Somit wird man bei der Modellierung eines Planungssystems letztendlich nur grob abschätzen können, inwieweit eine mehr oder weniger starke Aggregation von Modellelementen sinnvoll ist. Hierbei ist die Einbeziehung des Expertenwissens der Disponenten unerläßlich.[71)] Darüber hinaus wird die Entscheidung über das Ausmaß der Aggregation u.U. auch durch organisatorische Gegebenheiten beeinflußt. So kann es beispielsweise von Vorteil sein, Produkte so stark zu aggregieren, daß die Anzahl der Produktgruppen mit der Anzahl der Fertigungsbereiche übereinstimmt. Wie in Abschnitt 2.2.1 erläutert wurde, wäre dann eine wichtige Bedingung für eine perfekte Aggregation erfüllt. Zudem wären hierdurch größere organisatorische Eingriffe überflüssig, was zu einer höheren Akzeptanz des Planungsmodells führen kann.[72)]

Des weiteren kann festgehalten werden, daß ein angemessener Aggregationsgrad nur sehr selten den Extremfällen der trivialen und der totalen Aggregation nahekommen wird. Dabei wird unter einer *totalen Aggregation* die Zusammenfassung aller Objekte zu einem singulären Aggregat verstanden, während bei der trivialen Aggregation jedes Einzelobjekt ein Aggregat darstellt,[73)] womit streng genommen keine Aggregation mehr vorliegt.

---

des Optimalitätsverlusts bei der Aggregation durch Gewichtung von Einzelelementen findet sich in Liesegang 1980, S. 116-128.

[70)]Die Probleme von Nutzenkonzepten werden in Abschnitt 2.3.2 ausführlich diskutiert.

[71)]Vgl. Bitz 1977, S. 337.

[72)]Vgl. Kistner/ Steven 1991, S. 125.

[73)]Vgl. Manz 1983, S. 27.

2.3 Ziele

Um nun konkrete Umsetzungen von Aggregationsstrategien beurteilen zu können, muß untersucht werden, inwiefern diese zur Erfüllung der Ziele der Produktionsplanung beitragen. Diese Ziele werden deshalb in den folgenden Abschnitten genauer analysiert. Sie basieren auf Anforderungen an Produktionsplanungssysteme, die aus den globalen Unternehmensabsichten, aber auch aus gesetzlichen Vorschriften unter Berücksichtigung des jeweiligen Entscheidungsumfelds abgeleitet werden können. Dabei sind qualitative von quantitativen Zielen zu unterscheiden.

2.3.1 Zielhierarchien und potentielle Konflikte

Gibt es für die Zielerreichungsgrade eine direkte Meßvorschrift, so spricht man von *quantitativen Zielen.* Dies ist z.B. bei Kostenzielen der Fall. Dabei darf jedoch die Eigenschaft der *Meßbarkeit* nicht mit der *Quantifizierbarkeit,* also mit der zahlenmäßigen Bestimmbarkeit von Zielen gleichgesetzt werden.[74] Je nachdem, welcher Maßstab zur Wiedergabe des Ausmaßes der Zielerfüllung gewählt wird, kann zwischen nominal, ordinal und metrisch skalierten Zielerfüllungsgraden unterschieden werden.

Beruht der Vergleich zweier Zielerreichungsgrade ausschließlich auf der Feststellung der Identität bzw. Nicht-Identität derselben, so liegt der Messung eine *Nominalskala* zugrunde. Beim Vergleich zweier Zielerreichungsgrade zw, gilt daher entweder $zw_i = zw_j$ oder $zw_i \neq zw_j$. Nominal skalierte Zielerreichungsgrade lassen sich nicht in eine Rangordnung bringen. Sie haben daher nur eine klassifikatorische Funktion.[75]

Werden dagegen zwei *ordinal* skalierte Zielausprägungen miteinander verglichen, so ist eine Größer-, Kleiner- oder Gleichbeziehung bestimmbar. Allerdings sagt die Rangordnung der Zielwerte nichts über deren Abstände aus.[76]

Ist die numerische Differenz der Zielwerte $zw_i - zw_j$ als Abstand interpretierbar wie dies z.B. bei monetär bewerteten Zielgrößen der Fall ist, so liegt eine *Intervallskala* als Maßstab zugrunde. Somit sind sowohl die Zielwerte als auch die Abstände ordnungsfähig.

---

74) Vgl. Keil 1995, S. 47.

75) Vgl. Fischer 1989, S. 241.

76) Vgl. Hochstädter 1996, S. 19.

Verhältnisskalen unterliegen den gleichen Anforderungen wie die Intervallskalen, mit dem Unterschied, daß zusätzlich ein natürlicher Nullpunkt existiert.[77] Intervall- und Verhältnisskalen werden den *metrischen Skalen* zugerechnet.

Bei *qualitativen Zielen* handelt es sich um Zielgrößen, die nicht direkt metrisch meßbar sind, aber durch metrisch meßbare Subziele beschrieben werden können. Sollen qualitative Ziele in die Analyse einbezogen werden, besteht daher die Notwendigkeit zu deren Dekomposition, also zur indirekten Abbildung durch andere Ziele, deren Erfüllung einen positiven Beitrag zur Realisierung des Oberziels leistet.[78]

Sind Zielgrößen nicht operationalisierbar, d.h. weder meßbar noch in andere Subziele dekomponierbar, so müssen diese in Zielsystemen unberücksichtigt bleiben.
Zu den Zielen, die in jedem Fall bei Produktionsplanungsproblemen berücksichtigt werden sollten, gehören die Termintreue, die Reduktion der Durchlaufzeiten, die Verminderung der Kapitalbindung und die Auslastung der Kapazitäten. Die entsprechenden Zielgrößen haben für jedes Unternehmen eine unterschiedliche Priorität und können, wie Abb. 6 verdeutlicht, komplexe Beziehungsmuster aufweisen.[79] Um die Komplexität des Zielsystems in Grenzen zu halten, sollte bei dessen Aufbau von Beziehungen zwischen eher unbedeutenden Zielen abstrahiert werden.

Darüber hinaus deutet die mehr oder weniger dunkle Schraffierung der einzelnen Zielgrößen in Abb. 6 darauf hin, daß sich diese aufgrund ihrer unterschiedlichen Bedeutung in Primär- und Subziele untergliedern lassen. Es liegt daher nahe, ein hierarchisch aufgebautes Zielsystem zu erstellen.

Durch die Berücksichtigung solcher *vertikalen Beziehungen* zwischen Zielgrößen können sogenannte *Zweck-Mittel-Hierarchien* gebildet werden. Hierbei wird davon ausgegangen, daß die Erreichung der Oberziele von der Erfüllung hierarchisch nachgeordneter Subziele abhängig ist.[80] So lassen sich qualitative Ziele durch eine Dekomposition in quantitative Ziele operationalisieren, wenn die Zielerreichungsgrade der Subziele zu einer Bewertung des qualitativen Primärziels aggregiert werden. Es kann auch vorkommen, daß die Formulierung gewisser Ziele für Disponenten auf der taktisch-operativen Ebene zu abstrakt ist, so daß eine Dekomposition in mehrere Subziele notwendig wird.

---

[77] Vgl. Fischer 1989, S. 242.

[78] Vgl. Keil 1995, S. 59.

[79] Potentiell bedeutsame Zielgrößen sind in diesem Beispiel für Zielbeziehungen durch eine Umrahmung gekennzeichnet. Je dunkler die Schraffur der Umrahmung, desto wichtiger ist die jeweilige Zielgröße. *Zielinterdependenzen* werden durch die Verbindungslinien angedeutet.

[80] Vgl. Bidlingmaier/ Schneider 1976, Sp. 4734.

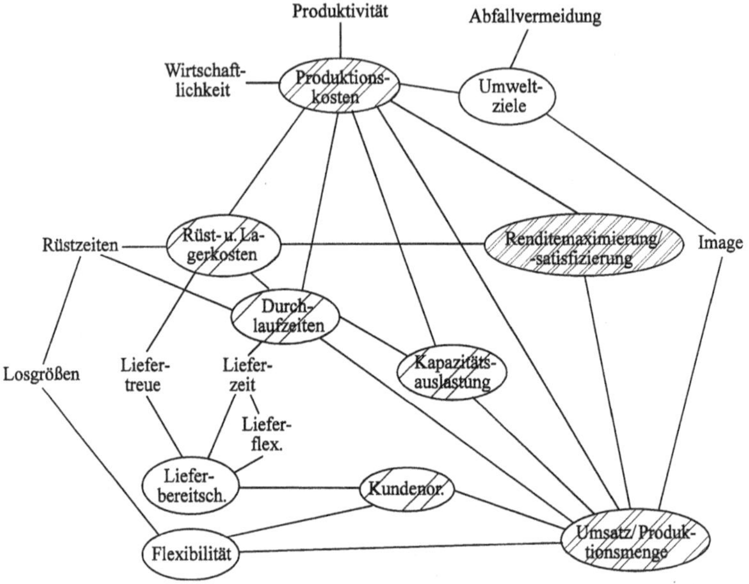

Abb. 6: Ausschnitt aus dem Beziehungsgeflecht der Ziele der Produktionsplanung

Beispielsweise sollte man für den Leiter einer Fertigungseinheit, die Zwischenprodukte herstellt, Mindestrenditeziele dekomponieren.

Da sich normalerweise nicht alle Zielgrößen, zwischen denen Beziehungen bestehen, in eine Rangordnung bringen lassen, reicht i.d.R. die Beschreibung eines Zielsystems durch vertikale Beziehungstypen nicht aus. Daher sind bei Zielsystemen auch *horizontale Beziehungen* zwischen Zielgrößen, also Beziehungen ohne Über- und Unterordnungsverhältnisse zu berücksichtigen.[81] Grundsätzlich lassen sich die Beziehungstypen *Zielkomplementarität*, *Zielindifferenz* und *Zielkonkurrenz* unterscheiden.[82]
Wie die nachfolgenden Beispiele verdeutlichen, sind die beiden erstgenannten Beziehungstypen unproblematisch:

So stellen sich verkürzte Lieferzeiten ein, wenn die Durchlaufzeiten konsequent reduziert werden.[83] Folglich können auch knappe Liefertermine eingehalten werden, so daß sich die Termintreue verbessert. Diese Verbesserung führt wiederum dazu, daß tendenziell weniger Aufträge aufgrund überschätzter Durchlaufzeiten zu früh freigegeben

[81] Vgl. Bidlingmaier/ Schneider 1976, Sp. 4733.

[82] Vgl. Heinen 1966, S. 94.

[83] Vgl. Liebstückel 1986, S. 61.

werden. Die Anzahl der Aufträge, die zu früh fertiggestellt werden, verringert sich, wodurch das Bestandsniveau sinkt und Kapitalbindungskosten reduziert werden.[84)]

Auch die Zielgrößen *Lieferzeit* und *Lieferfähigkeit* stehen miteinander in Einklang. So ermöglichen es verkürzte Lieferzeiten, zusätzliche Kundenaufträge mit entsprechend kürzeren Lieferfristen anzunehmen. D.h. durch eine Reduzierung der Lieferzeiten wird die Lieferfähigkeit erhöht. Da nun auch kurzfristigen Änderungswünschen seitens der Kunden entsprochen werden kann, steigt zudem die Lieferflexibilität.[85)] Als *Lieferflexibilität* bezeichnet man in diesem Zusammenhang die Fähigkeit, innerhalb eines bestimmten Zeitraums auf qualitative oder quantitative Wünsche der Kunden in Form von Aufträgen oder Auftragsänderungen eingehen zu können.

Weitere Interdependenzen bestehen zwischen den Durchlaufzeiten und den Losgrößen. Wird in kleinen Losen gefertigt, müssen tendenziell weniger Aufträge gesammelt werden, bis ein komplettes Los für einen Arbeitsgang freigegeben werden kann. Fallen die Rüstzeiten nicht so stark ins Gewicht, verkürzen sich dann die Warte– und damit die Durchlaufzeiten. Hierdurch können Bestände reduziert und Lagerkosten abgebaut werden.[86)]

Dagegen kann die Kompromißfindung bei konkurrierenden Zielen erhebliche Schwierigkeiten bereiten, wie die folgenden Beispiele erkennen lassen: Infolge kleinerer Losgrößen und einer gestiegenen Anzahl von Rüstvorgängen ist i.d.R. mit höheren Rüstkosten zu rechnen, so daß ein Zielkonflikt zwischen den Zielen *Rüstkosten–* und *Bestandskostenreduzierung* entsteht. Zudem können größere Lose u.U. von Vorteil sein, da über einen längeren Zeitraum hinweg identische Abläufe zu verrichten sind und sie somit dem Produktionsprozeß mehr Stabilität verleihen.[87)] Will man aus diesen Gründen die Losgrößen nicht reduzieren, können Verkürzungen von Durchlaufzeiten durch eine Beschleunigung von Produktionsvorgängen erreicht werden.

Hierzu ist jedoch in vielen Fällen ein Mehreinsatz von Ressourcen, z.B. durch intensitätsmäßige Anpassungen notwendig. Die damit verbundenen zusätzlichen Kosten, die bei intensitätsmäßigen Anpassungen oft expotentiell ansteigen, sind gegenüber den Vorteilen verkürzter Prozeßzeiten abzuwägen. Zu diesen Vorteilen gehören geringere Bestandsmengen und damit niedrigere Lagerkosten, da Liegezeiten für Zwischen– und Endprodukte entfallen.

[84)]Vgl. Liebstückel 1986, S. 67.

[85)]Vgl. Helberg 1987, S. 40.

[86)]Vgl. Wiendahl/ Erdlenbruch 1987, S. 9.

[87)]Vgl. Gonzalez/ Reeves 1983, S. 554.

Werden darüber hinaus Wartezeiten vor Maschinen durch die Beseitigung von Fertigungsengpässen eliminiert, so ergibt sich eine weitere Reduzierung von Durchlaufzeiten. Auf der anderen Seite muß bei schwankender Nachfrage mit einer geringeren Kapazitätsauslastung und höheren Leerkosten gerechnet werden.[88] Dieser Konflikt zwischen den Zielgrößen *Durchlaufzeit* und *Kapazitätsauslastung*, der von Gutenberg als *Dilemma der Ablaufplanung* bezeichnet wird,[89] ist besonders dann von Bedeutung, wenn aufgrund der Kundenanforderungen kurze Durchlaufzeiten anzustreben sind, die Fertigung hochgradig automatisiert ist und deshalb der Auslastung der Kapazitäten eine große Bedeutung zukommt.[90]

Löst man diesen Konflikt zugunsten der Kapazitätsauslastung auf, indem man die Kapazitäten knapp bemißt, so kann man versuchen, Engpässe durch die Inanspruchnahme von Fremdkapazitäten zu beseitigen. Da allerdings in diesem Fall Abhängigkeiten vom Zulieferer entstehen, ist eventuell eine Beschleunigung von Prozessen und Durchlaufzeiten durch den Mehreinsatz gewisser Ressourcen wie z.B. von Brennstoffen oder Energien sinnvoller.

Andererseits besteht bei derartigen intensitätsmäßigen Anpassungen die Gefahr, Umweltziele wie z.B. Emissionslimits zu verfehlen. Um dennoch gesetzlich verordnete Umweltziele einzuhalten, kann der Einbau von Filteranlagen oder die Substitution von umweltbelastenden durch umweltfreundlichere Produktionsfaktoren notwendig werden. Die hierdurch induzierten Kosten sind jedoch im Normalfall nicht zu vernachlässigen.

Demgegenüber können durch umweltfreundlichere Produktionsverfahren sowie durch Recyclingprozesse Ressourcen geschont und damit Beschaffungskosten eingespart werden, wenn für diese Prozesse keine vergleichsweise teueren Inputs erforderlich sind. Ein umweltfreundliches Produzieren ist darüber hinaus auch im Hinblick auf die Imageziele eines Unternehmens von Vorteil[91] und kann als Verkaufsargument angeführt werden, um umweltbewußte Kunden für sich zu gewinnen.

Die oben beschriebenen Beispiele für Zielinterdependenzen spiegeln nur einen kleinen Ausschnitt aus dem Beziehungsgeflecht potentieller Zielgrößen wider. Die einzelnen Beispiele für die Zielbeziehungen können unternehmensspezifisch mehr oder weniger

---

88) Vgl. Wiendahl/ Erdlenbruch 1987, S. 10.

89) Vgl. Gutenberg 1983, S. 216.

90) Vgl. Mayr 1996, S. 1.

91) Vgl. De Backer 1996, S. 27.

stark ausgeprägt sein. Generell läßt sich jedoch feststellen, daß sich in den letzten Jahren vor allem die Zielkonflikte deutlich verschärft haben.

Wurden seit Mitte der siebziger Jahre die meisten Zielkonflikte zugunsten der Kostenziele aufgelöst, so muß festgestellt werden, daß heute Aspekte der Kundenorientierung wie z.B. kurze Durchlaufzeiten an Bedeutung gewonnen haben.[92] Nicht zuletzt aufgrund verschärfter gesetzlicher Bestimmungen rücken auch ökologische Ziele als Subziele der Kosten- und Imageziele immer stärker in den Vordergrund. Kapazitätsauslastungsziele haben dagegen tendenziell an Bedeutung eingebüßt, da "ein Produzieren um jeden Preis" mit überhöhten Beständen verbunden ist.

Mechanismen zur Bewältigung von Zielkonflikten sind daher von großer Wichtigkeit und können das Planungsresultat maßgeblich beeinflussen. Aus diesem Grund werden im folgenden Abschnitt die wichtigsten Konfliktlösungsmechanismen genauer analysiert und auf ihre Tauglichkeit für Produktionsplanungsprobleme überprüft. Hierbei sollen auch Konfliktlösungsmechanismen für Mehrzieloptimierungsprobleme berücksichtigt werden, da auf diese in Abschnitt 4.3.2 zurückgegriffen wird. Grundbegriffe der linearen Mehrzieloptimierung, die zum Verständnis des nachfolgenden Abschnitts benötigt werden, sind in Anhang A zusammengefaßt.

2.3.2 Konfliktlösungsmechanismen in Zielsystemen

Können die einzelnen Zielgrößen in eine ordinale Rangordnung gebracht werden, so ist eine *lexikografische Ordnung* als Konfliktlösungsmechanismus zu erwägen. Dabei ist jene Handlungsalternative zu wählen, die bezüglich der wichtigsten Zielgröße optimal ist. Sind demnach mehrere Handlungsalternativen optimal, so ist eine weitere Zielgröße gemäß der vom Entscheider vorgegebenen Rangfolge heranzuziehen. Dieser Prozeß vollzieht sich solange, bis aus der Menge der jeweils verbleibenden Handlungsalternativen eine "optimale" übrig bleibt.[93]
Im Rahmen der hierarchischen Produktionsplanung wird hierauf zurückgegriffen, wenn das nach Meinung des Entscheiders wichtigste Ziel auf der obersten Dispositionsebene optimiert wird und die restlichen Zielgrößen entsprechend ihrer Wichtigkeit erst auf den nachgeordneten Ebenen einbezogen werden.[94]

Haben beispielsweise die Rüstkosten einen sehr hohen Anteil an den Produktionskosten, sind diese bereits auf der obersten Planungsebene zu berücksichtigen, da

---

[92] Vgl. Blackburn 1991, S. 20.

[93] Vgl. Dürr 1992, S. 277.

[94] Vgl. Schneeweiß 1995, S. 4.

sich andernfalls hochgradig suboptimale Ergebnisse einstellen können. Demgegenüber sollten Kapazitätsauslastungsziele durch die entsprechenden Mindestauslastungsrestriktionen erst auf nachgeordneten Planungsebenen antizipiert werden, wenn sie im Vergleich zu den Rüstkosten von untergeordneter Bedeutung sind. Die Rangordnung der Zielgrößen beeinflußt somit maßgeblich die Modellstrukturen auf den jeweiligen Planungsstufen.[95]

Darüber hinaus verdeutlicht dieses Beispiel, daß das Konzept der lexikografischen Ordnung auf einer Zielhierarchie basiert und eine erhebliche Vereinfachung des Planungsproblems ermöglicht, da potentielle Zielkonflikte im Vorfeld der Disposition ausgeräumt werden.
Auf der anderen Seite setzt dieses Konzept voraus, daß der Disponent eine Rangordnung der Zielgrößen angeben kann, die im Verlauf des Entscheidungsprozesses stabil ist, was bei Produktionsplanungsproblemen im Regelfall nur für wenige Zielgrößen möglich sein wird. So verliert eventuell das Ziel der Durchlaufzeitminimierung an Bedeutung, wenn es sich während des Dispositionsprozesses abzeichnet, daß Reduzierungen der Durchlaufzeiten nur unter Hinnahme eines überproportionalen Kostenanstiegs möglich sind. Eine strenge und statische lexikografische Ordnung von Zielgrößen ist daher zumeist nicht gegeben.

Ferner impliziert dieses Konzept, daß eine Kompensation niedriger Zielerreichungsgrade durch sehr hohe Zielwerte für nachgeordnete Zielgrößen ausgeschlossen ist.[96] Zur Auflösung von Konflikten zwischen kompensatorischen Zielgrößen sollten daher andere Konfliktlösungsmechanismen eingesetzt werden. Dies gilt insbesondere für gleichrangige Zielgrößen.

Ein in der ökonomischen Theorie gebräuchliches Konzept zur Lösung dieses Problems ist die Nutzentheorie, die eine Berücksichtigung sämtlicher Beziehungstypen ermöglicht. Sind z.B. lineare Mehrzieloptimierungsprobleme zu lösen, wird vorgeschlagen, einzelne Zielfunktionen durch eine übergeordnete Zielfunktion zu substituieren.[97] Diese Zielfunktion bildet die Ausprägungen der einzelnen Zielgrößen einer Alternative a_i in Nutzenwerte ab und verdichtet diese durch eine numerische Funktion $u(zw_{i1}, \ldots, zw_{iK})$ zu einem Gesamtnutzen. Sehr oft wird hierbei vereinfachend unter-

---

[95] Vgl. Winter 1991, S. 92.

[96] Vgl. Laux 1995, S. 90-91.

[97] Vgl. Dürr 1992, S. 278.

stellt, daß die Nutzen der einzelnen Zielwerte voneinander unabhängig sind und der Gesamtnutzen durch eine additive Funktion

$$u(a_i) = u(zw_{i1}) + \ldots + u(zw_{iK}) \tag{4}$$

bestimmt werden kann.[98)]

Um hierbei den relativen Beitrag der einzelnen Zielwerte zum Gesamtnutzen zu berücksichtigen, läßt sich diese Variante des Nutzenkonzepts erweitern, indem die Zielwerte durch invariable Parameter $g_k, k = 1, \ldots, K$, die die Dimension *Nutzeneinheit pro Einheit der Zielgröße* zw_{ik} haben, gewichtet werden:[99)]

$$u(a_i) = g_1 zw_{i1} + \ldots + g_k zw_{iK} \tag{5}$$

Im Idealfall kann somit jede Alternative a_i durch einen eindeutig bestimmten Nutzenwert $u(a_i)$ bewertet werden. Mehrdimensionale Zielgrößen werden hierbei in die eindimensionale Kunstgröße *Nutzen* transformiert. Die Wohlordnung der reellen Zahlen impliziert dann eine Präferenzordnung auf die Menge A der zulässigen Handlungsalternativen,[100)] da für zwei Alternativen $a_i, a_j \in A$

$$a_i \succ a_j \Leftrightarrow u(a_i) > u(a_j)$$

gilt.
Anschließend ist die Alternative $a^* \in A$ mit $u(a^*) = \underset{a \in A}{\text{Max}}\, u(a)$ zu wählen.

Unter Verwendung der oben beschriebenen Nutzenfunktionen lassen sich lineare Mehrzieloptimierungsprobleme zu Problemen mit singulärer Zielfunktion reduzieren,[101)] wenn die Teilnutzen kardinal meßbar sind. Dies führt zu einer starken Vereinfachung des Dispositionsproblems. Allerdings sind mit dieser Verfahrensweise erhebliche Probleme verbunden:

So stellt das oben beschriebene Nutzenkonzept hohe Anforderungen an das Differenzierungsvermögen des Disponenten. Diese Anforderungen ergeben sich aus der Notwendigkeit, mehrdimensionale Ziel– in kardinale Nutzenwerte zu transformieren. In einem dynamischen Produktionsumfeld bestehen jedoch aufgrund der enormen Komplexität des Zielerfüllungsprozesses berechtigte Zweifel daran, daß Entscheider potentielle Zielwertvektoren genau beurteilen und vergleichen können.
Selbst die aus der Entscheidungstheorie bekannten Transformationsprinzipien zur Ermittlung von Nutzenfunktionen[102)] sind hierbei nicht immer hilfreich, da die sorgfältige

98) Vgl. Laux 1995, S. 87.

99) Vgl. Laux 1995, S. 87.

100) Vgl. Rommelfanger 1986, S. 219.

101) Vgl. Evans 1984, S. 1270.

102) Eine Darstellung der Transformationsprinzipien findet sich bspw. in Laux 1995, S. 69-73, S. 123-124.

Zuordnung von Nutzenwerten im Regelfall zu einem immensen Zeitaufwand und damit zu hohen Opportunitätskosten führt.

Zudem erfordern die meisten Nutzenkonzepte eine a priori–Bewertung der Zielwertvektoren. Um eine derartige Bewertung vornehmen zu können, müssen zu Beginn des Entscheidungsprozesses exakte und ultimative Vorstellungen über die anzustrebenden Zielerreichungsgrade vorliegen. Dies ist i.d.R. ausgeschlossen, da der Entscheider zu diesem Zeitpunkt normalerweise nicht in der Lage ist, den gesamten Lösungsraum und die damit verbundenen Zielwertvektoren zu überblicken, was sich durch eine Reihe empirischer Untersuchungen belegen läßt.[103)] Oft wird davon ausgegangen, daß Nutzen nur ordinal meßbar ist.[104)] In diesem Fall ist aber die oben erläuterte Aggregation der Teilnutzen mit Gewichten unzulässig.[105)]

Da zu Beginn der Disposition gewisse Unsicherheiten bezüglich der Produktionsbedingungen bestehen, werden Entscheider im Normalfall a priori nur vage Vorstellungen über die anzustrebenden Erfüllungsgrade vieler Zielgrößen haben. Zwingt man sie dazu, sich auf eine Nutzenfunktion festzulegen oder Zielwertvektoren zu eindeutig zu bewerten, besteht die Gefahr, daß sie ungenaue Angaben zum Nutzen bestimmter Zielwertvektoren durch eindeutige Nutzenwerte substituieren. Darüber hinaus ist davon auszugehen, daß von der Dynamik der Umwelt, den unternehmensinternen Veränderungen sowie von erreichten Zielniveaus ein permanenter Änderungsdruck auf die Zielwertvorstellungen ausgeht,[106)] so daß die Formulierung der oben beschriebenen Nutzenfunktionen permanent modifiziert werden müßte.

Dies wird durch empirische Analysen untermauert, die belegen, daß der Prozeß der Bildung konkreter, genau quantifizierbarer Zielwertvorstellungen und die Problemlösungsaktivitäten in einem rekursiven Prozeß miteinander verknüpft sind.[107)] Bretzke spricht in diesem Zusammenhang von subjektinternen "Anpassungen an wahrgenommene Veränderungen der Bedingungen einer Handlungssituation".[108)] Die Handlungssituation ergibt sich aus dem jeweiligen Entscheidungsumfeld, das neben Aspekten der Fertigungsorganisation u.a. auch die Nachfragestrukturen umfaßt. Nimmt z.B. der Disponent im Verlaufe des Entscheidungsprozesses eine neue Handlungssituation durch

---

[103)] Vgl. hierzu Hamel 1973, Hauschildt 1973 und Hauschildt 1977.

[104)] Vgl. z.B. Hauschildt 1977, S. 244.

[105)] Vgl. hierzu Isermann 1979, S. 7.

[106)] Vgl. Hamel 1989, Sp. 2312.

[107)] Vgl. Hauschildt 1977, S. 245; Hauschildt 1973 und Hamel 1973.

[108)] Bretzke 1980, S. 90.

Informationen über eine geringere Nachfrage wahr, so wird dies Auswirkungen auf seine Zielwertvorstellungen haben.

Die Bewertung von Zielwertvektoren durch eindeutig fixierte invariable Nutzenwerte ist daher zu Beginn der Entscheidungsfindung abzulehnen und wird darüber hinaus auch gar nicht benötigt, da sie später, beispielsweise im Rahmen eines interaktiven Prozesses erfolgen kann. Es sollte daher die Möglichkeit bestehen, Fehleinschätzungen bezüglich der Nutzenwerte zu korrigieren, was jedoch bei der Mehrzahl der Nutzenkonzepte, die nicht–interaktiv ablaufen, ausgeschlossen ist.

Ferner kann es zu Problemen kommen, wenn Zielfunktionen, die auf einer additiven Nutzenfunktion vom Typ (5) basieren, verwendet werden, da durch die Gewichtung der Teilnutzen unterstellt wird, daß der Entscheider unabhängig vom jeweiligen Zielniveau dazu bereit ist, die Verschlechterung eines Zielwertes durch die Verbesserung eines anderen zu kompensieren.[109] Daß die kompensatorische Wirkung der einzelnen Ziele auf jedem Niveau vorhanden oder immer gleich ist, muß aber, wie das nachstehende Beispiel verdeutlicht, bezweifelt werden.
Liegen beispielsweise für die Ziele *Produktionskosten* und *Termintreue* nach Ansicht des Disponenten "mittlere" Zielwerte vor, so ist davon auszugehen, daß zwischen diesen Zielen eine gewisse Kompensationswirkung besteht. Ist dagegen einer der Zielwerte absolut unakzeptabel, kann i.d.R. nicht mehr von der gleichen Kompensationswirkung bzw. von der gleichen Grenzrate der Substitution wie im ersten Fall ausgegangen werden.

In einigen Fällen verändert sich sogar der Beziehungstyp der Zielgrößen. So können beispielsweise Umsatz– und Gewinnziele bis zu einem gewissen Produktionsvolumen in Einklang stehen und sich später konfliktär verhalten.[110] Starre Gewichtungsparameter wären deshalb für diese Zielgrößen unangemessen. Die a priori–Fixierung von Gewichtungskoeffizienten würde dann dazu führen, daß effiziente Lösungen als Alternativen ausgeschlossen und/ oder ineffiziente Lösungen als optimal ausgewiesen werden.

Zudem wird durch die Annahme, daß der Gesamtnutzen eine Linearkombination der Teilnutzen darstellt, eine starke Vereinfachung der Realität vorgenommen, da man davon ausgeht, daß den einzelnen Zielwerten voneinander unabhängig Nutzenwerte zugeordnet werden können.[111]

---

[109] Vgl. Isermann 1989, S. 457.

[110] Vgl. Heinen 1966, S. 101.

[111] Vgl. Lackes 1988, S. 390.

Des weiteren ist es empirisch nachweisbar, daß sich im Verlaufe von interaktiven Entscheidungsprozessen häufig Sättigungserscheinungen bezüglich einzelner Zielgrößen einstellen, wenn erwartet wird, daß die Ermittlung von Lösungen, die zu günstigeren Zielwerten führen, mit einem relativ hohen Lösungsaufwand verbunden ist.[112)]

Daher sollte deutlich geworden sein, daß sich optimale Dispositionsentscheidungen im Rahmen der Produktionsplanung nicht aus der starren Durchrechnung geschlossener Formalmodelle, wie die oben erläuterten Nutzenkonzepte, ableiten lassen. Dies gilt insbesondere für die in der Praxis sehr oft verwendeten skalaren Präferenzfunktionen, die mit Nutzenfunktionen gleichgesetzt werden. Es ist daher zu prüfen, inwiefern der Einsatz *interaktiver Satisfizierungskonzepte*, die auf der Anspruchsanpassungstheorie basieren, sinnvoller ist.

Bei der *Anspruchsanpassungstheorie* wird davon ausgegangen, daß ein Entscheider zu Beginn des Prozesses der Entscheidungsfindung in komplexen Entscheidungssituationen damit überfordert ist, konkrete und endgültige Zielwertvorstellungen, wie sie zur Bildung von Nutzenfunktionen Voraussetzung sind, zu äußern.[113)] Die potentiellen Ausprägungen von Zielvektoren sind für ihn meistens kaum abschätzbar und seine kognitiven Fähigkeiten begrenzt. Dies kann, abgesehen von den Aspekten, die im Zusammenhang mit der Kritik an Nutzenkonzepten genannt wurden, auf die Undurchschaubarkeit des Beziehungsgefüges der Ziele zurückgeführt werden.

Deshalb soll dem Entscheider im Rahmen der Anspruchsanpassungstheorie die Möglichkeit eingeräumt werden, vorläufige Zielwertvorstellungen in Form von Anspruchsniveaus zu äußern, die später im Rahmen eines interaktiven Prozesses revidiert werden können. Erweist es sich als schwierig, Handlungsalternativen zu finden, die den Anspruchsniveaus genügen, so können diese gesenkt werden und umgekehrt.[114)] Die entsprechenden interaktiven Verfahren zur Umsetzung dieser Kernidee erlauben daher einen Dialog zwischen Mensch und Computer. I.d.R. laufen diese Verfahren nach dem folgenden Schema ab:

Zu Beginn des Dispositionsprozesses werden dem Entscheider Informationen bereitgestellt, die ihm eine mehr oder weniger vage Vorstellung über Beziehungen zwischen einzelnen Zielgrößen vermitteln.[115)] Dies können direkte Informationen über Zielin-

---

[112)] Vgl. Heinhold et al. 1978, S. B 207.

[113)] Vgl. Hauschildt 1981, S. 138.

[114)] Vgl. Simon 1957, S. 253.

[115)] Vgl. Kok 1986, S. 97.

terdependenzen, aber auch Informationen über den Wertebereich der Ziele effizienter Handlungsalternativen sein. Auf der Basis dieser Informationen und aufgrund der Einschätzung der Erfolgsaussichten artikuliert der Entscheider dann zumindest partiell seine Vorstellungen über die anzustrebenden Zielerreichungsgrade.

Die Anspruchsniveaus werden vom Entscheider nach subjektivem Ermessen unter Berücksichtigung seines aktuellen Informationsstands festgelegt. Hierzu kann er dem System vage oder revidierbare Anspruchsniveaus vorgeben. Das Modell liefert daraufhin Informationen über die Erreichung der jeweiligen Anspruchsniveaus und gibt einen Lösungsvorschlag aus. Um die kognitiven Kapazitäten des Entscheiders nicht zu überlasten, sollte dieser Informationsoutput nicht zu umfangreich sein.

Die zusätzlichen Informationen veranlassen den Entscheidungsträger dazu, Anspruchsvorstellungen zu ergänzen, zu präzisieren oder gegebenenfalls zu modifizieren.[116)] Waren die Erwartungen des Entscheiders hinsichtlich einzelner Zielwerte leicht erfüllbar, so werden die entsprechenden Anspruchsniveaus für die nächste Iteration erhöht und umgekehrt.[117)] Im Extremfall kann sich der Entscheider sogar dazu veranlaßt fühlen, sämtliche Anspruchsniveaus zu revidieren.

Die Anspruchsniveaus der verschiedenen Zielgrößen variieren somit in Abhängigkeit vom Erfolgserlebnis der vorangegangenen Zielerreichung. Es wird daher von einem variablen Zusammenhang zwischen dem Zielerreichungsgrad der verschiedenen Ziele und dem Gefühl der damit verbundenen Befriedigung des Entscheiders ausgegangen.[118)] Die endgültigen Zielwertvorstellungen werden erst unmittelbar vor der Ausführungsentscheidung fixiert. Dies ermöglicht flexible Reaktionen des Entscheiders auf Informationen, die Veränderungen seiner Zielansprüche zur Folge haben, und eröffnet gewisse Freiräume bei der Wahl einer effizienten Lösung.

Da die Suche nach einer zulässigen und effizienten Alternative, die zu hohen Zielerreichungsgraden führt, mit Zeitaufwand, Arbeitsleid und Kosten verbunden ist, wird diese nur fortgesetzt, wenn der Entscheider davon ausgeht, daß die potentiellen Verbesserungen der Zielwerte zusätzliche Informationskosten, die durch eine Verlängerung der Suche entstehen, zumindest aufwiegen bzw. übersteigen.[119)] Andernfalls ist die Suche nach weiteren Handlungsalternativen, also die Durchführung weiterer Iterationszyklen einzustellen. Der Dispositionsprozeß kann daher als ein Prozeß des "in-

---

[116)] Vgl. Isermann 1989, S. 471.

[117)] Vgl. Hamel 1973, S. 746.

[118)] Vgl. Kahle 1996, Sp. 2316.

[119)] Vgl. Heinen 1966, S. 83.

krementalen Herantastens" an die subjektiv "beste" Handlungsalternative aufgefaßt werden, wobei das Resultat nicht nur durch direkte Berechnung, sondern auch durch relative Vergleiche determiniert wird.[120)]

Im Vergleich zu nicht–interaktiven Verfahren, die auf Nutzenfunktionen basieren, werden dem Entscheider beim oben beschriebenen Satisfizierungsansatz pro Iteration nur wenige Informationen über seine Zielwertvorstellungen abverlangt. Interaktive Satisfizierungskonzepte tragen somit der Tatsache Rechnung, daß die Zielwertvorstellungen beim Disponenten im Normalfall vor dem eigentlichen Entscheidungsprozeß noch nicht vollständig entwickelt und folglich die Fähigkeiten des Entscheiders, ex ante eindeutige und endgültige Angaben über seine Zielansprüche zu machen, begrenzt sind.

Darüber hinaus vermitteln interaktive Satisfizierungskonzepte im Verlauf des Entscheidungsprozesses recht schnell ein Bild über realistische Zielwerte und eher utopische Zielerfüllungsgrade, die intensiverer Anstrengungen nicht lohnen. Dies kann der Disponent bei der Anpassung der Anspruchsniveaus antizipieren, indem er nur Zielwerte bzw. Zielerreichungsgrade anstrebt, die mit "angemessenem" Aufwand zu erreichen sind.

Zudem kann er seine fachliche Kompetenz weitestgehend einbringen, da er situationsbezogen entscheiden kann, wann eine Alternative, die zu "angemessenen" Zielwerten führt, gefunden ist. Hierbei fließt sein Expertenwissen und sein Beurteilungsvermögen hinsichtlich der Durchsetzbarkeit von Zielwertvorstellungen ein.[121)] Des weitern wird durch diese Einflußmöglichkeiten auf den Lösungsprozeß Akzeptanzproblemen weitgehend entgegengewirkt.

Ferner kann darauf verzichtet werden, Informationen über sämtliche Handlungsalternativen zu sammeln, wodurch es zu einer erheblichen Vereinfachung des Informationsbeschaffungsprozesses und zu einer drastischen Reduzierung des Problemlösungsaufwands kommt.[122)] Mit interaktiven Satisfizierungsansätzen steht dem Benutzer daher ein sachadäquates Instrument zur Auflösung von Zielkonflikten zur Verfügung.[123)]

---

120) Vgl. Chien 1977, S. 284.

121) Vgl. Drexl et al. 1994, S. 1029.

122) Vgl. Kupsch 1982, S. 477.

123) Da in Abschnitt 4.3.3 ein interaktives lineares Fuzzy–Mehrzieloptimierungsverfahren, das auf einem Satisfizierungsansatz basiert, vorgestellt wird, soll an dieser Stelle auf die Erläuterung deterministischer Varianten verzichtet werden. Interessierte Leser können jedoch die Umsetzung der oben dargestellten Ideen durch deterministische Ansätze sehr gut am Beispiel des *modifizierten STEM–Verfahrens* nachvollziehen. Vgl. hierzu Isermann 1989, S. 472-478.

Inwiefern die oben diskutierten Konfliktlösungsmechanismen bei konventionellen Produktionsplanungssystemen zum Einsatz kommen und welchen Beitrag diese Systeme zur Zielerreichung leisten, soll nun in den folgenden Abschnitten untersucht werden.

2.4 Die "klassische" PPS im Kontext der hierarchischen Planung

2.4.1 Der "klassische" Ansatz und dessen Umsetzung durch das MRP II–Konzept

Die meisten in der Praxis implementierten PPS–Systeme basieren auf einer speziellen Form der Problemdekomposition, deren softwaremäßige Umsetzung unter dem Namen *Manufacturing Resource(s) Planning II (MRP II)* bekannt wurde. Abb. 7 vermittelt einen ersten Überblick über diese "klassische" Form der Dekomposition von PPS–Problemen. Wie die Abbildung zeigt, läßt sich bei diesem Konzept die Produktionsplanung durch die Module *Produktionsprogrammplanung*, *Materialwirtschaft* und *Zeitwirtschaft* unterstützen. Zur Produktionssteuerung stehen Systembausteine zur *Auftragsveranlassung* und zur *Auftragsüberwachung* zur Verfügung.[124] Der Detaillierungsgrad der in Abb. 7 dargestellten Planungsschritte nimmt dabei von oben nach unten zu; der Planungshorizont verringert sich.[125]

Des weiteren verdeutlicht Abb. 7, daß die einzelnen Planungs– und Durchsetzungsschritte sukzessiv abgearbeitet werden. D.h. es wird auf eine simultane Lösung der einzelnen Subprobleme verzichtet und das Dispositionsproblem in sequentiell abzuarbeitende Teilmodule dekomponiert.[126] Somit liegt eine vertikale Dekompositionsstruktur vor.[127] Zwischen den einzelnen Planungsschritten bestehende Interdependenzen werden in Form von Rückkopplungen, die von jeder Planungsebene zur nächsthöheren möglich sind,[128] berücksichtigt.

---

[124] Bei modernen MRP II–Systemen läßt sich darüber hinaus seit einigen Jahren eine Tendenz zur Ausdehnung des Leistungsumfangs auf die der PPS angegliederten Bereiche beobachten. So werden von vielen Systemen auch der Vertrieb, der Einkauf, das Lagerwesen sowie das ex– und interne Rechnungswesen durch entsprechende Module unterstützt. Vgl. Schotten/ Vogeler 1995, S. 54. Da jedoch diese Funktionen nicht zur Lösung der hier zugrunde liegenden Problemstellung beitragen, wird im Rahmen dieser Arbeit auf deren Erläuterung verzichtet.

[125] Vgl. Kern 1992, S. 321.

[126] Vgl. Zäpfel/ Missbauer 1988, S. 73.

[127] Vgl. Zäpfel/ Missbauer 1988, S. 76.

[128] Vgl. Wight 1981, S. 50.

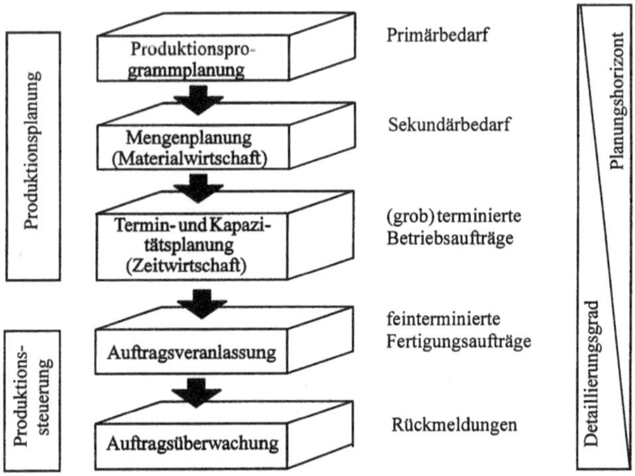

Abb. 7: Das Stufenkonzept herkömmlicher PPS–Systeme

Diese Koordinationsform basiert auf dem in Abb. 8 dargestellten Regelkreisprinzip, wobei der jeweils untergeordneten Ebene Vorgaben gemacht werden, die diese akzeptieren und durchsetzen muß. Daraufhin gehen später bei der übergeordneten Planungsstufe Rückmeldungen ein, ob die Vorgaben durchgesetzt wurden oder ob die Plangrößen korrigiert werden müssen.[129] Hierdurch entsteht ein System aus vermaschten Regelkreisen, wobei der Koordinationsaufwand erheblich reduziert wird.[130]

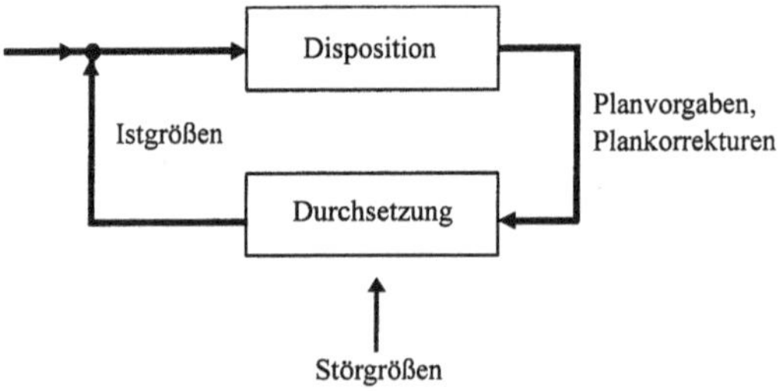

Abb. 8: Hierarchische Koordination mittels des Regelkreisprinzips

Die Dispositionsschritte auf den jeweiligen Planungsstufen vollziehen sich dabei folgendermaßen: Oberste Planungsebene bildet die Geschäftsplanung.[131] Diese Dispositionsstufe ist der Verkaufsplanung vorgelagert und dient der Ermittlung von mo-

[129] Vgl. Schwaninger 1996, Sp. 1950.

[130] Vgl. Wiendahl 1993, S. 186.

[131] Vgl. Heinrich 1989, S. 99.

netären Umsatzzielen, aus denen Budgets für die Verkaufsplanung abgeleitet werden, wobei globale Restriktionen und finanzielle Ressourcen zu berücksichtigen sind.[132] In der Verkaufsplanung sind anschließend die Planzahlen für die einzelnen Produktgruppen festzulegen. Die Ermittlung des Absatzplans erfolgt unter Beachtung der bereits vorliegenden Kundenaufträge, der Restriktionsvorgaben und der Absatzprognosen.

Danach wird der vertriebsorientierte Absatzplan in ein Produktionsprogramm überführt.[133] Einige Systeme erlauben hierbei eine zumindest rudimentäre Antizipierung kapazitativer Beschränkungen, indem die Durchsetzbarkeit des Produktionsprogramms durch Simulations–Tools überprüft wird. Die Durchführung der Produktionsprogrammplanung erfolgt dabei rollierend.

Bei der *rollierenden Planung* wird für einen Zeitraum, der mehrere Planungsperioden umfaßt, disponiert. Dabei ist nur für die jeweils kommende Periode detailliert zu planen; für alle anderen Perioden werden lediglich Rahmenpläne ausgearbeitet. Anschließend sind die Ergebnisse der detaillierten Planung durchzusetzen.[134] Zu Beginn der Folgeperiode ist dann zu überprüfen, ob die Detailpläne realisiert worden sind. Ist dies nicht der Fall oder haben sich zwischenzeitlich Eckdaten für den nächsten Dispositionszyklus geändert, so ist eine Modifikation der entsprechenden Rahmenpläne für die kommenden Perioden vorzunehmen, wobei der Planungshorizont um eine Planungsperiode nach hinten verschoben und ein Detailplan für die Folgeperiode ausgearbeitet wird.

Der auf diesem Wege im Rahmen der Programmplanung ermittelte Produktionsplan für eine Periode wird in der angelsächsischen Literatur als *Master Production Schedule* (MPS) bezeichnet. Aus dem MPS kann dann entnommen werden, welche Mengen der Produkte zu welchem Zeitpunkt herzustellen sind.[135] Die Terminierung beschränkt sich hierbei lediglich auf grobe Rahmenvorgaben.

Im nächsten Schritt schließt sich der in Abb. 9 dargestellte materialwirtschaftliche Dispositionszyklus an, der i.d.R. einen Planungshorizont von drei bis vier Wochen abdeckt. Zu Beginn dieses Zyklus werden dem langfristigen Produktionsprogramm die Primärbedarfe des aktuellen Planungszeitraums, also die Bedarfe an Enderzeugnissen und verkaufsfähigen Baugruppen bzw. Einzelteilen, entnommen. Da zu diesem

---

[132] Vgl. Schonberger 1982, S. 486.

[133] Vgl. Zibell 1990, S. 62.

[134] Vgl. Franck et al. 1997, S. 80.

[135] Vgl. Gonzalez/ Reeves 1983, S. 553.

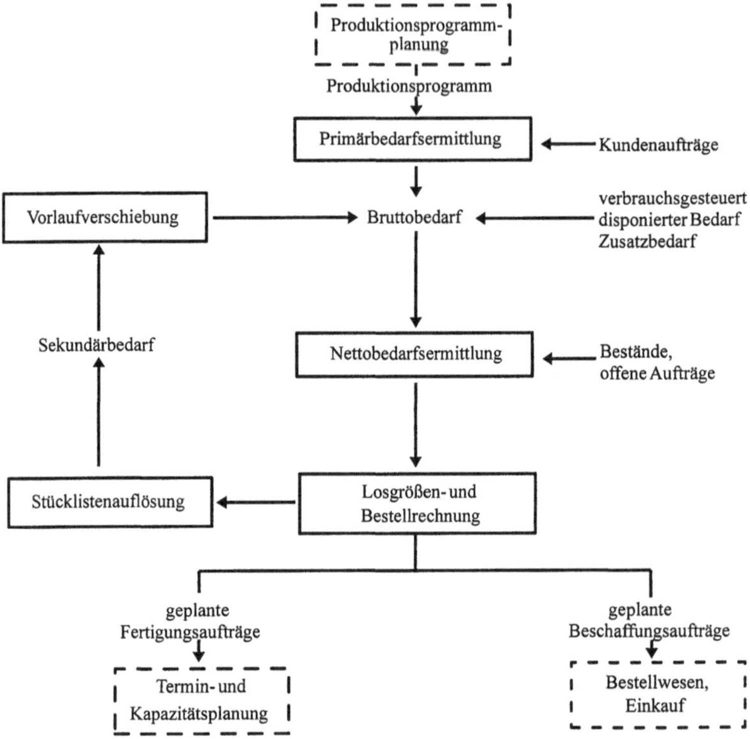

Abb. 9: Funktionen der Mengenplanung

Zeitpunkt noch kein Abgleich mit vorhandenen Lagerbeständen und offenen Kundenaufträgen erfolgt ist, werden die Primärbedarfe mit den sogenannten Bruttobedarfen gleichgesetzt.[136] Diese Verfahrensweise basiert auf Ideen der fünfziger Jahre und wird seit Beginn der sechziger Jahre durch entsprechende Computerprogramme, die als *Material Requirement(s) Planning-* oder *MRP I-Module* bezeichnet werden, unterstützt.[137]

Mittels des MRP I-Moduls werden die Primärbedarfe unter Einbeziehung offener Aufträge und unter Berücksichtigung von Sicherheitsbeständen mit den Lagerbeständen zu Nettobedarfen abgeglichen. Nachdem die Nettobedarfe fixiert sind, beginnt die Ermittlung der Sekundärbedarfe, also jene Bedarfe an Material, die zur Deckung der Primärbedarfe benötigt werden. Die Sekundärbedarfsermittlung kann

136) Vgl. Mertins 1987, S. 7.

137) Vgl. Zäpfel 1989, S. 196.

mittels einer bedarfsgesteuerten oder einer verbrauchsgesteuerten Disposition durchgeführt werden.[138)]

Bei der *verbrauchsgesteuerten Disposition* werden die Sekundärbedarfe aus vergangenheitsbezogenen Daten extrapoliert. Zwar ist mit dieser Variante der Sekundärbedarfsermittlung ein relativ geringer Aufwand verbunden, doch sind die hiermit erzielten Planungsresultate bei ungleichmäßiger Nachfrage oft sehr ungenau, wenn nicht zusätzliche Informationen, die auf höhere oder niedrigere Nachfragemengen hindeuten, ins Kalkül gezogen werden.[139)] Ist z.B. der Bedarf eines Teils in einer Planungsperiode außergewöhnlich hoch, so ist bei einer Disposition, die ausschließlich auf vergangenheitsbezogenen Werten basiert, mit Materialengpässen zu rechnen. Im umgekehrten Fall können hohe Kapitalbindungskosten entstehen, wenn teure Materialien eingelagert werden müssen. Die verbrauchsgesteuerte Disposition wird daher im Regelfall zur Bedarfsermittlung von Teilen eingesetzt, die zu einer geringen Kapitalbindung führen und regelmäßig nachgefragt werden.[140)]

Sollen dagegen die Sekundärbedarfe unregelmäßig nachgefragter Komponenten ermittelt werden, empfiehlt es sich, die aufwendigere bedarfsgesteuerte Disposition zu verwenden. Diese Variante der Sekundärbedarfsermittlung eignet sich außerdem für Teile und Komponenten mit großem Anteil am Gesamtbeschaffungswert der benötigten Materialien. Zur Ermittlung dieser Teile wird i.d.R. eine *ABC–Analyse* durchgeführt. Dabei wird zunächst der wertmäßige Jahresverbrauch jeder Material– bzw. Teileart ermittelt und nach absteigender Reihenfolge sortiert. Anschließend wird der prozentuale Anteil der einzelnen Positionen am wertmäßigen Gesamtverbrauch berechnet. Nach der Kumulierung der relativen Verbrauchswerte, die entsprechend der Reihenfolge der Einzelpositionen vorzunehmen ist, werden die relativen Mengenanteile berechnet.[141)] Die kumulierten Verbrauchs– und Mengenwerte können dann durch eine Lorenzkurve, wie sie in Abb. 10 dargestellt ist, grafisch veranschaulicht werden.

In den meisten Fällen läßt die Lorenzkurve erkennen, daß nur 10-20 % aller Teile ca. 75 % des Gesamtwerts der Materialkosten verursachen. Diese Teile werden als A–Teile bezeichnet. Nimmt man die B–Teile, also weitere 20-30 % der Teile hinzu, so decken A– und B–Teile im Regelfall 90 bis 95 % des wertmäßigen Gesamtbeschaffungsvolumens aller benötigten Materialien ab. Die restlichen Teile werden als C–Teile bezeichnet.

[138)] Vgl. Becker 1990, S. 274.

[139)] Vgl. Gubitz 1994, S. 149-150.

[140)] Vgl. Liebstückel 1986, S. 41.

[141)] Vgl. Schulte 1991, S. 43.

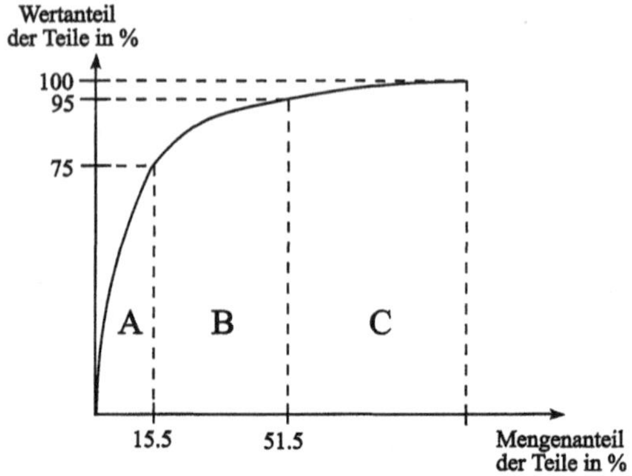

Abb. 10: Die Klassifizierung von A–, B– und C–Teilen

Die genauen Grenzwerte für die A–, B– und C–Kategorie werden üblicherweise nach subjektivem Ermessen festgelegt und unterliegen damit einer gewissen Willkür.[142)]

Im Rahmen einer bedarfsgesteuerten Disposition werden vorwiegend die Sekundärbedarfe für A– und für höherwertige B–Teile durch eine Auflösung der Stücklisten bestimmt.[143)] Geht man von der Korrektheit der Primärbedarfszahlen aus, so sind die hieraus resultierenden Sekundärbedarfe absolut genau, wodurch sich Kapitalbindungskosten einsparen und Fehlmengen wichtiger Fertigungskomponenten vermeiden lassen.

Im nächsten Schritt sind die Bedarfstermine der einzelnen Sekundärbedarfe zu bestimmen. Hierzu wird mittels der sogenannten Vorlaufverschiebung eine zeitliche Vorverlegung des Starttermins für die benötigten Teile und Materialien vorgenommen, damit sie später in ausreichender Menge zur Verfügung stehen. Die Länge dieser Vorlaufzeit basiert auf grob geschätzten Durchlaufzeiten, die bei MRP–Systemen relativ großzügig gewählt werden, um eventuelle Wartezeiten vor den einzelnen Bearbeitungsstationen einzukalkulieren.[144)]

Abschließend sind die einzelnen Bedarfe unter Berücksichtigung technischer Gegebenheiten und unter Einbeziehung von Wirtschaftlichkeitsaspekten zu sinnvollen Los-

---

142) Vgl. Bultmann 1988, S. 8.

143) Vgl. Haupt/ Nöfer 1994, S. 766.

144) Vgl. Eversheim 1990, S. 70.

größen bzw. Bestellmengen zusammenzufassen. In den meisten Fällen werden hierzu sehr einfache Heuristiken wie z.B. die *Andler'sche Losgrößenformel* eingesetzt:[145]

$$x_{opt} = \sqrt{\frac{x \cdot s \cdot 2}{k_h \cdot i}} \tag{6}$$

Wie aus der Gleichung (6) ersichtlich ist, hängt dann die optimale Losgröße eines Teils x_{opt} unter Beachtung des Periodenbedarfs x, von den Rüst- und Lagerkosten ab. Bei der Berechnung der Losgrößen wird unterstellt, daß die Rüstkosten s proportional ansteigen und sich die Lagerkosten aus dem Produkt der stückbezogenen Herstellkosten k_h und dem konstanten Lagerzinssatz i ergeben. Darüber hinaus wird angenommen, daß die Kostenparameter für den Betrachtungszeitraum konstant sind und ein gleichmäßiger Bedarfsverlauf vorliegt.[146]

Diese Annahmen sind jedoch nicht sehr realistisch.[147] Zudem ist zu bemängeln, daß bei der Bestimmung der wirtschaftlich optimalen Losgröße ausschließlich Kostenaspekte einbezogen werden. Aspekte der Marktorientierung wie z.B. die Möglichkeit zur Entgegennahme kurzfristiger Kundenwünsche unter Beachtung knapper Termine bleiben i.d.R. völlig unberücksichtigt, da meistens Aufträge gesammelt werden müssen, um optimale Losgrößen zu erreichen.

Durch die Zusammenfassung von Aufträgen zu wenigen Sammelaufträgen, die auch als *buckets* bezeichnet werden, wird versucht, Rüstkosten zu sparen und den Aufwand zur Generierung eines Plans zu reduzieren.[148] Andererseits führt die Bildung dieser *buckets* dazu, daß sich das Bestandsvolumen erhöht und sich die Gesamtdurchlaufzeiten der Aufträge verlängert.[149] Daher sollten die Kumulationszeiträume nicht zu lang sein.

Der oben beschriebene Mengenplanungszyklus wiederholt sich solange, bis sämtliche Stücklistenstufen aufgelöst sind. Als Ergebnis dieses Planungsschritts erhält der Anwender nach Menge und Termin festgelegte Aufträge für die Eigenfertigung oder den Fremdbezug.[150] Für Bestellaufträge beginnt nun die Einkaufsplanung; für Eigenfertigungsaufträge die *Termin- und Kapazitätsplanung.*

---

145) Vgl. Steinbuch/ Olfert 1989, S. 299.

146) Vgl. Kimms 1997, S. 227.

147) Ähnlich unrealistische Annahmen liegen auch anderen komplexeren Modellen zur Bestimmung optimaler Losgrößen zugrunde. Diese Ansätze werden daher an dieser Stelle nicht weiter erläutert.

148) Vgl. Schonberger 1982, S. 480.

149) Vgl. Blevins 1986, S. 365; vgl. Zibell 1990, S. 62.

150) Vgl. Boehncke 1987, S. 9.

Die Termin- und Kapazitätsplanung beinhaltet die sogenannte Durchlaufterminierung und die Kapazitätsplanung.[151] Mittels der *Durchlaufterminierung* werden die Start- und Endtermine für die Eigenfertigungsaufträge festgelegt. Zur Ermittlung der frühest möglichen Start- und Endtermine kann man eine Vorwärtsterminierung, die auch als *progressive Terminierung* bezeichnet wird, durchführen. Bei dieser Form der Terminierung werden die Endtermine unter Berücksichtigung der arbeitsgangbezogenen Durchlaufzeiten und der technologisch bedingten Bearbeitungsreihenfolgen vom jeweiligen Planungszeitpunkt ausgehend bestimmt.[152]

Im Rahmen einer Rückwärtsterminierung, die auch *retrograde Terminierung* genannt wird, geht man dagegen von den spätesten Fertigstellungsterminen aus.[153] Führt man beide Varianten der Durchlaufterminierung durch, können aus der Differenz zwischen den jeweils frühesten und spätesten Start- oder Endterminen Pufferzeiten für die einzelnen Arbeitsgänge bestimmt werden. Weisen Arbeitsgänge einen Puffer von null auf, besteht keinerlei Spielraum für deren zeitliche Verschiebung. Sie werden daher als *kritisch* bezeichnet.

Wie bei der Vorlaufverschiebung wird bei diesem Dispositionsschritt mit geplanten bzw. geschätzten Durchlaufzeiten gearbeitet. Kapazitätsaspekte werden hierbei nicht berücksichtigt. Die Planungsresultate sind somit lediglich als grobe Rahmenvorgaben interpretierbar. Die exakte Terminierung sowie die genaue Zuordnung der Fertigungsaufträge zu bestimmten Maschinen erfolgt zu einem späteren Zeitpunkt. Hierdurch wird antizipiert, daß in diesem Planungsstadium noch nicht mit absoluter Sicherheit bekannt ist, welche Ressourcen zum Zeitpunkt der Planumsetzung verfügbar sind.[154]

Nach der Durchlaufterminierung wird das sogenannte *Capacity Requirements Planning-Modul* (CRP-Modul) aktiv. Dieses Modul übernimmt die Kapazitätsterminierung, indem es zunächst Belastungsprofile bzw. -übersichten erzeugt. Kapazitätsüber- und -unterdeckungen können anschließend durch einen Abgleich zwischen Kapazitätsangebot und -nachfrage beseitigt werden.[155] Da bei diesem Planungsschritt das zukünftige Kapazitätsangebot nicht genau quantifizierbar ist, wird hierbei oftmals von einer verringerten Kapazität ausgegangen und ein Sicherheitsabschlag in Form einer Absenkung der Kapazitäts- bzw. Belastungsgrenzen vorgenommen.

---

[151] Vgl. Kargl 1990, S. 948.

[152] Vgl. Adam 1993, S. 457.

[153] Vgl. Knolmayer 1990, S. 76.

[154] Vgl. Kurbel/ Meynert 1989, S. 74.

[155] Vgl. Hansen et al. 1987, S. 19.30.

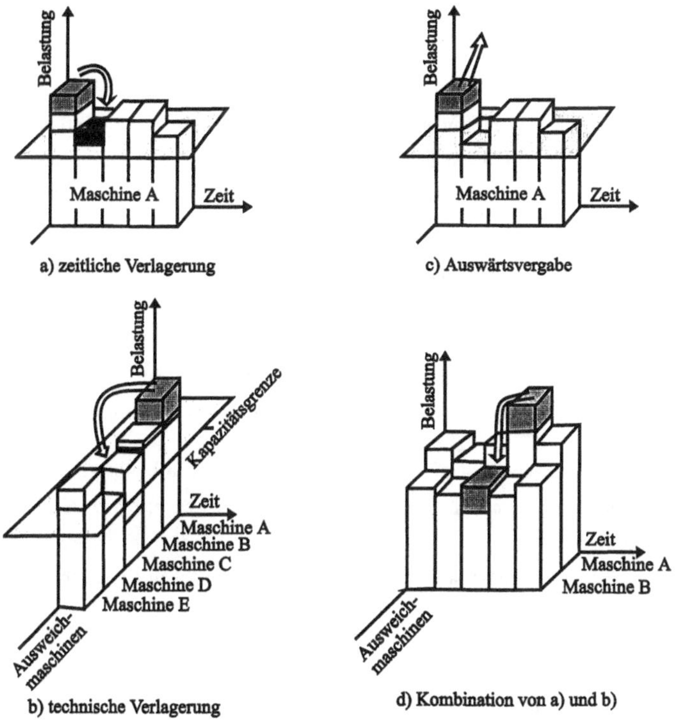

Abb. 11: Möglichkeiten des Kapazitätsabgleichs

Abb. 11 verdeutlicht nun einige Kapazitätsabgleichsmöglichkeiten. Hierzu gehört die in 11.a dargestellte zeitliche Verschiebung von Aufträgen, die als *zeitlicher Abgleich* bezeichnet wird. Verfügt man über einen flexiblen Betriebsmittelbestand, so bietet sich ein *technologischer Abgleich* an, bei dem entsprechend der Abb. 11.b Aufträge auf andere Arbeitsplätze zu verteilen sind. Falls die Kapazitätsnachfrage das Kapazitätsangebot übersteigt, kann darüber hinaus eine längere Betriebszeit der Maschinen durch den Einsatz von Überstunden oder Zeitpersonal in Erwägung gezogen werden.[156)]

Da allerdings die kurzfristige Bereitstellung zusätzlicher Kapazitäten Schwierigkeiten bereiten kann, tendiert man oft zur zeitlichen Verschiebung der Aufträge.[157)] Ist dies nicht möglich, so kann man versuchen, kurzfristige Engpässe durch eine Fremdvergabe von Aufträgen zu beseitigen. Als weitere Maßnahmen zur Überwindung kapazitativer Engpässe bieten sich die überlappende Fertigung und das Splitten von Losen an. Wie Abb. 11.d zeigt, ist auch eine Kombination einzelner Maßnahmen denkbar.

---

156) Vgl. Kurbel/ Meynert 1989, S. 75.

157) Vgl. Meier 1988, S. 527-528.

Sind die Kapazitätsprobleme trotz aller Bemühungen nicht in den Griff zu bekommen, leitet das CRP–Modul eine entsprechende Information an die übergeordnete Planungsebene weiter und löst damit ein erneutes Durchlaufen der übergeordneten Terminierung mit veränderten Planungsparametern aus. Aufgrund dieser Form der Koordination, die auf dem Regelkreisprinzip basiert, spricht man in diesem Zusammenhang auch von einem *closed loop MRP*.[158)]

Nachdem ein zulässiger Plan ermittelt und damit die Planungsphase abgeschlossen ist, kann mit der *Fertigungssteuerung*, der letzten Stufe der PPS, begonnen werden. Aufgabe der Fertigungssteuerung ist es, die vorher erzeugten Planvorgaben durch die Bereitstellung entsprechender Steuerungsfunktionen durchzusetzen.[159)] Die Fertigungssteuerung gehört somit zum operativen Instrumentarium der PPS.

Zu Beginn der Steuerungsphase wird überprüft, ob alle benötigten Materialien und Werkzeuge für die eingeplanten Aufträge vorhanden sind.[160)] Dieser Verfügbarkeitskontrolle schließt sich die Reservierung der entsprechenden Teile, Betriebsmittel, Werkzeuge und Vorrichtungen an. Danach können die Aufträge freigegeben werden.[161)]

Im nächsten Schritt werden die freigegebenen Aufträge einer Feinterminierung unterzogen. Hierbei wird ein Maschinenbelegungsplan mit den Einlastungsterminen und der Reihenfolge der abzuarbeitenden Aufträge erstellt.[162)] Um dem Steuerer das betriebliche Geschehen transparent zu machen und Anpassungen an kurzfristig auftretende Planabweichungen zu ermöglichen, muß diese sogenannte Arbeitsgangterminierung eng mit einer Auftragsfortschrittsverfolgung, also einem aktuellen und zeitnahen Rückmeldesystem verbunden sein.[163)]

Ein solches Rückmeldesystem greift i.d.R. auf eine Betriebsdatenerfassung (BDE) zurück, die das Sammeln und Aufzeichnen von Betriebsdaten in maschinell verarbeitungsfähiger Form ermöglicht. Darüber hinaus umfaßt die BDE neben dem arbeitsgang– und auftragsgenauen Rückmelden von Aufträgen auch die Verarbeitung der Daten und die Distribution derselben an die entsprechenden Steuerinstanzen.[164)]

[158)] Vgl. Hansen et al. 1987, S. 19.3.

[159)] Vgl. Schomburg 1987, S. 36.

[160)] Vgl. Schomburg 1987, S. 36.

[161)] Vgl. Adam 1988, S. 17.

[162)] Vgl. Zäpfel 1989, S. 194.

[163)] Vgl. Helberg 1987, S. 31.

[164)] Vgl. Zäpfel 1989, S. 195.

2.4.2 Kritische Beurteilung

Mit dem MRP II–System steht dem Disponenten ein Werkzeug zur Verfügung, das sämtliche Aufgaben der PPS abdeckt. Wie jedoch die nachfolgenden Ausführungen zeigen werden, weist das MRP II–Konzept trotz aller hard– und softwaretechnischen Fortschritte einige nicht unerhebliche Mängel und sogar konzeptionelle Defizite auf. Diese Defizite lassen sich teilweise auf fehlende Möglichkeiten zur sachadäquaten Berücksichtigung unternehmensspezifischer Problemstrukturen zurückführen.

Zwar wird bei modernen MRP II–Systemen versucht, den speziellen Anforderungen einzelner Unternehmen durch die Kalibrierung gewisser Planungsparameter gerecht zu werden,[165] doch muß man einschränken, daß dies nur gelingen kann, wenn die Rangordnung der in Abb. 7 dargestellten Funktionshierarchie nicht grundsätzlich in Frage gestellt wird.
Eine generelle Zweckmäßigkeit der MRP II–spezifischen Funktionshierarchie kann aber nicht bescheinigt werden. So weisen z.B. Trienekens/ Trienekens darauf hin, daß z.B. die Kapazitätsplanung in der Nahrungs– und Genußmittelindustrie mindestens genauso wichtig ist wie die Materialplanung.[166] Da die Rangordnung der Planungsfunktionen bei MRP II–Konzepten nicht angepaßt werden kann, muß an der Adäquanz der MRP II–typischen Problemdekomposition für gewisse Produktionsstrukturen gezweifelt werden.

Dieser Mangel an Anpassungsfähigkeit wiegt um so schwerer, wenn man bedenkt, daß sich der Stellenwert bestimmter PPS–Funktionen in den letzten Jahren stark verändert hat. So ist z.B. die Nettobedarfsrechnung für die Nutzer von JIT–Systemen teilweise überflüssig geworden. Anderen Funktionen wie z.B. der Terminplanung sollte dagegen aufgrund erhöhter Kundenanforderungen im vermehrten Umfang Aufmerksamkeit geschenkt werden.[167]

Davon abgesehen führt die streng vertikale Dekomposition des Planungsproblems nach funktionalen Kriterien zu einer Reihe weiterer Schwierigkeiten. Diese sind zum großen Teil auf die unzureichende Berücksichtigung funktionsübergreifender Interdependenzen, wie z.B. die mangelhafte Antizipation der kapazitativen Möglichkeiten im Rahmen der Produktionsprogrammplanung, zurückzuführen. So wird das Produktionspro-

---

165) Vgl. SAP 1997, S. 4-14, 4-18 - 4-23; vgl. auch Schotten/ Vogeler 1995, S. 53.

166) Vgl. Trienekens/ Trienekens 1993, S. 455.

167) Zu den Konsequenzen, die sich aus dem Wandel produktionswirtschaftlicher Strukturen für die Produktionsplanung ergeben, vgl. auch Abschnitt 3.1.2.

gramm bei den meisten MRP II–Systemen unter Berücksichtigung der offenstehenden Aufträge einfach mit dem Absatzplan gleichgesetzt,[168] wobei die Primärbedarfsplanung lediglich durch Module zum Verwalten kundenauftrags– bzw. absatzbezogener Daten unterstützt wird.

Stellt sich erst viel später heraus, daß die Produktionskapazitäten nicht ausreichen, um den Produktionsplan durchzusetzen, werden umfangreiche Umplanungen erforderlich. Im Extremfall muß sogar ein neuer Planungszyklus durchlaufen werden. Von einer echten Entscheidungsunterstützung kann daher kaum die Rede sein.[169] Modernere MRP II–Systeme bieten zumindest eine grobe simulative Überprüfung der kapazitativen Durchsetzbarkeit von Produktionsprogrammen an.[170] Dennoch ist dies kein gleichwertiges Substitut für eine simultane Programm– und Kapazitätsplanung, da nicht vom sukzessiven Grundansatz abgerückt wird.

Ebenso wäre eine simultane Termin– und Kapazitätsplanung wünschenswert,[171] da z.B. ein zeitlicher Kapazitätsabgleich mit Auswirkungen auf die Gesamtdurchlaufzeiten verbunden ist. Auch der technologische Kapazitätsabgleich beeinflußt die Terminierung der Aufträge, wenn hierdurch zeitaufwendige Rüstvorgänge erforderlich werden.

Weitere Abhängigkeiten bestehen zwischen der Kapazitätsplanung und der Losgrößenbildung. Je kleinere Lose bei gegebenen Rüstzeiten aufgelegt werden, desto häufiger fallen zeitaufwendige Rüstvorgänge an, die zu Maschinenstillständen führen. Da sich somit die verfügbare Kapazität vermindert,[172] können sich bei einer isolierten Losgrößen– und Kapazitätsplanung stark suboptimale Ergebnisse einstellen.

Darüber hinaus sollte den Interdependenzen zwischen der Losgrößenplanung der verschiedenen Teilearten Rechnung getragen werden.[173] Fallen beispielsweise die Kapitalbindungskosten für ein bestimmtes Teil stark ins Gewicht, so daß sich nach einer isolierten Losgrößenbestimmung relativ kleine Lose ergeben, müssen bei kapazitativen Engpässen größere Lose von anderen Produkten, die auf der gleichen Anlage zu fertigen sind, aufgelegt werden. Entsprechende LP–Modelle des Operations Research, die Zusammenhänge dieser Art berücksichtigen, sind bereits verfügbar. Da sie aber

168) Vgl. Fleischmann 1988, S. 350.

169) Vgl. Drexl et al. 1994, S. 1032.

170) Vgl. Zäpfel 1996, S. 1395.

171) Vgl. Scheer 1988, S. 207.

172) Vgl. Schick 1991, S. 74.

173) Vgl. Schneeweiß 1993, S. 176.

i.d.R. eine gemischt–ganzzahlige Formulierung erfordern, ist deren Einsatzspektrum in der Praxis z.Zt. noch stark eingeschränkt.[174]

Bei MRP II–Systemen werden die oben beschriebenen Interdependenzen nur beachtet, wenn sich unzulässige Teilpläne ergeben. Um daher einzelne Teilfunktionen zu integrieren und dabei die bei einer solchen Integration anwachsende Modellkomplexität in Grenzen zu halten, sollten die in Abschnitt 2.2 erörterten Möglichkeiten der Aggregation stärker genutzt werden. Abgesehen von wenigen Anbietern wie SAP, die dem eigentlichen MRP II–Lauf zumindest eine aggregierte Absatz– und Programmplanung vorschalten,[175] beschränkt sich die Nutzung der Aggregation bei den MRP II–Konzepten lediglich auf die Abstraktion von Bearbeitungsvorgängen bzw. –aufträgen zu Auftragspaketen oder Endaufträgen. Somit ist festzustellen, daß die Potentiale der Aggregation bei MRP II–Systemen weitgehend ungenutzt bleiben.

Des weiteren ist zu kritisieren, daß bei den meisten gängigen PPS–Systemen Möglichkeiten zur gezielten Steuerung von Zielgrößen und zur Aufdeckung bzw. zur Auflösung etwaiger Zielkonflikte fehlen.[176] Auswirkungen bestimmter Dispositionsentscheidungen auf einzelne Zielgrößen werden daher nicht transparent.[177] Um eine zielorientierte Planung zu gewährleisten, müßte der Benutzer nach den Erkenntnissen aus Abschnitt 2.3.2 zumindest über die Ausprägungen konfliktärer Zielgrößen informiert werden, was aber bei den meisten MRP II–Systemen unterbleibt.
Die Anforderungen aus Abschnitt 2.3.2, wonach im Verlauf des Entscheidungsprozesses flexible Anpassungen an dynamische Veränderungen der Zielwertvorstellungen des Disponenten möglich sein sollen, werden somit nicht einmal annähernd erfüllt.

Davon abgesehen können die in Abschnitt 2.3 beschriebenen Ziele nur erreicht werden, wenn es gelingt, flexibel auf unvorhergesehene Ereignisse wie z.B. auf Auftragsstornierungen oder Maschinenausfälle zu reagieren. Dies ist jedoch mit MRP II–Systemen nur begrenzt möglich, da die entsprechenden Umdispositionen erst durch Rückkopplungsfunktionen, die mit vergangenheitsbezogenen Daten arbeiten, ausgelöst werden.[178] Hierdurch entstehen lange Reaktionszeiten. Daher kann man MRP II–Systeme als vergangenheitsbezogene Verwaltungssysteme und nicht als zukunfts– bzw. gegenwartsorientierte Steuerungssysteme bezeichnen.[179]

---

174) Vgl. Drexl et al. 1994, S. 1033.
175) Vgl. SAP 1997, S. 4-4 - 4-8; vgl. SAP o.J., o.S.
176) Vgl. Steven/ Meyer 1998, S. 22.
177) Vgl. Adam 1988, S. 22.
178) Vgl. SAP 1990, S. 14-3.
179) Vgl. Helfrich 1992, S. 35.

Um dieser Schwerfälligkeit entgegenzutreten und auf kurzfristige Bedarfsverschiebungen schneller reagieren zu können, wurde seitens der MRP II–Anbieter das sogenannte *Net–Change–Prinzip* entwickelt. Bei jeder Datenänderung werden hierbei lediglich partielle Aktualisierungen des alten Plans vorgenommen.[180)] Planrevisionen beschränken sich damit nur auf direkt betroffene und vorgelagerte Dispositionsstufen. Dies ist vor allem bei Produktionsprozessen mit tiefen Stücklistenstrukturen von Vorteil, da eine Neugenerierung des gesamten Plans sehr aufwendig wäre.[181)]

Im Vergleich zu einer Neugenerierung der einzelnen Pläne kann der Dispositionsaufwand beim Net–Change–Ansatz relativ gering sein, so daß Umdispositionen in kürzeren Abständen durchführbar sind. Hieraus resultiert eine höhere Aktualität der Planung und die Möglichkeit, flexibler auf kurzfristige Änderungen der Rahmendaten zu reagieren. Da jedoch nicht mehr aktuelle bzw. überholte Daten, die vom Net–Change–Ansatz unberührt bleiben, fortgeschrieben werden und zu qualitativ schlechten Plänen führen, ist in gewissen Zeitabständen die Generierung eines komplett neuen Plans empfehlenswert. Zudem können beim Net–Change–Ansatz geringe Veränderungen der Input–Daten massive Umplanungen oder sogar Neuplanungen auslösen, so daß die Gefahr besteht, daß das Planungssystem zum ständigen Krisenmanagementsystem verkümmert.[182)]

Von der Verwendung des Net–Change–Ansatzes abgesehen, wird bei MRP II–Konzepten versucht, Unsicherheiten durch Sicherheitspuffer zu antizipieren. So werden im Verlaufe des Dispositionsprozesses fertigungstechnisch und ablauforganisatorisch induzierte Ungenauigkeiten bezüglich der Durchlaufzeiten einzelner Arbeitsgänge durch Sicherheitszuschläge einkalkuliert.[183)] Hierdurch ergeben sich lange Gesamtdurchlaufzeiten.

Da mit deterministischen Plandurchlaufzeiten disponiert wird, kommt es außerdem zu erheblichen Verzerrungen der Dispositionsresultate, da der meist hohe Anteil der Wartezeiten an den Durchlaufzeiten keinesfalls statisch ist, sondern dynamisch von den jeweils aktuellen Rahmenbedingungen in der Produktion und der jeweiligen Auftragssituation abhängt.[184)] Durch das Disponieren mit tendenziell überschätzten Durch-

---

[180)] Vgl. Orlicky 1975, S. 102.

[181)] Vgl. Heinrich 1990, o.S.

[182)] Vgl. Winter 1991, S. 182.

[183)] Vgl. Hatchuel et al. 1997, S. 871.

[184)] Vgl. Ho/ Lau 1994, S. 89.

laufzeiten muß dazu mit einem hohen Bestandsniveau gerechnet werden. Zusätzliche Kapitalbindungskosten entstehen, wenn Unsicherheiten bezüglich der Nachfrage und der Ausbringung durch Sicherheitsbestände antizipiert werden.[185)]
Insgesamt gesehen kann daher die Bewältigung von Unbestimmtheiten bei MRP II–Systemen nicht überzeugen.

Als Fazit läßt sich feststellen, daß "klassische" PPS-Systeme eine Reihe von Schwachpunkten aufweisen und somit zu Planungsresultaten führen, die von Drexl et al. als "Aneinanderreihung heuristischer Improvisationen" bezeichnet werden, "deren in Wissenschaft und Praxis beklagte geringe Qualität nicht überraschen kann".[186)] Dies ist darauf zurückzuführen, daß MRP II–Systeme trotz aller Weiterentwicklungen der entsprechenden Softwarepakete immer noch eine einfache Automatisierung der früher manuell durchgeführten Dispositionsschritte darstellen.[187)] Den erhöhten Kunden– bzw. Marktanforderungen, die zu einer Verschärfung der Anforderungen an die PPS geführt haben, kann das aus den sechziger Jahren stammende MRP–Konzept deshalb nicht mehr gerecht werden. Somit sind die den MRP–Systemen zugrunde liegenden funktionalen Dekompositionsstrukturen grundsätzlich in Frage zu stellen.

Da ein Simultanansatz zur Lösung der Produktionsplanungsprobleme zu komplex ist, kann es sich bei alternativen Konzepten nur um ein Stufenkonzept handeln.[188)] Es ist daher zu analysieren, inwiefern Modelle, die die oben beschriebenen Interdependenzen stärker berücksichtigen und auf Aggregationshierarchien basieren, geeignete Alternativen darstellen oder zumindest Teile der oben beschriebenen Systeme ergänzen bzw. substituieren können. Im folgenden Abschnitt wird daher das Modell von Hax und Meal untersucht.

2.5 Das Konzept der hierarchischen Planung von Hax und Meal

2.5.1 Das Modell von Hax und Meal

Mitte der siebziger Jahre entwickelte eine Gruppe von Wissenschaftlern um A.C. Hax ein Modell zur Unterstützung der Produktionsplanung bei einem Reifenhersteller. Statt einer funktionalen Problemdekomposition bot sich im speziellen Fall eine

185)Vgl. Fleischmann 1988, S. 349.

186)Drexl et al. 1994, S. 1026.

187)Vgl. Günther/ Tempelmeier 1995, S. 48.

188)Vgl. Adam 1988, S. 23.

Dekomposition nach Produkten an. Als Dekompositionskriterien zur Zerlegung des Dispositionsproblems in mehrere Planungsstufen wurden Eigenschaften der Produkte herangezogen. Hieraus entstand eine Dispositionshierarchie, der die folgende Aggregationsstruktur zugrunde liegt:

Die sich auf der untersten Dispositionsebene befindlichen Einzelprodukte, die auch als *Items* oder *Artikel* bezeichnet werden, sind in einem ersten Aggregationsschritt zu sogenannten *Produktfamilien* zusammenzufassen. Dabei sind jene Artikel zu aggregieren, die annähernd gleiche Rüst- und Fertigungsstückkosten sowie annähernd gleiche Rüstkosten aufweisen bzw. ähnliche Arbeitsgänge erfordern.[189)] Im speziellen Fall wird eine Gruppierung von Reifensorten mit gleicher Rezeptur des verwendeten Gummis vorgenommen.[190)]

In einem weiteren Aggregationsschritt werden diese Produktfamilien anschließend zu *Erzeugnistypen* aggregiert. Dabei werden die saisonalen Nachfragemuster, Bearbeitungs- und Lagerkosten sowie die Höhe der Produktionsraten[191)] als Aggregationskriterien herangezogen.[192)] Aufgrund des oben beschriebenen Merkmalprofils kann dann zwischen den Produkttypen *Winter-* und *Sommerreifen* differenziert werden.

Wie die Abb. 13 verdeutlicht, ergibt sich aus diesen Aggregationsschritten eine aus drei Planungsebenen bestehende hierarchische Struktur, wobei Über- und Unterordnungsbeziehungen durch Restriktionsvorgaben modelliert werden können. Eine detaillierte Erläuterung dieser Vorgaben erfolgt nun im Kontext der einzelnen Submodelle der jeweiligen Planungsebenen.

Auf der obersten Planungsebene werden zunächst die Losgrößen der zu produzierenden Produkttypen ermittelt. Der Planungszeitraum umfaßt hierbei 12 Monate, was einem Saisonzyklus entspricht.[193)] Die simultane Produktions- und Lagerplanung erfolgt rollierend und wird monatlich durchgeführt. Das entsprechende Dispositionsproblem wird als LP-Modell formuliert, dessen Bestandteile nun im einzelnen vorgestellt werden.[194)]

---

189) Vgl. Kistner/ Switalski 1989a, S. 204.

190) Vgl. Lermen 1992, S. 49.

191) Die Produktionsraten entsprechen den Ausbringungsmengen pro Zeiteinheit, also den Produktionskoeffizienten des Faktors *Zeit*.

192) Vgl. Hax/ Meal 1975, S. 60.

193) Vgl. Hax/ Bitran 1979, S. 75.

194) Vgl. Hax/ Candea 1984, S. 396-397.

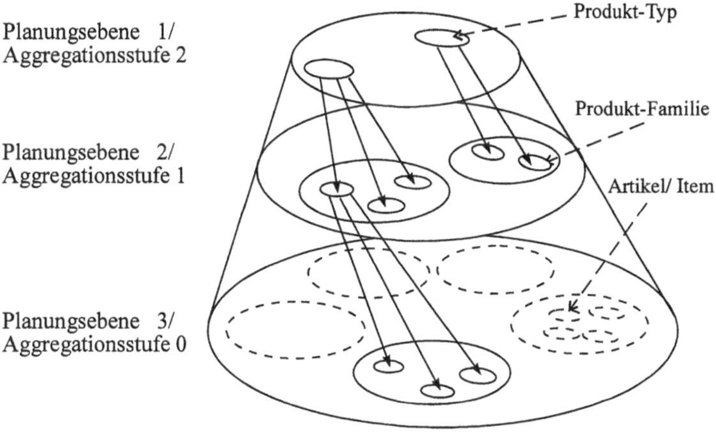

Abb. 12: Das Planungskonzept des Grundmodells von Hax und Meal

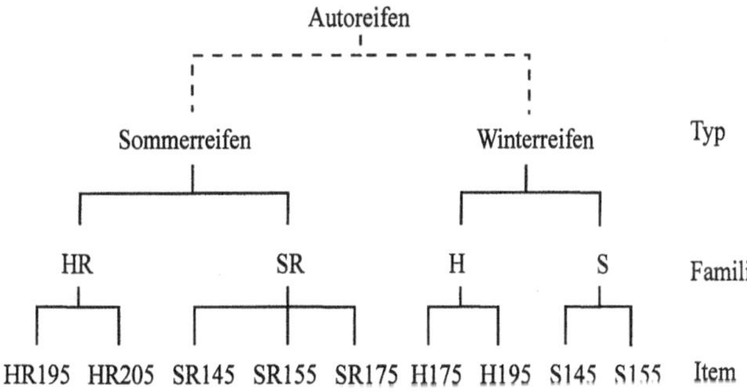

Abb. 13: Produkthierarchie eines Reifenherstellers

Um für alle Produktfamilien sicherzustellen, daß die Nachfrage $d^*_{i,t+L}$, welche um die Lagerbestandsveränderung $(I_{i,t+L} - I_{i,t+L-1})$ zu korrigieren ist, durch die Produktionsmenge des entsprechenden Produkttyps $X_{i,t}$, voll befriedigen wird, soll Restriktion (7) berücksichtigt werden:

$$X_{it} - I_{i,t+L} + I_{i,t+L-1} = d^*_{i,t+L}, \quad \forall i = 1, \ldots, I; t = 1, \ldots, T \tag{7}$$

Dabei wird antizipiert, daß die zu produzierenden Einheiten des Typs i erst nach Ablauf der Durchlaufzeit L zur Deckung der Nachfrage zur Verfügung stehen.

Da die Nachfrage nach einer Familie X_{it} in Restriktion (7) nicht durch Bestände einer anderen Familie X_{jt}, mit $j \neq i$ befriedigt werden kann, besteht die Gefahr, daß bei einer späteren Disaggregation der Planungsresultate Unzulässigkeiten auftreten, wenn für $d^*_{i,t}$ die Bruttonachfrage nach Typ i angesetzt wird.[195] Um dies auszuschließen, wird $d^*_{i,t}$ als effektive Nachfrage nach dem Typ i in der Periode t definiert:[196]

$$d^*_{i,t} = \begin{cases} \text{Max}(0; \sum_{\tau=1}^{t} d_{i,\tau} - I_{i0}) & \text{für} \quad t = 1, \ldots, t^* \\ d_{i,t} & \text{sonst,} \end{cases} \tag{8}$$

wobei $d_{i,0} = 0$. t^* symbolisiert die erste Periode, in der der Anfangsbestand nicht mehr zur Deckung der Summe der Bruttobedarfe $d_{i,\tau}$ ausreicht. Die effektive Nachfrage ist somit mit den Nettobedarfen gleichzusetzen, also den Bedarfen, die nicht durch die Anfangsbestände abgedeckt werden. Die Definition der effektiven Nachfrage nach den Produktfamilien und den Einzelprodukten auf den unteren Planungsebenen wird hierzu analog vorgenommen.

Wird davon ausgegangen, daß keine Anfangsbestände gehalten werden:[197]

$$I_{i0} = 0, \quad \forall i = 1, \ldots, I, \tag{9}$$

so sind die effektiven Nachfragen und die Bruttobedarfe identisch.

Darüber hinaus ist die Gesamtarbeitszeit $\sum_{i=1}^{I} m_i X_{it}$, die sich aus der Summe der Produkte der Produktionskoeffizienten m_i und der Produktionsmengen X_{it} ergibt, durch die Anzahl der regulären Arbeitsstunden RH_t und der Überstunden OT_t begrenzt:

$$\sum_{i=1}^{I} m_i X_{it} = OT_t + RH_t, \quad \forall t = 1, \ldots, T \tag{10}$$

Überschreitungen der regulär zur Verfügung stehenden Arbeitszeit $(rm)_t$ durch die genutzten Arbeitsstunden RH_t werden durch

$$RH_t \leq (rm)_t, \quad \forall t = 1, \ldots, T \tag{11}$$

ausgeschlossen. Ungleichung (12) begrenzt zudem mögliche Überstunden:

$$OT_t \leq (om)_t, \quad \forall t = 1, \ldots, T \tag{12}$$

Die Restriktionen (13) und (14) stellen die Nichtnegativität der Entscheidungsvariablen sicher:

$$X_{it}, I_{i,t+L} \geq 0, \quad \forall i = 1, \ldots, I; t = 1, \ldots, T \tag{13}$$

$$RH_t, OT_t \geq 0, \quad \forall t = 1, \ldots, T \tag{14}$$

[195] Vgl. hierzu auch das Beispiel in Hax/ Candea 1984, S. 408.

[196] Vgl. Bitran et al. 1981, S. 721.

[197] Vgl. Bitran et al. 1981, S. 722.

Ziel ist es, die Anzahl der jeweils in der Periode t zu produzierenden Einheiten des Typs i so festzulegen, daß die Summe aus Produktions–, Lager– und Arbeitskosten minimal wird.

$$zw = \sum_{i=1}^{I}\sum_{t=1}^{T}(c_{it}X_{it} + h_{i,t+L}I_{i,t+L}) + \sum_{t=1}^{T}(rh_tRH_t + o_tOT_t) \rightarrow \text{Min} \qquad (15)$$

Somit ergibt sich für die oberste Dispositionsebene das nachstehende Modell:

$$zw = \sum_{i=1}^{I}\sum_{t=1}^{T}(c_{it}X_{it} + h_{i,t+L}I_{i,t+L}) + \sum_{t=1}^{T}(rh_tRH_t + o_tOT_t) \rightarrow \text{Min} \qquad (15)$$

$$\begin{aligned}
X_{it} - I_{i,t+L} + I_{i,t+L-1} &= d^*_{i,t+L}, && \forall i = 1,\ldots,I; t = 1,\ldots,T && (7)\\
I_{i0} &= 0, && \forall i = 1,\ldots,I && (9)\\
\sum_{i=1}^{I} m_iX_{it} &= OT_t + RH_t, && \forall t = 1,\ldots,T && (10)\\
RH_t &\leq (rm)_t, && \forall t = 1,\ldots,T && (11)\\
OT_t &\leq (om)_t, && \forall t = 1,\ldots,T && (12)\\
X_{it}, I_{i,t+L} &\geq 0, && \forall i = 1,\ldots,I; t = 1,\ldots,T && (13)\\
RH_t, OT_t &\geq 0, && \forall t = 1,\ldots,T && (14)
\end{aligned}$$

Zur Verdeutlichung des Ablaufs der Disposition mit diesem Modell soll nun das folgende Beispiel, das aus Switalski 1987b, S. 474-476 entnommen wurde, eingeführt werden:

Die Produktpalette eines Unternehmens umfaßt neun Artikel. Faßt man diese Artikel nach gemeinsamen Rüstvorgängen und -kosten zusammen, erhält man fünf Produktfamilien, die wiederum aufgrund ähnlicher Nachfragestrukturen zu zwei Produktgruppen aggregiert werden sollen. Die Produkthierarchie ist in Abbildung 14 dargestellt.

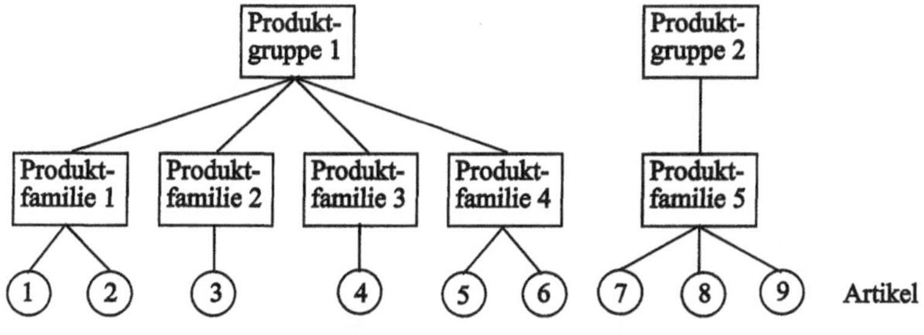

Abb. 14: Produkthierarchie des Fallbeispiels

Es wird von einem Planungshorizont von 3 Perioden ausgegangen. Die Vorlaufzeit beträgt eine Periode. Die maximale Lagerkapazität ist auf 5000 Stück beschränkt. Lieferrückstände sind nicht erlaubt. Der Produktionskoeffizient für die Produktgruppe

1 beträgt 0,1 Stunden pro Stück; 0,2 Stunden pro Stück für die Produktgruppe 2. Da keine Anfangsbestände gehalten werden, entspricht die effektive Nachfrage nach den Produkttypen den Bruttobedarfen, die in der nachstehenden Tabelle angeführt sind:

Produkttyp	Periode 1	Periode 2	Periode 3
1	944	2055	3938
2	1791	4868	5364

Tabelle 2: Effektive Nachfrage nach Produkttypen

Kosten (in GE/ Stück)		
Kostenart	Produkttyp 1	Produkttyp 2
Produktionskosten	0,8	0,9
Lagerkosten	0,4	0,3

Tabelle 3: Produktions- und Lagerkosten

Die Produktions- und Lagerkosten der Produktgruppen sind in der Tabelle 3 wiedergegeben. Des weiteren werden später Rüstkosten für die Produktfamilien benötigt. Es wird dabei angenommen, daß die Rüstkosten, die bei der Einrichtung einer Maschine anfallen, unabhängig von der vorher aufgelegten Produktfamilie sind. Pro Auflage der Produktfamilien 1, 2, 3, 4 und 5 sind daher jeweils 50, 70, 40, 110 und 80 Geldeinheiten an Rüstkosten zu veranschlagen. Aus Tabelle 4 können die artikelbezogenen Bestandsdaten entnommen werden.

Artikel	Lagerbestand (Stk.)	Sicherheitsbestand (Stk.)	Anteil an Produktgruppennachfrage (in %)
1	15	13	10
2	51	7	20
3	23	9	15
4	116	3	5
5	18	16	30
6	55	21	20
7	531	17	40
8	328	8	15
9	156	14	45

Tabelle 4: Artikelbezogene Bestandsdaten

In jeder Periode stehen 800 Stunden an regulärer Arbeitszeit und 480 Überstunden zur Verfügung. Für eine reguläre Arbeitsstunde sind 7 GE zu entrichten. Eine Überstunde kostet 10 GE.

Somit weist das lineare Optimierungsproblem die in der Tabelle 5 auf S. 54 angeführte *Modellstruktur* auf. Wie Tabelle 5 verdeutlicht, nimmt mit zunehmender Anzahl von Entscheidungsvariablen der Problemumfang schnell zu und die Besetzungsdichte des Tableaus ab. Die Lösung des entsprechenden Optimierungsproblems führt dann zu folgenden Ergebnissen:

Produktionsmengen (Stk.)			Lagermengen (Stk.)		Kapazitätsausnutzung (Std.)	
Periode	Typ 1	Typ 2	Typ 1	Typ 2	Normalarbeitszeit	Überstd.
1	800,80	3599,60	0,00	0,00	800,00	0,00
2	1989,20	3016,40	134,80	2823,60	800,00	2,20
3	3938,00	4431,00	69,00	972,00	800,00	480,00
4			69,00	39,00		

Tabelle 6: Dispositionsergebnisse der Ebene 1

X_{it}, $I_{i,t+L}$, RH_t und OT_t sind nun mittels des LP–Ansatzes fixiert, so daß mit der Disaggregation auf der *Ebene der Produktfamilien* begonnen werden kann.
Da rollierend geplant wird, werden zunächst die auf der obersten Planungsstufe ermittelten Mengen der zu produzierenden Produkttypen, also 800 vom Typ 1 und 3599,6 vom Typ 2, für die erste Planungsperiode übernommen. Diese Mengen sind für die aktuelle Planungsperiode zu disaggregieren. Da der Produkttyp 2 nur die Produktfamilie 5 beinhaltet, wird dieser Familie die gesamte Produktionsmenge des Typs 2 zugeteilt. Für den Produkttyp 1 ist dagegen eine Stückzahl von 800 auf die Familien 1 bis 4 zu verteilen.

Im Rahmen dieses Verteilungsprozesses wird darauf abgezielt, die Rüstkosten für die einzelnen Produktfamilien zu minimieren. Zwar hätte man die Rüstkosten, die für das spezielle Dispositionsproblem nur von untergeordneter Bedeutung sind, bereits auf der obersten Planungsebene antizipieren können, doch wären in diesem Fall Ganzzahligkeiten auf der oberen Planungsebene entstanden. Zudem weist Hax darauf hin, daß die Berücksichtigung von Rüstkosten auf der oberen Planungsebene eine detailliertere Betrachtung des Entscheidungsproblems erforderlich macht.[198] Dies hätte zur Folge, daß die Vorteile der Aggregation nicht mehr so stark genutzt werden könnten, wie dies bei den oben beschriebenen Aggregationsstrukturen der Fall ist.

---

[198]Vgl. Hax 1977, S. 116.

x_{11}	x_{12}	x_{13}	x_{21}	x_{22}	x_{23}	I_{11}	I_{12}	I_{13}	I_{14}	I_{21}	I_{22}	I_{23}	I_{24}	RH_1	RH_2	RH_3	OT_1	OT_2	OT_3	Typ	b_{ij}
1						1	-1													=	d_{12}
	1						1	-1												=	d_{13}
		1						1	-1											=	d_{14}
			1							1	-1									=	d_{22}
				1							1	-1								=	d_{23}
					1							1	-1							=	d_{24}
						1														=	0
										1										=	0
m_1			m_2											-1			-1			=	0
	m_1			m_2											-1			-1		=	0
		m_1			m_2											-1			-1	=	0
														1						$\leq$	rm_1
															1					$\leq$	rm_2
																1				$\leq$	rm_3
																	1			$\leq$	rm_4
																		1		$\leq$	rm_5
																			1	$\leq$	rm_6
c_{11}	c_{12}	c_{13}	c_{21}	c_{22}	c_{23}	0	h_{12}	h_{13}	h_{14}	0	h_{22}	h_{23}	h_{24}	rh_1	rh_2	rh_3	o_1	o_2	o_3		0

Tabelle 5: Modellstruktur des Fallbeispiels

Bevor nun die Losgrößen der einzelnen Familien bestimmt werden, wird zunächst überprüft, welche Produktfamilien in der Planungsperiode grundsätzlich aufzulegen sind. Da die Bestandskosten möglichst gering gehalten werden sollen, sind nur jene Produktfamilien zu produzieren, für die die Nachfrage der betrachteten Periode unter Beachtung der Vorlaufzeit aus den momentan verfügbaren Beständen nicht gedeckt werden kann.[199]

Reichen die verfügbaren Lagerbestände AI_j einer Produktfamilie nicht zur Deckung der effektiven Nachfrage aus, so muß

$$AI_j < (d_{j,1} + d_{j,2} + \ldots + d_{j,L+1}) + I_j^{min} \qquad (16)$$

gelten,[200] wobei I_j^{min} den Sicherheitsbestand der Produktfamilie Y_j symbolisiert. Diese Familien sind der Indexmenge $J°$ zuzuordnen. Zur Ermittlung der betreffenden Familien kann deren Lagerbestandsreichweite, die in der angelsächsischen Literatur als *Run Out Time (ROT)* bezeichnet wird, herangezogen werden. Die Run Out Time wird dabei folgendermaßen definiert:[201]

$$ROT_j = \frac{AI_j - I_j^{min}}{\sum_{t=1}^{L+1} d_{j,t}} \qquad (17)$$

Unter Beachtung der Bestandsdaten der Tabelle 4 ergibt sich somit für die Produktfamilie 1 eine Lagerbestandsreichweite von 0,19 Perioden; 0,12 Perioden für Produktfamilie 2; 2,82 Perioden für Familie 3 und 0,09 Perioden für Familie 4.

Eine Produktfamilie Y_j ist nun unter Berücksichtigung der Vorlaufzeit ein Element der Indexmenge $J°$, wenn die nachstehende Bedingung erfüllt ist:[202]

$$ROT < 1 \qquad (18)$$

D.h. die Familie Y_j wird der Indexmenge $J°$ zugerechnet, wenn ihre Lagerbestandsreichweite kleiner eins ist. Mittels der ROT-Kennziffer wird somit für alle Produktfamilien überprüft, ob der Periodenbedarf durch Lagerbestände abgedeckt werden kann und welche Familien aufgelegt werden müssen, um Lieferrückstände zu vermeiden. Da nur die ROT-Kennzahl der Familie 3 größer 1 ist, gehören die Produktfamilien 1, 2 und 4 der Indexmenge $J°$ an und sind daher in der Planungsperiode zu produzieren. Die Nachfrage der Familie 3 kann aus den Beständen voll befriedigt werden.

---

[199] Vgl. Hax 1977, S. 119.

[200] Vgl. Bitran/ Hax 1977, S. 34.

[201] Vgl. Steven 1994, S. 70.

[202] Vgl. Hax/ Bitran 1979, S. 83.

Produktfamilien, die wie die Familie 3 nicht der Indexmenge J° angehören, können in einer Zweitindexliste verwaltet und bei zusätzlichen freien Kapazitäten eingeplant werden.[203] Dies hat den Vorteil, daß bei einer vorgezogenen Produktion in der nächsten Planungsperiode freie Kapazitäten zur Verfügung stehen, wobei allerdings zusätzliche Bestandskosten für die betreffenden Produktfamilien einzukalkulieren sind.

Nachdem grundsätzlich feststeht, welche Produktfamilien im betrachteten Planungszeitraum aufgelegt werden müssen, stellt sich die Frage nach den Losgrößen der einzelnen Produktfamilien Y_j aus der Indexmenge J°. Hierzu wird folgendes Modell vorgeschlagen:[204]

$$zw = \sum_{j \in J^\circ} \frac{s_j d_j}{Y_j} \quad \rightarrow \quad \text{Min} \tag{19}$$

$$\sum_{j \in J^\circ} Y_j = X_i^* \tag{20}$$

$$Y_j^{min} \leq Y_j \leq Y_j^{max}, \qquad \forall j \in J^\circ \tag{21}$$

Wie aus der Zielfunktion (19) ersichtlich ist, sollen die auf die Anzahl der zu produzierenden Einheiten einer Produktfamilie Y_j bezogenen Rüstkosten $s_j d_j$ minimiert werden.[205] Nebenbedingung (20) stellt hierbei die Konsistenz zwischen den Planungsebenen 1 und 2 sicher. D.h. also, daß die in der Planungsstufe 1 ermittelten Bedarfe eines Produkttyps X_i^* vollständig durch entsprechende Mengen der zu produzierenden Produktfamilien gedeckt werden müssen. Wie Nebenbedingung (21) verdeutlicht, sind die Produktionsmengen der Familien nach oben und nach unten beschränkt.

Die Untergrenze der Produktionsmenge einer Familie Y_j^{min} ergibt sich aus:[206]

$$Y_j^{min} = \max[0, (d_{j,1} + d_{j,2} + \ldots, d_{j,L+1}) - AI_j + I_j^{min}], \tag{22}$$

wobei der Term $(d_{j,1} + \ldots, d_{j,L+1})$ die gesamte prognostizierte Nachfrage für die Produktfamilie Y_j der betrachteten Periode inklusive der Vorlaufzeit repräsentiert. Fehlmengen, die auf Prognosefehlern basieren, sollen durch den Sicherheitsbestand I_j^{min} abgedeckt werden.

Die Bestimmung der Obergrenze Y_j^{max} erfolgt durch:

$$Y_j^{max} = I_j^{max} - AI_j, \tag{23}$$

---

203) Vgl. Hax/ Candea 1984, S. 402.

204) Vgl. Hax/ Golovin 1978, S. 413.

205) Es wird davon ausgegangen, daß sich die Rüstkosten in der Zielfunktion (19) proportional zur Nachfrage verhalten. Andernfalls ist d_j als Auflagehäufigkeit zu interpretieren.

206) Vgl. Hax/ Bitran 1979, S. 82.

wobei I_j^{max} den maximalen Bestand der Familie Y_j, also die maximale Kapazität des Fertigwarenlagers symbolisiert.[207]

Bei der Ermittlung einer Lösung des Problems kann nun zwischen drei Szenarien differenziert werden:

1. Stellt sich heraus, daß X_i^* die Summe der Obergrenzen der Produktfamilien überschreitet, sind alle Familien an ihrer Obergrenze zu produzieren. Nicht ausgelastete Produktionskapazitäten können für die Vorratsproduktion von Familien der Zweitindexliste genutzt werden.

2. Unterschreitet X_i^* die Untergrenzen der Produktfamilien, so werden Lieferverzögerungen unvermeidbar. Es ist dann zu entscheiden, welche Produktfamilien mit Verspätung aufzulegen sind. Hierbei ist die Wichtigkeit der Kunden und die Höhe potentieller Konventionalstrafen ins Kalkül zu ziehen.

3. Liegt X_i^* innerhalb der Summe der Ober– und Untergrenzen der Produktfamilien, gilt also:

$$\sum_{j \in J^\circ} Y_j^{min} \leq X_i^* \leq \sum_{j \in J^\circ} Y_j^{max},$$

so schlagen Hax und Candea den in Abb. 15, S. 58 dargestellten Verteilungsalgorithmus vor.[208]

Nach einem Initialisierungsschritt werden hierbei zunächst die Losgrößen der jeweiligen Familien Y_j^β durch

$$Y_j^\beta = \frac{\sqrt{s_j d_j}}{\sum_{j \in J^\beta} \sqrt{s_j d_j}} p^\beta$$

bestimmt, wobei β der Zähler der Iterationen ist. Anschließend wird geprüft, ob die ermittelten Losgrößen Bedingung (21) erfüllen. Falls dies für alle Produktfamilien der Fall ist, so ist das Disaggregationsproblem gelöst. Andernfalls werden die Menge J_+^β, also die Menge der Familien, die ihre Obergrenze überschreiten, und die Menge J_-^β, also die Menge der Familien, die ihre untere Grenze unterschreiten, gebildet. Darüber hinaus werden die Gesamtsummen der totalen Überschreitungen Δ und der totalen Unterschreitungen ∇ berechnet.

---

[207] Vgl. Hax/ Bitran 1979, S. 83. I_j^{max} kann auch als maximale Kapazität eines Auslieferungslagers interpretiert werden. Wie auf der obersten Planungsebene wird davon ausgegangen, daß die maschinellen Produktionskapazitäten niemals zum Engpaß werden.

[208] Vgl. Hax/ Candea 1984, S. 403. Der Verteilungsalgorithmus läßt sich über einen Lagrange–Ansatz ableiten. Zur Herleitung des Algorithmus vgl. Steven 1994, S. 73-74.

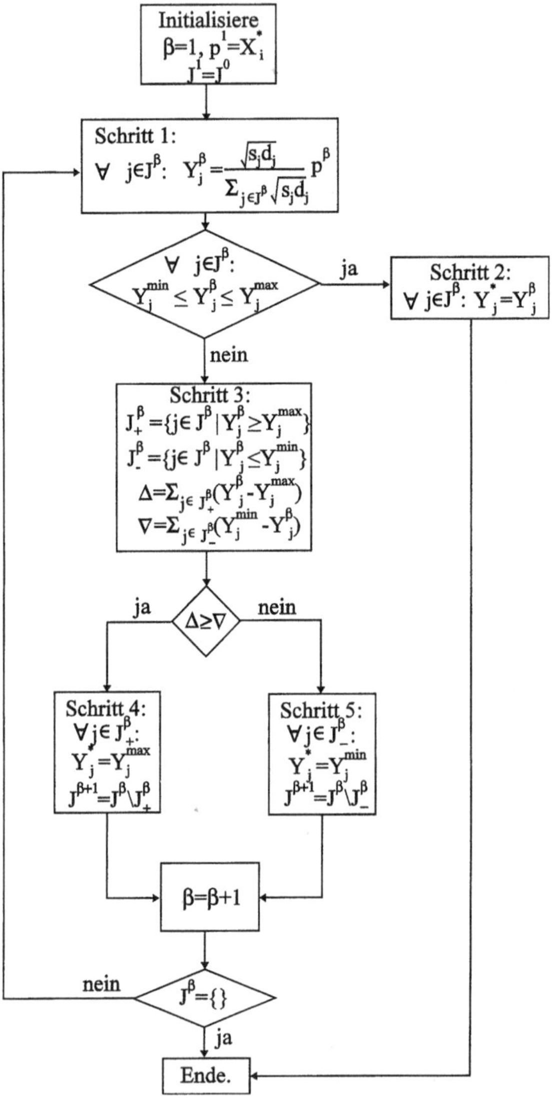

Abb. 15: Algorithmus zur Disaggregation der Ergebnisse aus Ebene 1

Sind die Überschreitungen Δ größer oder gleich den gesamten Unterschreitungen, so wird von den Familien Y_j aus J_+^β die maximal mögliche Menge produziert. Ansonsten ist die minimale Menge der Familien Y_j aus J_-^β zu fertigen. Der Iterationszyklus vollzieht sich so lange, bis die Menge J^β leer ist. Da bei jeder Iteration die Losgröße von mindestens einer Familie festgelegt wird, muß die Losgrößenbestimmung nach einer endlichen Anzahl von Iterationszyklen abgeschlossen sein.[209)]

Nach der oben beschriebenen Verfahrensweise ergibt sich für die Produktfamilie 1 237,2; für Familie 2 127,6 und für die Familie 4 436 Stück. In der betrachteten Planungsperiode sind hierfür Rüstkosten von 310 Geldeinheiten anzusetzen.

Nachdem die Quantitäten der zu produzierenden Produktfamilien fixiert sind, müssen diese im letzten Schritt auf die Artikel verteilt werden. Dabei wird darauf abgezielt, möglichst gute Ausgangsbedingungen für die nächste Planungsperiode zu schaffen und damit die Gesamtkosten zukünftiger Perioden zu senken.[210)] Das Kostenniveau der aktuellen Planungsperiode kann in dieser Dispositionsstufe nicht mehr beeinflußt werden, da alle Entscheidungsvariablen, die die Höhe der Kosten determinieren, bereits auf den Planungsebenen 1 und 2 fixiert worden sind.[211)]

Um in der kommenden Planungsperiode Rüstvorgänge einsparen zu können, wird auf dieser Ebene versucht, die Produktionsmengen der Familien so zu verteilen, daß eine Annäherung der Reichweiten der einzelnen Artikel an die der entsprechenden Produktfamilien erreicht wird. Hierdurch soll vermieden werden, daß Maschinen wegen eines einzigen Artikels einer Produktfamilie umgerüstet werden müssen.[212)]

Zur Disaggregation der in der zweiten Planungsstufe ermittelten Mengen der Produktfamilien Y_j^* wird daher das folgende Modell vorgeschlagen:[213)]

---

209) Vgl. Steven 1994, S. 76.

210) Vgl. Hax/ Candea 1984, S. 403.

211) Vgl. Bitran/ Hax 1977, S. 36.

212) Vgl. Hax 1977, S. 121.

213) Vgl. Bitran/ Hax 1977, S. 37. K° repräsentiert die Indexmenge aller Artikel, die zur Produktfamilie Y_j^* gehören.

$$zw = \frac{1}{2} \sum_{k \in K^\circ} \left[\frac{Y_j^* + \sum_{k \in K^\circ}(AI_k - I_k^{min})}{\sum_{k \in K^\circ} \sum_{t=1}^{L+1} d_{k,t}} - \frac{Z_k + AI_k - I_k^{min}}{\sum_{t=1}^{L+1} d_{k,t}} \right]^2 \rightarrow \text{Min} \quad (24)$$

$$\sum_{k \in K^\circ} Z_k = Y_j^* \quad (25)$$

$$Z_k \leq I_k^{max} - AI_k \quad \forall k \in K^\circ \quad (26)$$

$$Z_k \geq max\left[0, \sum_{t=1}^{L+1} d_{k,t} - AI_k + I_k^{min}\right] \quad \forall k \in K^\circ \quad (27)$$

Die Zielfunktion impliziert, daß die Summe der quadrierten Abweichungen der individuellen Artikelreichweiten von der durchschnittlichen Reichweite einer Produktfamilie zu minimieren ist. Damit werden die Reichweiten der Lagerbestände der einzelnen Artikel, die zu einer Produktfamilie gehören, angeglichen. Folglich werden Rüstkosten vermieden, da die vorzeitige Auflage einer gesamten Familie aufgrund der Knappheit eines einzelnen Artikels überflüssig wird.[214)]

Nebenbedingung (25) stellt die Konsistenz zwischen den Planungsebenen 2 und 3 sicher, indem die Übereinstimmung der Summe der herzustellenden Einzelartikel $\sum_{k \in K^\circ} Z_k$ mit der Produktionsmenge der entsprechenden Familie Y_j^* aus der Planungsebene 2 erzwungen wird.[215)]

Die Nebenbedingung (26) verhindert, daß die Quantitäten der Artikel die Lagerkapazitäten I_k^{max} nicht überschreiten. Darüber hinaus ist die Restriktion (27) notwendig, um die Deckung der effektiven Bedarfe, also die Summe der Nachfrage der Artikel $d_{k,t}$ abzüglich der verfügbaren Lagerbestände AI_k unter Berücksichtigung der Sicherheitsbestände zu gewährleisten.[216)]

Der Disaggregationsprozeß auf dieser Planungsebene ähnelt stark dem der Planungsstufe 2. Da der Lösungsalgorithmus der Planungsebene 2 detailliert beschrieben wurde, wird an dieser Stelle auf eine ausführliche Darstellung des Disaggregationsmechanismus verzichtet.[217)] Für das Fallbeispiel stellen sich nach der Lösung des entsprechenden Dispositionsproblems folgende Ergebnisse ein:

214) Vgl. Switalski 1989, S. 28.

215) Vgl. Bitran/ Hax 1977, S. 37.

216) Vgl. Bitran/ Hax 1981, S. 432.

217) Die genaue Vorgehensweise kann aber in Hax/ Candea 1984, S. 404-407 nachvollzogen werden.

Artikel	Menge (Stück)	ROT (Perioden)	Lagerbestand (Stück)
1	92,40	1,27	13,00
2	144,80	1,07	7,00
3	127,60	1,13	9,00
4	0,00	2,52	68,80
5	281,20	1,11	16,00
6	154,80	1,22	21,00
7	1316,24	2,60	1130,84
8	366,34	2,61	425,69
9	1917,02	2,59	1267,07

Tabelle 7: Ergebnisse des Artikelproblems

2.5.2 Kritische Beurteilung

Da es Hax und Meal offen lassen, wie die Ergebnisse ihres Modells durchgesetzt werden können, spiegelt das von ihnen beschriebene Problem nur einen relativ kleinen Teil der Aufgaben wider, die im Rahmen der Produktionsplanung zu bewältigen sind. Beispielsweise fehlt beim Modell von Hax und Meal neben Berücksichtigung maschineller Kapazitäten und einer Materialbedarfsplanung auch eine zeitliche Ablaufplanung. Die Ermittlung von Start- und Endterminen ist jedoch für die Realisierbarkeit der übergeordneten Pläne von außerordentlicher Bedeutung,[218] so daß das oben beschriebene Modell in jedem Fall um entsprechende Planungsmodule ergänzt werden muß.

Erst nach der Durchführung sämtlicher Dispositionsschritte stellt sich heraus, ob die Resultate des Grundmodells realisierbar sind. Liegen beispielsweise Produktionsmengen vor, die bei einem monatlichen Betrachtungszeitraum problemlos durchsetzbar sind, kann u.U. der in Abb. 16 dargestellte Fall eintreten.

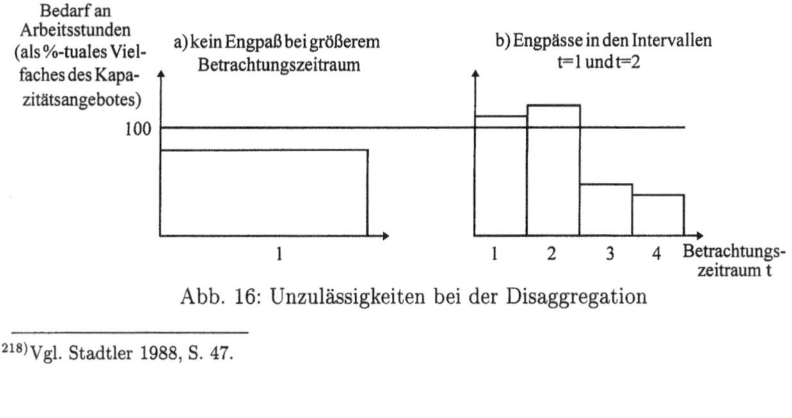

Abb. 16: Unzulässigkeiten bei der Disaggregation

[218] Vgl. Stadtler 1988, S. 47.

Wie die Abbildung zeigt, fällt ein Großteil des gesamten Bedarfs an Arbeitsstunden am Monatsanfang an, so daß bereits in der ersten Woche eine kapazitätsmäßige Unzulässigkeit entsteht.[219] Dieses Problem kann durch eine Ergänzung des Grundmodells um entsprechende Restriktionen vermieden werden.

Erweitert man das Modell um zusätzliche Kapazitätsrestriktionen, die eine Berücksichtigung maschineller Ressourcen erlauben, so kann darüber hinaus ein wichtiger Beitrag zur Integration der Programm- und der Kapazitätsplanung geleistet werden. In diesem Fall ist aber mit einem entsprechenden Anstieg des Lösungsaufwands zu rechnen. Auf der anderen Seite hält sich dieser zusätzliche Aufwand in Grenzen, da die Modellparameter und Entscheidungsvariablen auf den oberen Planungsebenen aggregierte Größen sind. Durch die Nutzung der Aggregation wird außerdem einer Datenflut auf den oberen Planungsebenen entgegengewirkt, was mit einer Entlastung der Disponenten von vielen entscheidungsirrelevanten Informationen und einer erhöhten Transparenz der Modellstrukturen verbunden ist.[220]

Abgesehen von den o.a. Erweiterungen ist zu prüfen, inwiefern zusätzliche Modifikationen des Modells vorgenommen werden müssen, wenn das Modell im Rahmen anderer Produktionsstrukturen eingesetzt werden soll.[221] Da Hax und Meal die speziellen Problemstrukturen eines Reifenherstellers ausnutzen und das Modell für einstufige Produktionsprozesse konzipierten, ist die direkte Übertragbarkeit des Modells auf andere Produktionsumgebungen nur in Ausnahmefällen möglich. Aus diesem Grund bauten Bitran et al. das Modell für zweistufige Prozesse aus.[222] Darüber hinaus konnten Bitran et al. zeigen, daß auch Erweiterungen für Prozesse mit mehr als zwei Stufen denkbar sind.

Generell ist jedoch der Anwendungsbereich dieses Modells auf Produktionsstrukturen beschränkt, die sich durch ein enges Produktionsprogramm mit Tendenzen zur Großserien- oder Massenfertigung charakterisieren lassen, wobei das Ziel der Kostenführerschaft im Vordergrund steht.[223] Zeitziele wie z.B. das Ziel der Durchlaufzeitminimierung finden bei diesem Modell keine Berücksichtigung. Durch die Angleichung der Reichweiten der Artikel auf der dritten Dispositionsebene wird allenfalls zum Ziel der Rüstzeitminimierung beigetragen. Konflikte zwischen den Zielen der

---

219) Vgl. auch Steven 1994, S. 87.

220) Vgl. Hax/ Candea 1984, S. 400.

221) Vgl. Kistner/ Switalski 1989a, S. 205.

222) Vgl. Bitran et al. 1982, S. 235-242.

223) Vgl. Vercellis 1991, S. 262.

Rüst- und der Lagerkostenminimierung wurden im Rahmen der Modellkonstruktion mittels einer lexikografischen Ordnung auf den Ebenen 1 und 2 ausgeräumt, so daß die Zielprioritäten nicht mehr verändert werden können.

Diese Form der Konfliktlösung kann nicht überzeugen, da es moderne PPS-Systeme nach den Erkenntnissen aus Abschnitt 2.3.2 erlauben sollten, Zielprioritäten zwischen gegenläufigen Zielen je nach Sachlage zu verschieben. Sind z.B. die Ziele der Rüst- und Lagerkostenminimierung von gleicher Bedeutung, stellen sich unter Verwendung des Modells von Hax und Meal stark suboptimale Ergebnisse ein, weil dieses Interdependenzen zwischen Rüst- und Lagerkosten nicht antizipiert.[224]

Da die Rüstkosten erst auf der zweiten Ebene berücksichtigt werden, ist das Hax/Meal-Modell nur dann sachadäquat, wenn die Rüstkosten nicht all zu hoch sind.[225] Untersuchungen zufolge sollte der Anteil der Rüst- an den gesamten Produktionskosten nicht größer als 15 % sein. Andernfalls muß mit hochgradig suboptimalen Ergebnissen gerechnet werden.[226] Im Fall des Reifenherstellers spielte dieses Problem keine große Rolle, da die Rüstkosten im Vergleich zu den gesamten Produktions- und Lagerkosten nicht sehr stark ins Gewicht fielen. Daher war bei diesem Dispositionsproblem eine Berücksichtigung der Rüstkosten auf der zweiten Planungsebene vertretbar.

Übersteigen jedoch die Rüstkosten 15 % der gesamten Produktionskosten, so empfehlen Bitran et al.[227] einen Algorithmus, der auf einer Losgrößenheuristik basiert. Wie bei der Andler'schen Losgrößenformel sind aber die hieraus resultierenden Losgrößen keineswegs optimal, da dieser Losgrößenheuristik unrealistische Prämissen zugrunde liegen.[228] Will man dennoch Abhängigkeiten zwischen Rüst- und Lagerkosten antizipieren, so muß man die Rüstkosten bereits in die Zielfunktion der ersten Planungsebene aufnehmen. In diesem Fall wäre allerdings der Einsatz von Binärvariablen unvermeidbar.

Für das von Hax und Meal zugrunde gelegte Beispiel wurde daher auf eine simultane Berücksichtigung von Rüst- und Lagerkosten verzichtet, so daß der Einsatz effizienter OR-Software möglich wurde.[229] Zudem stand die problemspezifische Dekomposi-

---

224) Vgl. hierzu die Zusammenhänge zwischen Rüst- und Lagerkosten bei der Andler'schen Losgrößenformel auf S. 39.

225) Vgl. Graves 1982, S. 261.

226) Vgl. Bitran et al. 1981, S. 729.

227) Vgl. Bitran et al. 1981, S. 729-731.

228) Vgl. hierzu die Ausführungen zur Andler'schen Losgrößenformel auf S. 39.

229) Vgl. Steven 1994, S. 69-70.

tion des Dispositionsproblems mit den organisatorischen Strukturen des betrachteten Unternehmens in Einklang,[230] wodurch Umverteilungen von Entscheidungskompetenzen, die i.d.R. mit mühsamen und oftmals nur schwer durchsetzbaren Umorganisationsmaßnahmen verbunden sind, vermieden wurden. Hiermit wurde maßgeblich zur Durchsetzbarkeit des Planungsansatzes beigetragen. In anderen Fällen können dagegen Diskrepanzen zwischen den organisatorischen Strukturen und den Modellstrukturen dieses Ansatzes bestehen.

Da außerdem die o.a. Vorteile, die mit der sehr einfachen Modellstruktur verbunden sind, im Normalfall durch suboptimale Ergebnisse erkauft werden, haben Hax und Bitran Untersuchungen zum Ausmaß der Suboptimalität durchgeführt. Hierzu wurde ein gemischt–ganzzahliges Modell für einige Testprobleme auf der Artikelebene formuliert und dessen Ergebnisse mit den Resultaten des oben beschriebenen hierarchischen Ansatzes verglichen.

Weil zur Lösung des gemischt–ganzzahligen Problems ein Branch and Bound–Verfahren verwendet wurde, konnte jedoch nicht gewährleistet werden, daß die Ergebnisse des hierarchischen Ansatzes mit den tatsächlichen Optima verglichen wurden. Die Aussagekraft der Resultate dieser Untersuchung ist somit begrenzt. In Anbetracht dieses Vorbehalts konnte nachgewiesen werden, daß die Planungsergebnisse des Modells von Hax und Meal unter verschiedenen Testbedingungen durchschnittlich nur wenig von den Lösungen des gemischt–ganzzahligen Modells abwichen.[231] Ob nun das Modell von Hax und Meal Ergebnisse liefert, die zumindest in der Nähe des theoretischen Optimums liegen, läßt sich aber durch die von Hax/ Bitran durchgeführte Untersuchung nicht klären.

Selbst wenn die Ergebnisse des hierarchischen Ansatzes mit der optimalen Lösung des gemischt–ganzzahligen Modells übereinstimmen würden, wäre es nicht ausgeschlossen, daß die Pläne der jeweiligen Planungsperiode zu Unzulässigkeiten in Folgeperioden führen. Zwar besteht u.U. die Möglichkeit, derartige Unzulässigkeiten durch gewisse Maßnahmen wie z.B. intensitätsmäßige Anpassungen zu beseitigen, doch sind diese i.d.R. mit zusätzlichen Kosten verbunden.

Um Unzulässigkeiten in späteren Perioden generell auszuschließen, könnte man das Modell von Hax und Meal zu einem Mehrperiodenmodell erweitern. Bei Problemen von realistischer Größenordnung wird ein solches Modell jedoch im Regelfall so kom-

[230] Vgl. Graves 1982, S. 261.

[231] Vgl. hierzu Hax/ Bitran 1979, S. 91-92.

plex, daß es nicht mehr in angemessener Zeit lösbar ist. Hierdurch würde ein wesentlicher Vorteil des Ansatzes von Hax und Meal verloren gehen. Deshalb wurde dieses Problem durch eine Heuristik, die auch *Look-Ahead-Feasibility-Rule* genannt wird, abgeschwächt:

Diese Heuristik soll Unzulässigkeiten in der Folgeperiode, die im Rahmen der Disaggregation der Produkttypen entstehen können, beseitigen. Hierzu wird überprüft, ob die Ergebnisse des Disaggregationsalgorithmus auf der Planungsebene 2 für alle Produktfamilien, die in der Periode $t+1$ zu produzieren sind, jedoch nicht in der betrachteten Periode t aufgelegt werden, kapazitätsmäßig durchsetzbar sind. Ist die Durchsetzbarkeit nicht gegeben, so wird die frühzeitige Auflage der entsprechenden Produktfamilien in der Periode t erzwungen.[232] Eine umfassende periodenübergreifende Abstimmung kann allerdings durch diese Erweiterung nicht erreicht werden.

Von diesem Makel abgesehen muß festgestellt werden, daß auch die Abstimmung der einzelnen Planungsebenen nur in begrenztem Umfang erfolgt, da außer einer top-down-Koordinierung durch Konsistenzbedingungen keine weiteren Koordinationsmöglichkeiten vorgesehen sind.[233] In Ermangelung an zusätzlichen direkten Rückkopplungsmechanismen von unter- zu übergeordneten Planungsebenen ist eine Verbesserung der Vorgaben übergeordneter Ebenen lediglich bei Unzulässigkeiten auf den unteren Planungsebenen oder im Rahmen der rollierenden Planung gestattet.[234] Zwar war dies im Fall des Reifenherstellers kein gravierendes Problem, da zwischen den Entscheidungsebenen nur wenige Interdependenzen bestanden. Doch wird es bei vielen anderen Problemstellungen notwendig sein, weitreichendere Koordinationsmaßnahmen zu ergreifen.

Darüber hinaus konnte trotz aller Modifikationen und Erweiterungen ein wesentliches Manko des Modells nicht beseitigt werden. So wird auf allen Planungsebenen unterstellt, daß sämtliche Parameter des Modells eindeutig fixierbar sind. Dies ist aber anzuzweifeln, da die Parameter auf den oberen Planungsebenen die Eigenschaften von Aggregaten repräsentieren, die von den Attributen der mehr oder weniger homogenen Elemente des Aggregats geprägt werden. Diese Attribute sind im Regelfall nicht identisch, so daß sich die Eigenschaften der Aggregate nur mit einer gewissen Willkür durch einwertige Größen beschreiben lassen.

---

232) Details zur Look-Ahead-Feasibility-Rule finden sich in Bitran et al. 1981, S. 727-729.

233) Vgl. Graves 1982, S. 261.

234) Vgl. Kistner/ Steven 1989, S. 10.

Ferner gibt Bitran, der nicht unwesentlich an der Entwicklung des Modells von Hax und Meal beteiligt war, zu bedenken, daß es i.d.R. schwierig ist, einzelne Parameter des Modells wie z.B. die Nachfragemengen genau zu fixieren, da diese normalerweise Unsicherheiten unterworfen sind. Er weist deshalb darauf hin, daß es Entscheidungsträgern im Rahmen der Modellkonstruktion ermöglicht werden sollte, die betreffenden Parameter als Intervallgrößen zu modellieren.[235)]

Nicht zuletzt Hax selbst bekennt, daß zwar Auswirkungen von Zufallsschwankungen durch Sensitivitätsanalysen untersucht werden können, doch Möglichkeiten zur direkten Einbeziehung von Nachfrageunsicherheiten im Modell fehlen.[236)] Eine unmittelbare Berücksichtigung von Unsicherheiten wäre jedoch wünschenswert, da das Modell von Hax und Meal das eigentliche Problem unter Verwendung deterministischer Größen nur fragmentarisch beschreibt und somit keine realistische Abbildung der Problemstellung darstellt.

2.6 Funktionale versus objektbezogene Systeme

Wie die Ausführungen des letzten Abschnitts verdeutlicht haben, deckt das Modell von Hax und Meal nur einen kleinen Teil des Produktionsplanungsproblems ab und eignet sich nur bedingt für Fertigungsorganisationen, die sich vom oben erläuterten Fallbeispiel unterscheiden. Ein direkter Vergleich mit dem MRP II–Konzept ist daher nicht möglich. Dennoch können zumindest einige allgemeine Aussagen über die Adäquanz der grundlegenden Dekompositionsstrukturen beider Modelltypen gemacht werden. Wie sich im folgenden zeigen wird, ist es hierzu hilfreich, die Resultate der in Tabelle 8 angeführten Fallstudien zur hierarchischen Produktionsplanung auszuwerten.[237)]

---

235) Vgl. Bitran 1980, S. 695.

236) Vgl. Hax 1978, S. 136. Kira et al. 1997 haben daher eine entsprechende Erweiterung des Modells ausgearbeitet, die jedoch nur unter sehr restriktiven Annahmen zu realistischen Ergebnissen führt. Vgl. hierzu Abschnitt 4.4, insbesondere Fußnote 541).

237) In der Literatur wird noch über eine ganze Reihe ähnlicher Fallstudien berichtet. Da diese Auswahl genügt, um einen Vergleich der grundlegenden Modelltypen auf allgemeiner Ebene zu ermöglichen, soll aus Platzgründen auf die Berücksichtigung anderer Ansätze verzichtet werden. Kurzbeschreibungen weiterer Fallbeispiele finden sich in Stadtler 1988 und Steven 1994.

Autoren	Anz. der Ebenen	behandelte Funktionen	Objekthierarchie	Methoden	Dekom- position
Carravilla/ de Sousa 1995	2 (3)	PP KP RP/ ZP	mega–routes/ –products typical routes/ prod. prd. routes/ prod.	LP–modell MIP Heuristiken	tend. ob.
Bowers/ Jarvis 1992	3	PP RP ZP	Einzelprodukte Produktgruppen	LP–Modell, TSP Netzwerk–Modell Cluster–Analyse	fb./ ob.; tend. fb.
Tsubone et al. 1991	3	PP LGP RP ZP	Produktfamilien Endprodukte	Heuristiken LP–Modell Prioritätsregeln	tend. ob.
Tsubone/ Sugawara 1987	3	PP LGP RP	Produkttypen Produktfamilien Endprodukte	LP–Modell Heuristiken	tend. ob.
Günther 1986	4	PP RP LGP Lagerpl.	Produktfamilien Endprodukte	CLP MIP Heuristiken	tend. ob.
Stadtler 1986	2	aggr. PP RP	Produktgruppen Artikel	LP Heuristiken	ob.
Liberatore/ Miller 1985	4 (5)	PP KP LGP RP	Produktfamilen Endprodukte	Heuristiken MIP	tend. ob.
Lasserre et al. 1983	2	PP TK/ KP RP	Produkttypen Endprodukte	LP	tend. ob.
Hax/ Meal 1975/ 1978	3 (4)	PP LGP	Produkttypen Produktfamilien Artikel	LP Heuristiken	ob.

PP – Produktionsprogrammplanung	KP – Kapazitätsplanung
TP – Terminplanung	RP – Reihenfolgeplanung
ZP – Zuordnungsplanung	LGP – Losgrößenplanung
CLP – Capacitated Lot Sizing Problem	ob. – objektbezogen
MIP – Mixed Integer Programming	fb. – funktionsbezogen
TSP – Travelling Salesman Problem	

Tabelle 8: Übersicht über Fallstudien zur hierarchischen Produktionsplanung

Da die einzelnen Ansätze wie das Modell von Hax und Meal auf Aggregations– bzw. Objekthierarchien basieren und somit eine objektbezogene Dekomposition des Dispositionsproblems erfolgt, weisen sie eine gewisse Verwandtschaft auf. Ein solcher

Modelltyp wird deshalb im folgenden als *objektbezogener Ansatz* bezeichnet.[238] Dementsprechend werden unter *funktionalen Ansätzen* Modelle subsummiert, die schwerpunktmäßig auf einer funktionalen Dekomposition basieren und daher wie das MRP II–Konzept zu Funktionshierarchien führen.

Funktions– und Objekthierarchien schließen sich nicht gegenseitig aus. Wie nämlich den in der Tabelle 8 angeführten Fallstudien zu entnehmen ist, umfassen die Modelle auf den einzelnen Planungsebenen i.d.R. nur eine oder zumindest nicht alle der in der dritten Spalte angeführten Dispositionsfunktionen.[239] Somit wird im Regelfall sowohl eine funktionale als auch eine objektbezogene Dekomposition durchgeführt. Dies ist zum einen damit zu begründen, daß trotz einer objektbezogenen Aggregation die Komplexität des Dispositionsproblems meistens immer noch so groß ist, daß funktional entkoppelt werden muß. Zum anderen schließt die Adäquanz einer Objekthierarchie nicht automatisch die Zweckmäßigkeit der Koexistenz einer Funktionshierarchie aus. Die jeweiligen Rangordnungen der Funktionen stehen dabei, wie die Fallstudien belegen, nur selten mit der Funktionshierarchie des MRP II–Konzepts in Einklang.

Abgesehen von den in Tabelle 8 angeführten Beispielen sind auch Kombinationen aus objektbezogenen und funktionalen Modellen denkbar. So berichten beispielsweise Özdamar et al. über den Fall eines Herstellers von Metallbehältern, bei dem die Programmplanung durch ein Modell vom Hax/ Meal–Typ unterstützt wird. Die entsprechenden Planungsresultate werden anschließend MRP II–Modulen übergeben und von diesen durchgesetzt,[240] wobei jedoch mit den in Abschnitt 2.4.2 erläuterten Problemen gerechnet werden muß und Möglichkeiten zur funktionalen Integration auf den oberen Dispositionsebenen ungenutzt bleiben. Daher ist bei derartigen Ansätzen zu prüfen, inwiefern die Vernachlässigung funktionaler Interdependenzen vertretbar ist.

Demgegenüber werden bei den in der Tabelle 8 angeführten Ansätzen Funktionen, die in etwa gleichbedeutend sind und zwischen denen starke Abhängigkeiten bestehen, integriert. Die Integration erfolgt i.d.R. durch den Einsatz von LP–Modellen oder Heuristiken. Da die Abhängigkeiten zwischen den einzelnen Funktionen von Fall zu Fall unterschiedlich stark ausgeprägt sind und die jeweiligen Modelle für unterschiedliche Betriebstypen konzipiert wurden, also sich auf das spezielle Produktionsumfeld bzw. die jeweiligen Fertigungsstrukturen beziehen, sind die verschiedenen ob-

---

238) Dieser Begriff ist nicht zu verwechseln mit *objektorientierten* Ansätzen aus der Informatik.

239) An dieser Stelle sei darauf hingewiesen, daß die in dieser Spalte angeführten Funktionen in einigen Fällen nicht alle Aufgaben der gleichnamigen MRP II–Module abdecken.

240) Vgl. Özdamar et al. 1997.

jektbezogenen Ansätze sehr heterogen. Dies wird deutlich, wenn man die Anzahl der Planungsebenen,[241] die verwendeten Methoden sowie den Funktionsumfang der einzelnen Ansätze vergleicht.

Zudem sind die jeweiligen Planungsfunktionen im Kontext der speziellen Problemstellung von unterschiedlicher Wichtigkeit und werden daher den verschiedenen Ebenen problemspezifisch zugeordnet.[242] Dies gilt auch für die in Abschnitt 2.3 diskutierten Zielgrößen. So werden z.B. die Rüst- und Lagerkosten bei einem Fliesenproduzenten[243] erst auf der untersten Planungsebene beachtet. Im Fall eines Waschpulverherstellers[244] werden diese dagegen bereits auf den Planungsebenen 1 und 2 einbezogen. Abgesehen vom Prinzip der lexikografischen Ordnung wird bei den in Tabelle 8 angeführten Ansätzen auf den Einsatz anderer Konfliktlösungsmechanismen weitgehend verzichtet.

Auch bei funktionalen Systemen, die sich i.d.R. am MRP II–Konzept orientieren,[245] werden üblicherweise keine Informationen über konfliktäre Zielgrößen wie z.B. Kosten- und Zeitziele bereitgestellt. Bei der Mehrzahl funktionaler Ansätze beschränkt sich die Zielgrößensteuerung auf die Vorgabe von Kostenbudgets der Geschäftsplanung. Darüber hinaus ist zu bemängeln, daß bei funktionalen Ansätzen meistens die MRP II–spezifische Rangordnung der Funktionen übernommen wird. Zwar wäre grundsätzlich eine problemspezifische Ausgestaltung funktionaler Ansätze denkbar, doch ist eine flexible Anordnung der Funktionen bei den meisten Softwarepaketen ausgeschlossen. Ist diese Rangordnung der Funktionen der Problemstellung nicht angemessen, können sich stark suboptimale Lösungen einstellen.[246]

Darüber hinaus weisen objektbezogene und funktionale Ansätze Unterschiede bei den zur Lösung der jeweiligen Subprobleme eingesetzten Verfahren auf. Während bei funktionalen Ansätzen i.d.R. die in Abschnitt 2.4.1 erläuterten Heuristiken zum Einsatz kommen, werden bei objektbezogenen Systemen, wie aus Tabelle 8 ersichtlich ist, neben den MRP–spezifischen Heuristiken auch Algorithmen des OR verwendet, die eine

241) Die in der Tabelle 8 in Klammern gesetzte Anzahl der Planungsebenen berücksichtigt auch Ebenen der entsprechenden Modelle, die nicht der Produktionsplanung zugerechnet werden können.

242) Aus diesem Grund können an dieser Stelle keine allgemeingültigen Aussagen darüber gemacht werden, welche Interdependenzen unter welchen Bedingungen auf einer Planungsebene simultan berücksichtigt werden sollten.

243) Vgl. Liberatore/ Miller 1985.

244) Vgl. Günther 1986.

245) Vgl. z.B. SAP 1997.

246) Vgl. hierzu auch die Ausführungen zu den Problemen der Prozeßindustrie auf S. 43.

gezielte Optimierung von Kostenparametern ermöglichen. Leistungsorientierte Ziele werden hierbei zumeist indirekt über Restriktionen berücksichtigt, die beispielsweise die volle Befriedigung der Nachfrage im Planungszeitraum sicherstellen sollen.

Obwohl der funktionale Koordinationsbedarf bei den meisten objektbezogenen Ansätzen relativ gering ausfällt, kann eine Koordination einzelner Objektbereiche erforderlich sein. Derartiger Koordinationsbedarf kann z.B. entstehen, wenn die Fertigung unterschiedlicher Produktfamilien die Inanspruchnahme gleicher Betriebsmittel bedingt oder Kundenaufträge Produkte unterschiedlicher Produktfamilien beinhalten. Können dagegen Betriebsmittel oder Betriebsmittelgruppen einer bestimmten Teilefamilie exklusiv zugeordnet werden, so wird der Koordinationsbedarf gemindert, da mit diesen Fertigungseinheiten weitgehend unabhängig disponiert werden kann.

In Abhängigkeit von der jeweiligen Problemstellung kann u.U. das Entstehen objektbezogener Koordinationsprobleme durch eine geschickte Gestaltung der Objekthierarchie vermieden werden, so daß der objektbezogene Koordinationsaufwand von Fall zu Fall unterschiedlich stark ausfällt. Ist eine Koordination von Planungsstufen unvermeidbar, so erfolgt die Abstimmung bei objektbezogenen Systemen meist top–down durch Restriktionsvorgaben. Wie bei funktionalen Ansätzen werden auch Sicherheitsbestände zur Beseitigung von Unzulässigkeiten eingesetzt. Des weiteren sind in Ausnahmefällen Rückkopplungen von unter– zu übergeordneten Ebenen möglich.

Der gesamte Koordinationsaufwand, der bei objektbezogenen und funktionalen Ansätzen entsteht, läßt sich jedoch nicht vergleichen, da objektbezogene Ansätze im Regelfall nicht alle Aufgaben der Produktionsplanung abdecken. Dennoch ist in Anbetracht der Erkenntnisse, die sich im Rahmen der Analyse von MRP II–Konzepten ergeben haben, zu vermuten, daß der funktionale Koordinationsbedarf im Regelfall erheblich größer ist als der objektbezogene und somit insgesamt eine objektbezogene Dekomposition in Verbindung mit einer Funktionsintegration vorteilhaft ist.

Zudem stellen sich bei den meisten funktionalen Konzepten Nachteile ein, da durch primär vertikale Dekompositionsstrukturen Möglichkeiten zum parallelen Lösen von Subproblemen weitgehend ausgeschlossen werden. Hierbei kommt es zu relativ langen Dispositionszyklen. Demgegenüber wird bei objektbezogenen Ansätzen im Regelfall sowohl die vertikale als auch die horizontale Dekomposition genutzt.

Durch das parallele Lösen der Subprobleme horizontaler Dekompositionsstrukturen wird eine Dezentralisierung von Dispositionsaufgaben möglich. Die Disaggregation und Durchsetzung der Vorgaben übergeordneter Planungsinstanzen kann hierbei losgelöst vom zentralen Dispositionssystem durch teilautonome Dispositionseinheiten erfolgen, wodurch die Planung beschleunigt wird. Weitere Vorteile, die sich im Zusammenhang mit einer Dezentralisierung ergeben, werden in Abschnitt 3.1 erläutert.

Darüber hinaus ermöglichen objektbezogene Ansätze eine relativ schnelle und flexible Reaktion auf unvorhergesehene Ereignisse, da Planänderungen in einem Objektbereich wenige oder günstigstenfalls sogar keine Auswirkungen auf andere Objektbereiche haben. Die Tatsache, daß nur selten Schnittstellen zwischen den einzelnen Dispositionsbereichen überwunden und damit wenige Personen am Entscheidungsprozeß beteiligt werden müssen, führt zu einer Beschleunigung des Dispositionsprozesses.

Auch bei funktionalen Systemen besteht durch den in Abschnitt 2.4 erläuterten Net–Change–Ansatz die Möglichkeit, Plananpassungen nur partiell durchzuführen. Im Vergleich zu objektbezogenen Ansätzen ist jedoch davon auszugehen, daß aufgrund der starken funktionalen Abhängigkeiten in den meisten Fällen Planrevisionen auf mehreren Ebenen notwendig sind und eine Vielzahl funktionaler Schnittstellen überwunden werden muß.

Viele dieser Planänderungen wären sowohl bei objektbezogenen als auch bei funktionalen Ansätzen überflüssig, wenn geeignete Konzepte zur Antizipation von Unbestimmtheiten eingesetzt würden. Da jedoch bei beiden Modelltypen lediglich die rollierende Planung, Sicherheitsbestände und Rückkopplungsmechanismen in Form von Feedback–Zyklen als entsprechende Konzepte zum Einsatz kommen, können konventionelle hierarchische Dispositionssysteme den Anforderungen, die sich aus einem dynamischen Produktionsumfeld ergeben, nicht genügen.

Zusammenfassend muß festgestellt werden, daß weder die bisher entwickelten objektbezogenen Konzepte noch die funktionalen Ansätze überzeugende Lösungen anbieten. Neben den jeweils spezifischen Problemen, die mit den unterschiedlichen Dekompositionsformen verbunden sind, müssen in diesem Zusammenhang vor allem die in den Abschnitten 2.4.2 und 2.5.2 diskutierten Mängel bei der Bewältigung von Unbestimmtheiten beklagt werden. In Kapitel 4 soll daher untersucht werden, inwiefern eine Antizipation nicht–deterministischer Parameter durch die Nutzung von Ideen der Fuzzy Set–Theorie erfolgen kann.

Ferner zeigte sich, daß Dispositionsprobleme i.d.R. eine unternehmensspezifische Dekomposition erfordern, wobei sowohl funktionale als auch objektbezogene Kriterien einzubeziehen sind. Da jedoch in der Praxis überwiegend funktionale Dekompositionsformen anzutreffen sind, ist zu erwarten, daß es zukünftig zumindest in beschränktem Umfang zu einer Reintegration von Dispositionsfunktionen kommen wird.[247] Eine derartige Reintegration könnte dann zu vernetzten Teilsystemen führen, die spezielle objektbezogene Problemstrukturen abdecken.[248] Wie eine derartige Vernetzung aussehen könnte und welche Rolle hierbei einer funktionalen Dezentralisierung zukommt, ist nun Gegenstand der nachfolgenden Abschnitte.

3 Modifikation und Erweiterung hierarchischer Produktionsplanungssysteme

3.1 Dekomposition durch Dezentralisierungskonzepte

Die Möglichkeiten zur Dezentralisierung von PPS–Funktionen waren noch bis vor wenigen Jahren aufgrund technischer Gegebenheiten sehr begrenzt. Zwischenzeitlich hat sich dies durch die rasanten EDV–technischen Fortschritte, speziell durch die rapide Leistungssteigerung von Minirechnern, Workstations und PCs bei gleichzeitigem Preisverfall grundlegend geändert. Zudem wird die Dezentralisierung der PPS durch Tendenzen zu dezentralen Produktionsstrukturen begünstigt, was später im Zusammenhang mit der Erläuterung von Leitstandsystemen verdeutlicht werden soll.

3.1.1 Grundbegriffe der Dezentralisierung

Bevor nun Konzepte der Dezentralisierung diskutiert werden können, ist zunächst eine problemadäquate Definition des Dezentralisierungsbegriffs zu entwickeln, da dieser z.T. sehr unterschiedlich ausgelegt wird. Die hier verwendete Definition basiert auf dem *organisationstheoretischen Dezentralisierungsbegriff*:
Dementsprechend ist unter Dezentralisierung die Verteilung gleichartiger Aufgaben auf verschiedene Entscheidungsträger bzw. –Instanzen zu verstehen.[249] In Analogie hierzu spricht man von einer *Zentralisierung*, wenn Aufgaben, die hinsichtlich bestimmter Merkmale gleichartig sind, einer Stelle zugeordnet werden.

Die obige Definition läßt allerdings offen, was unter *gleichartigen* Aufgaben zu verstehen ist. Grundsätzlich kann sich die *Gleichartigkeit* auf funktionale oder objektbezogene Kriterien beziehen. Die Verteilung objektbezogener z.B. produkt– oder kun-

---

[247] Vgl. Steven/ Meyer 1998, S. 26.
[248] Vgl. Scheer 1991a, S. 13.
[249] Vgl. o.V. 1997, S. 906.

dengruppenspezifischer Aufgabenbündel wird als *objektbezogene Dezentralisierung* bezeichnet.[250] Beziehen sich dagegen die zu verteilenden Aufgaben auf verrichtungsorientierte Tätigkeiten wie z.B. die Planung der Materialbedarfe, so handelt es sich um eine *funktionale Dezentralisierung.*

Im Rahmen der Diskussion von Dezentralisierungsmaßnahmen sollte daher Mißverständnissen vorbeugt werden, indem die jeweilige Dezentralisierungsform spezifiziert bzw. auf die Kriterien zur Verteilung der Aufgabenbündel hingewiesen wird. Leider wird in der Literatur sehr oft auf einen solchen Hinweis verzichtet. Ist beispielsweise die Programmplanung verschiedener Produktsparten an mehrere Entscheidungsträger delegiert, wobei jeweils ein Disponent für eine Sparte verantwortlich ist, so liegt bezüglich der Programmplanung eine funktionale Dezentralisierung vor. Gleichzeitig kann die gesamte Disposition der einzelnen Produktgruppen objektbezogen zentralisiert sein, wenn sie von jeweils einem Entscheidungsträger durchgeführt wird.

Unabhängig von der Dezentralisierungsform wird in den folgenden Abschnitten und in Kapitel 4 gezeigt, daß mit der Verteilung von Aufgaben auch eine Delegation der entsprechenden Entscheidungsbefugnisse erfolgen muß.[251] Kann ein Disponent bezüglich einer dezentralisierten Aufgabe völlig autonom disponieren, so spricht man von einer *"reinen" Dezentralisierung.* Bei einer *partiellen Dezentralisierung* ist dagegen der Entscheidungsspielraum für einen Disponenten bzw. eine Dispositionseinheit durch mehr oder weniger grobe Rahmenvorgaben eingeschränkt.[252] Wie die nachfolgenden Abschnitte belegen werden, ist eine partielle Dezentralisierung der Regelfall.

Ferner ist darauf hinzuweisen, daß sich die oben erläuterten Definitionen vom Begriff der *räumlichen Dezentralisierung* unterscheiden. Eine räumliche Dezentralisierung liegt vor, wenn gleichartige Aufgaben an verschiedenen Orten durchgeführt werden. Nach der im Rahmen dieser Arbeit verwendeten Definition kann somit eine Aufgabe räumlich zentral durchgeführt werden, obwohl sie z.B. funktional dezentralisiert ist.[253]

Wie nun eine funktionale Dezentralisierung durch entsprechende Konzepte umgesetzt werden kann und welche Erfolgspotentiale bzw. Probleme sich hierdurch ergeben, soll im folgenden Abschnitt analysiert werden.

---

[250] Vgl. hierzu auch Kemmner 1993, S. 56.

[251] Vgl. Gutenberg 1983, S. 256-257.

[252] Vgl. Haupt/ Nöfer 1994, S. 776.

[253] Vgl. hierzu auch Kemmner 1993, S. 56.

3.1.2 Dezentralisierungskonzepte

Die hier diskutierten Konzepte basieren auf dem folgenden Grundschema:
Zunächst werden durch übergeordnete Planungsinstanzen grobe Rahmenvorgaben ermittelt, durch die die nachgeordneten Dispositionseinheiten koordiniert werden.[254] Sämtliche weiteren Dispositionsschritte sind anschließend von den dezentralen teilautonomen Fertigungseinheiten, die über die entsprechenden Entscheidungskompetenzen verfügen, selbständig durchzuführen.[255] Stellt sich heraus, daß die Planvorgaben von einer dezentralen Dispositionseinheit nicht durchgesetzt werden können, muß die übergeordnete Planungsinstanz unverzüglich informiert werden, so daß diese korrigierend i.S. einer hierarchischen Koordination eingreifen kann.

3.1.2.1 Leitstandsysteme in dezentralen Produktionsstrukturen

Zur Umsetzung des oben beschriebenen allgemeinen Konzepts der funktionalen Dezentralisierung werden sogenannte Leitstandsysteme angeboten. Obwohl diese Systeme in älteren Publikationen mit einer zentralen Produktionssteuerung gleichgesetzt wurden[256] und primär dazu dienten, die Vorgaben eines übergeordneten PPS–Systems durchzusetzen, muß festgestellt werden, daß sich Leitstandsysteme mittlerweile zum Synonym für eine dezentrale Planung und Steuerung teilautonomer Bereiche entwickelt haben.[257] Systeme dieser neuen Generation sogenannter elektronischer Leitstände, die i.d.R. PC–basiert oder auf Workstations eingesetzt werden, stehen flexiblen Fertigungssystemen, einzelnen Werkstätten, Fertigungsinseln oder sogar Fertigungssegmenten vor.

Werden Leitstandsysteme im Rahmen von *Fertigungsinsel–Konzepten* eingesetzt, so übernehmen sie weitgehend alle Planungs– und Steuerungsaufgaben, die im Zusammenhang mit der Herstellung eines Produktes, einer Baugruppe oder eines bestimmten Teilespektrums stehen.[258] Zu diesen Aufgaben gehört die dezentrale Durchführung einer kurzfristigen Termin–, Kapazitäts– und Reihenfolgeplanung.[259] Die Leitstandsysteme stellen somit eine Art "Mini–PPS–System" dar. Der Planungshorizont kann dabei von einer Schicht bis zu mehreren Monaten variieren. Untersuchungen haben

---

[254] Vgl. Zäpfel 1989, S. 198.

[255] Vgl. Zäpfel 1989, S. 201.

[256] Vgl. z.B. Streitferdt 1979, Sp. 214-215.

[257] Vgl. Herterich 1994, S. 815.

[258] Vgl. Will 1995, S. 710.

[259] Vgl. Schmidt/ Frenzel 1990, S. 34.

ergeben, daß die meisten Leitstandsysteme einen Planungszeitraum von vier bis sechs Tagen umfassen.[260)]

Durch die Einrichtung solcher dezentraler Dispositions- bzw. Produktionsstrukturen werden Informationsflüsse entflochten und Verantwortungsbereiche eindeutig abgegrenzt. Darüber hinaus erfolgt eine Vereinfachung der Kommunikation zwischen dem Leitstand und den ausführenden Organisationseinheiten, da die Disponenten direkt vor Ort auf das System zurückgreifen können.

Ferner entsteht durch die räumliche Zusammenfassung der Betriebsmittel und deren Anordnung in der Reihenfolge der Arbeitsgänge ein wesentlich vereinfachter Materialfluß mit kürzeren Durchlaufzeiten, was zur Erhöhung der Transparenz des Geschehens im Produktionsbereich beiträgt.[261)] Die Aufteilung der Fertigung in übersichtliche Dispositionsbereiche erleichtert darüber hinaus die Abschätzung von Plangrößen wie z.B. Durchlaufzeiten, so daß ein Disponieren mit überdimensionierten Pufferzeiten weitgehend vermieden werden kann.[262)]

Auf der anderen Seite muß beim Disponieren mit Leitstandsystemen, die den dezentralen Produktionsstrukturen vorstehen, mit einem z.T. relativ hohen Koordinationsaufwand gerechnet werden, wenn z.B. Fertigungssequenzen über mehrere Fertigungsinseln abgestimmt werden müssen. Beinhalten Aufträge unterschiedliche Produkte, die auf mehreren Fertigungsinseln zu produzieren sind, kann dann sowohl funktionaler als auch auftragsbezogener Koordinationsbedarf entstehen. Daher werden Produktionseinheiten häufig nach produktspezifischen Aktivitäten zu Dispositionseinheiten zusammengefaßt, die auf gewisse Marktsegmente ausgerichtet sind.[263)]
Diese Dispositionsbereiche werden als *Fertigungssegmente* bezeichnet. Wie beim Konzept der Fertigungsinseln werden bei der Fertigungssegmentierung physische Ressourcen getrennt, Kapazitäten entflochten und die segmentspezifischen Dispositions- und Steueraufgaben von dezentralen Leitstandsystemen übernommen.

Sind die hieraus resultierenden Dispositionsbereiche so groß, daß die Komplexität der Disposition nach subjektivem Empfinden der Disponenten zu hoch ist, so können den Segmenten Fertigungsinselstrukturen untergeordnet werden. Grundsätzlich ist jedoch zu berücksichtigen, daß der Koordinations- und Steuerungsaufwand um so größer

260) Vgl. Köhler 1990, S. 17.

261) Vgl. Ruffing 1991, S. 66.

262) Vgl. Keller/ Kern 1991, S. 118.

263) Vgl. Kern 1994, S. 385.

wird, je mehr Leitstände am Steuerungsprozeß beteiligt sind und je häufiger Aufträge zwischen einzelnen Dispositionsbereichen hin– und herwandern.[264)]

Um diesen Aufwand in Grenzen zu halten, können, wie Abb. 17 veranschaulicht, Koordinationsleitstände eingesetzt werden. Hauptaufgabe dieser Systeme ist die Synchronisation und Koordination teilautonomer Sub–Leitstände. Die Verknüpfung der Koordinations– und Sub–Leitstandsysteme und deren Kopplung mit einem PPS–System zu einem Gesamtkomplex erfolgt i.d.R. durch die Vernetzung von PCs und Workstations zu lokalen Netzen, sogenannten *Local–Area–Networks (LANs)*.[265)] Durch die Einrichtung dieser LANs wird ein wichtiger Beitrag zur Vereinfachung des Informationsaustauschs zwischen den Koordinations– und den Sub–Leitständen geleistet und die technische Voraussetzung für eine Dezentralisierung geschaffen.

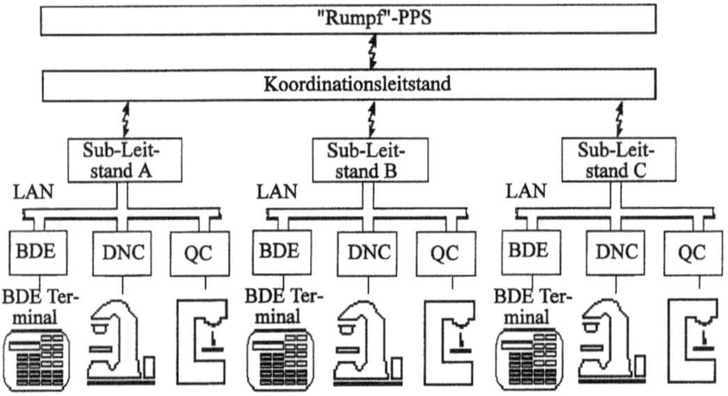

Abb. 17: Leitstandgestützte PPS bei dezentralen Strukturen

Die Abstimmung der teilautonomen Fertigungsbereiche erfolgt dann durch die Übermittlung grober Rahmen– und Zielvorgaben an die einzelnen Sub–Leitstände.[266)] Um eine dezentrale Durchsetzung dieser Vorgaben zu gewährleisten, sollte den jeweiligen Dispositionseinheiten die Befugnis zur flexiblen Ausgestaltung der Arbeitspläne eingeräumt werden. Zudem sind den Dispositionseinheiten auf den einzelnen Hierarchieebenen EDV–Kapazitäten zuzuordnen, über die sie mehr oder weniger autonom verfügen können. Derartige Rechnerhierarchien werden i.d.R. als *Client–Server–Architekturen* realisiert.[267)] Hierbei stellen die Sub–Leitstände sogenannte *Clients* dar,

---

264) Vgl. Weigelt 1994, S. 12.

265) Vgl. Strack 1988, S. 27.

266) Vgl. Strack 1988, S. 30.

267) Vgl. François et al. 1995, S. 150.

die von einem zentralen System, dem *Server*, mit Daten und Informationen versorgt werden.[268)]

Um eine Überlastung zentraler Koordinationseinheiten zu vermeiden, sollte die Verwaltung detaillierter Informationen, die ausschließlich von einzelnen Dispositionseinheiten benötigt werden, von diesen eigenverantwortlich übernommen werden. Darüber hinaus liegt eine derartige dezentrale Datenhaltung aus EDV–technischer Sicht nahe, da bei einer Datenspeicherung am Entstehungs– bzw. Verwendungsort jederzeit und ohne größere Zeitverzögerungen auf die entsprechenden Daten zurückgegriffen werden kann. Somit ist eine wichtige Voraussetzung für eine schnelle Reaktion auf unvorhergesehene Ereignisse bzw. für eine zeitnahe Planung und Steuerung erfüllt.[269)]

Verzögert sich die terminliche Einhaltung von Aufträgen, so muß dies dem Koordinationsleitstand unverzüglich gemeldet werden. Hierzu sind informationstechnische Einrichtungen wie z.B. Rückmeldesysteme, die Daten in Echtzeit übertragen, zu nutzen. Daraufhin hat der Koordinationsleitstand die Verzögerungen durch Umdispositionen zu beseitigen und neue Eckdaten an die Subsysteme weiterzuleiten.[270)] Können die terminlichen Verzögerungen auch nach der Umdisposition durch den Koordinationsleitstand nicht beseitigt werden, erfolgt eine Meldung an das übergeordnete PPS–System.

Im Rahmen der rollierenden Planung lassen sich daraufhin durch die Verzögerungen verursachte Abweichungen in späteren Dispositionszyklen berücksichtigen. Sind die Planabweichungen zu groß, kann beim übergeordneten PPS–System eine Neudisposition ausgelöst werden. Da das PPS–System nur noch grobe Rahmenvorgaben ermittelt, diese zur Durchsetzung an die teilautonomen Koordinationsleitstände weiterleitet und dafür im Gegenzug Rückmeldungen über die abgearbeiteten Aufträge erhält,[271)] schrumpft es zu einem "Rumpfplanungssystem" zusammen.

Obwohl diese teildezentrale Architektur des Gesamtsystems eine im Vergleich zu den in Kapitel 2 diskutierten Systemen schnellere und flexiblere Reaktion auf kurzfristige Veränderungen im Produktionsumfeld ermöglicht, muß kritisiert werden, daß die den Leitstandsystemen übergeordneten PPS–Funktionen, vor allem die Material–

268) Vgl. Nedeß et al. 1993, S. 6.

269) Allerdings wird in einer Marktanalyse darauf hingewiesen, daß viele kommerzielle Anbieter ihre Leitstandprodukte als Client–Server–Konzepte anpreisen, obwohl sie statt einer Verteilung von PPS–Daten auf dezentralen Rechnern nur eine bloße Aufteilung der Daten nach Oberflächen und PPS–Modulen ermöglichen. Vgl. Schotten/ Vogeler 1995, S. 53.

270) Vgl. Strack 1988, S. 30.

271) Vgl. Herterich 1994, S. 815.

und Zeitwirtschaft in den meisten Fällen immer noch nach der alten MRP II–Philosophie funktional ausgerichtet sind.[272)]

Somit werden die positiven Effekte der funktionalen Dezentralisierung aufgrund der Kritikpunkte, die im Zusammenhang mit MRP II–Systemen geäußert wurden, relativiert. Scheer fordert daher ein Konzept, bei dem das Prinzip der objektbezogenen Gliederung im Rahmen der gesamten Disposition konsequent umgesetzt wird, wobei jedoch eine enge horizontale Koordination bestimmter Teilfunktionen zur Nutzung von Synergieeffekten nicht grundsätzlich ausgeschlossen werden soll.[273)] Eine derartige Umgestaltung der Disposition setzt voraus, daß Leitstandsysteme verfügbar sind, die eine funktionale Integration erlauben. Hierzu könnten diese um Module zur linearen Optimierung erweitert werden, da der Umfang der jeweiligen Optimierungsmodelle im Vergleich zu entsprechenden Totalmodellen relativ klein ist. Dennoch arbeiten die meisten Leitstandsysteme die einzelnen Planungsfunktionen sukzessiv ab, so daß funktionale Interdependenzen momentan gar nicht oder nur in begrenztem Umfang berücksichtigt werden.

Insgesamt läßt sich daher feststellen, daß mit der Entwicklung dezentraler Leitstandkonzepte ein erster Schritt zur funktionalen Dezentralisierung der PPS getan ist, aber noch keine Umsetzung einer objektbezogenen Konzeption erfolgt.

3.1.2.2 Just–in–Time–Systeme

Weitere Möglichkeiten zur funktionalen Dezentralisierung ergeben sich durch den Einsatz von Just–in–Time–Konzepten. Diese basieren auf einer Philosophie, die darauf abzielt, ein Produkt durch angemessene Planung, Steuerung und Kontrolle aller Material– und der dazugehörigen Informationsströme ohne Verschwendung von Faktoren wie z.B. Fertigungszeit, Material, Arbeitskraft und Energie zu erstellen, wobei den Kundenwünschen hinsichtlich des Preises, der Qualität und des Lieferservice entsprochen werden soll. Die zum jeweiligen Zeitpunkt verfügbaren Einsatzfaktoren determinieren dabei die maximale Wirtschaftlichkeit, die als Erfolgsmaßstab herangezogen wird.[274)] Inwiefern die auf dieser Philosophie basierenden Konzepte eine funktionale Dezentralisierung ermöglichen, soll nun am Beispiel des KANBAN– und des Fortschrittszahlen–Systems gezeigt werden.[275)]

[272)]Vgl. Scheer 1991a, S. 16.

[273)]Vgl. Scheer 1991a, S. 18.

[274)]Vgl. Lubben 1988, S. 7; vgl. Zibell 1990, S. 18-19; vgl. Dempsey 1986, S. 181.

[275)]Da andere JIT–Konzepte entweder den nachstehend erläuterten Systemen ähneln oder die Entscheidungsspielräume für die Disponenten zu stark einschränken, wird an dieser Stelle auf deren

3.1.2.2.1 Das KANBAN–System

Beim KANBAN[276]–System werden Planungs– und Steuerungsaufgaben von zentralen Instanzen entkoppelt und teilautonomen Regelkreisen übertragen. Ein solcher Regelkreis besteht, wie in Abb. 18 dargestellt, aus einer Material verbrauchenden Stelle, die auch als *Senke* bezeichnet wird, einer produzierenden bzw. Material bereitstellenden Stelle, die im folgenden *Quelle* genannt wird, und aus einem zwischen Quelle und Senke befindlichen Pufferlager.[277] Jeweils zwei in der Produktionsablauffolge benachbarte Produktionseinheiten bilden i.d.R. Quelle und Senke eines Regelkreises.

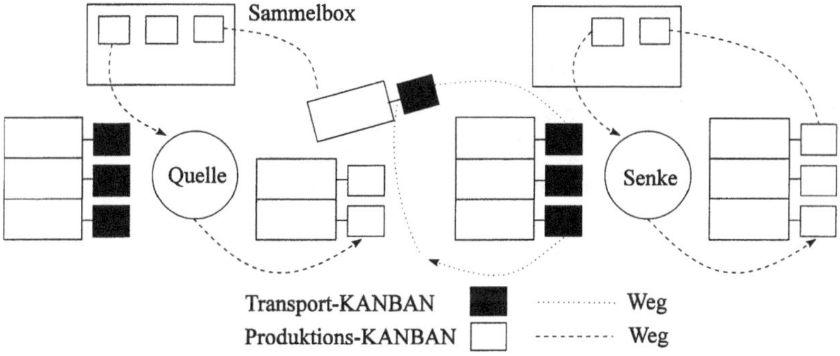

Abb. 18: KANBAN–Regelkreise

Im Pufferlager eines Regelkreises wird eine genau definierte Menge der Komponenten bereitgehalten, die von der Senke direkt weiterverarbeitet werden kann.[278] Die entsprechenden Materialien werden dann von Mitarbeitern der Senke bedarfsgerecht entnommen. Sie unterliegen dabei der *Holpflicht*, d.h. die benötigten Teile bzw. Baugruppen müssen selbstständig aus den Pufferlagern der Quelle abgeholt werden.[279] Eine vorzeitige Entnahme von Material aus den Pufferlagern ist den Senken strengstens untersagt. Außerdem ist die jeweilige Entnahmemenge auf das gerade benötigte Material beschränkt.[280]

Erörterung verzichtet. Eine Darstellung von Konzepten, die mehr oder weniger gut mit der JIT–Philosophie in Einklang stehen, findet sich in Zibell 1990.

[276] jap.: KANBAN = Schild, Karte

[277] Vgl. Rohde 1991, S. 140.

[278] Vgl. Wiendahl 1987, S. 322.

[279] Vgl. Bichler 1986, S. 89.

[280] Vgl. Eschenbach 1990, S. 247.

Fällt der Materialbestand in einem Pufferlager unter einen vorher fixierten Mindestbestand, ist die fehlende Bestandsmenge durch die Quellen unverzüglich wieder aufzufüllen. Da bei gering dimensionierten Sicherheitsbeständen die Gefahr besteht, daß der Materialfluß unterbrochen wird, sind die Quellen dazu verpflichtet, ausschließlich Null-Fehler-Teile abzuliefern.[281)] Zudem dürfen sie niemals Teile vor Eingang einer Bestellung produzieren und sind nur dazu ermächtigt, genau die Menge an Teilen herzustellen, die angefordert wird.[282)] Die Produktionsmengen sind daher unmittelbar an den Verbrauch gekoppelt. Zentrale Planungseinheiten werden somit von der expliziten Vorgabe der Stückzahlen und der Termine für die Quellen entlastet, da sich die Termin- und Mengendeterminierung aus den Bedarfsmeldungen der Senken ergibt.

Um eine visuelle Stückzahlenkontrolle, eine günstige Raumnutzung und eine Reduzierung des Handlingaufwands zu realisieren, wird das Material in Standardbehältern mit abgefüllten Standardmengen und einer anhaftenden KANBAN-Karte im Pufferlager bereitgestellt.[283)] Bei der Weitergabe dieser Standardbehälter ist strengstens darauf zu achten, daß ausschließlich volle Behälter mit gleicher Füllmenge weitergegeben werden. Ferner sollte die Füllmenge eines solchen Standardbehälters 10% des täglichen Bedarfs nicht überschreiten.[284)]

Den KANBAN-Karten, die den Behältern anhaften, kommt hierbei eine wichtige Doppelfunktion zu. Zum einen lösen sie bei den Quellen den Impuls zur Fertigung neuer Teile aus. Zum anderen dienen sie, wie Abb. 19 verdeutlicht, zur Identifikation der einzelnen Standardbehälter,[285)] da sie wie ein Materialbegleitschein Informationen über den Behälterinhalt also z.B. Stückzahl, Artikelnummer, Artikelbezeichnung sowie Angaben über Herstellungs- und Bestimmungsort, etc. enthalten.[286)]

KANBAN-Karten zirkulieren nur innerhalb eines Regelkreises, so daß mit der entsprechenden Kartenanzahl gleichzeitig der maximale Bestand des Pufferlagers determiniert wird.[287)] Die Anzahl der KANBAN-Karten sollte zu einem Bestandsvolumen führen, das einen reibungslosen Produktionsfluß ohne Unterbrechungen gewährleistet.[288)] Darüber hinaus ist ein Mindestbestand zu fixieren, der so zu dimen-

---

281) Vgl. Eschenbach 1990, S. 247.

282) Vgl. Stock/ Lambert 1987, S. 450.

283) Vgl. Wildemann 1988, S. 37.

284) Vgl. Monden 1981, S. 42.

285) Vgl. Wildemann 1983, S. 12.

286) Vgl. Malek 1988, S. 26; vgl. Türke 1986, S. 27-28.

287) Vgl. Hall 1981, S. 22; vgl. Koffler 1987, S. 185.

288) Vgl. Koffler 1987, S. 187.

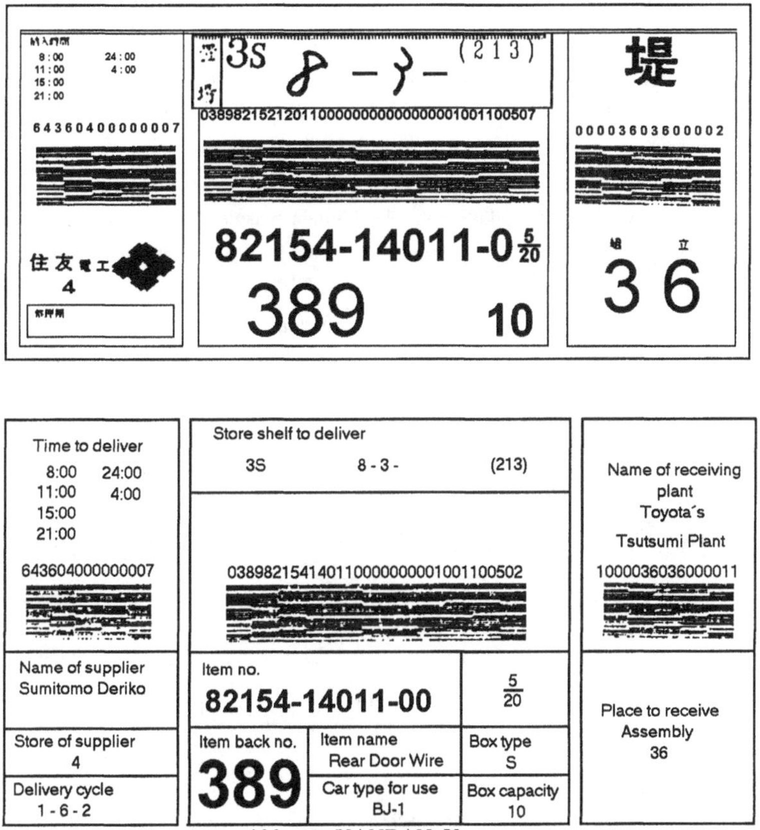

Abb. 19: KANBAN–Karte

sionieren ist, daß auch Anfragen während der Wiederbeschaffungszeit eines Teiles befriedigt werden können. Außerdem können die Bestände einen Sicherheitszuschlag zum Ausgleich kurzfristiger Produktionsablaufstörungen und zur Deckung der Bedarfe bei Produktions- oder Versorgungsengpässen beinhalten.[289)]

Der in Abb. 18 dargestellte Ablauf des KANBAN–Systems vollzieht sich dann wie folgt: Bei Bedarf begibt sich ein Mitarbeiter der Senke mit einem leeren Behälter und einem Transport–KANBAN zum entsprechenden Pufferlager der Quelle. Dort tauscht er einen vollen Behälter gegen einen leeren aus. Die dem vollen Behälter anhaftende Produktions–KANBAN–Karte wird in die sogenannte KANBAN–Sammelbox eingeworfen. Anschließend wird der Transport–KANBAN am vollen Behälter befestigt. Hat

289)Vgl. Rohde 1991, S. 157.

sich in der Sammelbox eine gewisse Anzahl von Produktions–KANBANs angesammelt, so hat die Quelle mit der Produktion der auf den Karten eingetragenen Mengen zu beginnen und das Pufferlager wieder aufzufüllen. Damit ist der Zyklus beendet. Diese Variante des KANBAN–Systems wird als *Zwei–Karten–KANBAN–Steuerung* bezeichnet.[290)]

Nach diesem Zyklus arbeitende Regelkreise können beispielsweise zwischen zwei Stufen der Fertigung, zwischen der Fertigung und der Montage oder auch zwischen Zulieferern und der Montage eingerichtet werden.[291)] Da die Senke eines Regelkreises gleichzeitig die Funktion der Quelle für die nachgelagerte Produktionseinheit erfüllt, entsteht bei mehrstufigen Fertigungsprozessen ein *Netzwerk aus vermaschten Regelkreisen*,[292)] das z.B. wie in Abb. 20 strukturiert sein kann.

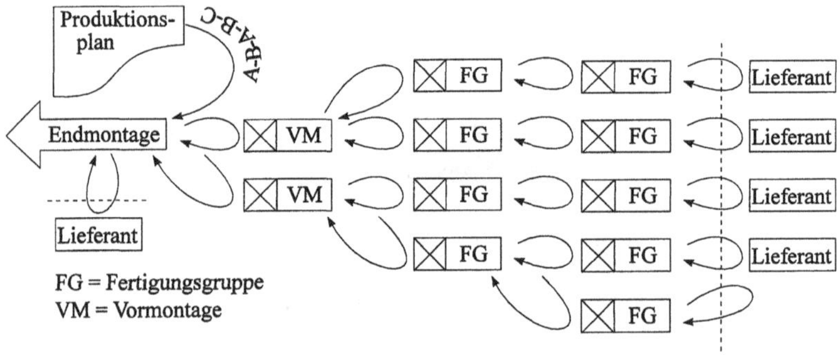

Abb. 20: Netz vermaschter KANBAN–Regelkreise

Ein solches KANBAN–Regelkreissystem eignet sich besonders zur Planung und Steuerung von Fertigungsbereichen mit A– und B–Teilen, da in den Pufferlagern nur eine geringe Menge dieser Teile vorgehalten wird und sich somit z.T. hohe Einsparungen von Kapitalbindungskosten ergeben können. Zudem sollten die entsprechenden Teile keinen größeren Bedarfsschwankungen unterliegen.[293)] Andernfalls besteht die Gefahr, daß die geringen Bestände in den Pufferlagern nicht ausreichen, um die jeweiligen Bedarfe zu decken und somit die Materialflußkette abreißt.

---

290) Vgl. Monden 1981, S. 29-30, 33.

291) Vgl. Wildemann 1984, S. 35.

292) Vgl. Rohde 1991 S. 140; vgl. Zäpfel/ Hödlmoser 1992, S. 438-439.

293) Vgl. Zäpfel 1994, S. 740.

Um Bedarfsschwankungen bei niedrigem Bestandsniveau zumindest in begrenztem Umfang nivellieren zu können, empfiehlt es sich, gewisse kapazitative Reserven vorzuhalten. Darüber hinaus können zeitliche und intensitätsmäßige Anpassungen vorgenommen werden, die allerdings i.d.R. einen flexiblen Personal– und Betriebsmitteleinsatz erforderlich machen.[294)] Das KANBAN–System ist deshalb nur dann wirtschaftlich, wenn die Variantenanzahl begrenzt ist und große Produktionsmengen herzustellen sind.[295)]

Wird das KANBAN–System im Rahmen einer Großserien– oder Massenfertigung eingesetzt, stellt sich eine mitunter erhebliche Verkürzung der Durchlaufzeiten und eine drastische Reduzierung der Bestände ein.[296)] Die Absenkung des Bestandsniveaus kann dazu führen, daß versteckte Probleme in der Produktion offengelegt und die verantwortlichen Produktionseinheiten dazu gezwungen werden, diese zu beseitigen.[297)] Zudem geht vom Ziel der Bestandsverminderung, das durch das Subziel der Minimierung der Anzahl der zirkulierenden KANBAN–Karten erreicht werden soll, der Anreiz aus, mit hoher Qualität zu produzieren, da dann Bestände zur Substitution fehlerhafter Teile abgebaut werden können.

Des weiteren wird eine termingerechte Material– und Teileversorgung sichergestellt und die Transparenz des betrieblichen Geschehens durch die Vereinfachung der Abläufe erhöht.[298)] Oft wird es hierbei den Mitarbeiten überlassen, wie sie ihre Arbeit organisieren, so daß sie unter Ausnutzung dieser Freiräume ihre Fachkenntnisse und ihre Kreativität einbringen können.

Allerdings muß damit gerechnet werden, daß nicht alle Mitarbeiter hierzu motiviert sind und es bei der Einführung des KANBAN–Systems sogar zu Widerständen kommen kann. Zumeist ist dies darauf zurückzuführen, daß einige Mitarbeiter zusätzliche Verantwortung für ihren Dispositionsbereich ablehnen und Mehrverantwortung als Mehrbelastung empfinden. Daher sollte die Übernahme von zusätzlicher Verantwortung durch gewisse finanzielle Anreize, die von entsprechenden Entlohnungssystemen ausgehen, gefördert werden. Das Problem der Ausgestaltung leistungsabhängiger Entlohnungsformen und die Wahl entsprechender Bemessungsgrundlagen soll allerdings an dieser Stelle nicht weiter vertieft werden.[299)]

294) Vgl. Zäpfel 1989, S. 235.

295) Vgl. Kistner/ Steven 1990, S. 282.

296) Vgl. Ramesh et al. 1997, S. 2425.

297) Vgl. Vollmann et al. 1988, S. 268.

298) Vgl. Wildemann 1988, S. 49.

299) Vgl. hierzu bspw. Becker 1994 und die dort angegebene Literatur.

Trotz finanzieller Anreize wird es im Regelfall unumgänglich sein, zusätzliche Schulungsmaßnahmen durchzuführen, um das Personal auf die erhöhten Anforderungen, die sich aus dem erweiterten Aufgabenspektrum ergeben, vorzubereiten. Hierdurch können außerdem eventuelle Vorbehalte gegenüber dem KANBAN–System beseitigt werden. Die Schulungsmaßnahmen sind jedoch i.d.R. mit einem nicht zu vernachlässigenden Ausbildungsaufwand verbunden.[300)] Zudem steigt mit höherem Qualifikationsniveau der Mitarbeiter die Gefahr der Abwerbung durch andere Unternehmen.[301)]

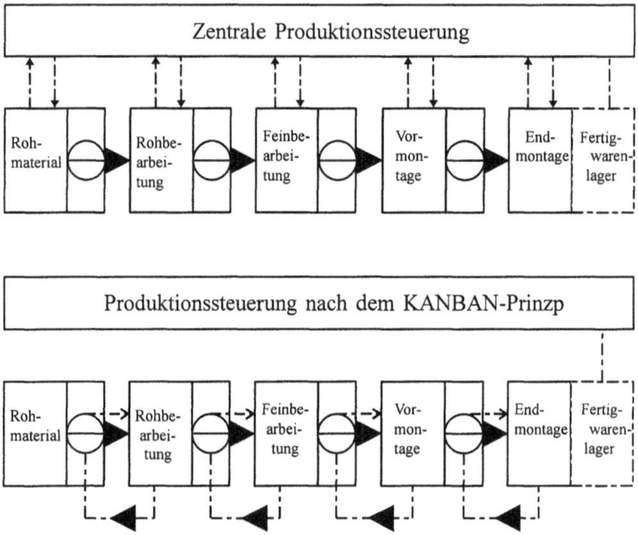

Abb. 21: Zentrale Disposition und dezentrale KANBAN–Steuerung

Wird andererseits durch Schulungmaßnahmen die Voraussetzung zur Delegation von Verantwortung geschaffen, kann das KANBAN–System, wie Abb. 21 zeigt, zu einer erheblichen Entlastung zentraler Dispositionseinheiten führen. So wird z.B. die zentrale Materialdisposition durch dezentrale zeitnahe Direktabrufe der Bedarfsstellen substituiert.[302)] Dabei kommt es, wie bereits auf S. 80 erläutert wurde, zu einer Dezentralisierung der Mengen– und Feinterminierung. Zudem kann auf eine Nettobedarfsrechnung verzichtet werden, da das Bestandsvolumen beim KANBAN–System auf ein Minimum reduziert wird. Ein Großteil der zentralen Mengenplanungsfunktionen wird daher gegenstandslos.[303)]

300) Vgl. Huber 1993, S. 86.

301) Vgl. Kühnle/ Fuchs 1990, S. 34.

302) Vgl. Scheer 1991a, S. 15-16.

303) Vgl. Nedeß 1993, S. 242.

Somit läßt sich feststellen, daß das KANBAN–System eine zeitnahe dezentrale Disposition und Steuerung ermöglicht, wodurch erhebliche Rationalisierungspotentiale freigesetzt werden. In Anbetracht der restriktiven Ablaufregeln und der geringen Handlungsspielräume ist es jedoch zumindest fraglich, ob es sich beim KANBAN–System um eine "echte" Dezentralisierung i.S. der in Abschnitt 3.1.1 eingeführten Definition handelt. Darüber hinaus muß festgehalten werden, daß die Einsatzmöglichkeiten des KANBAN–Systems, wie oben erläutert wurde, stark eingeschränkt sind. Daher soll nun analysiert werden, inwiefern das Fortschrittszahlen–Konzept umfassendere Möglichkeiten zur funktionalen Dezentralisierung bietet.

3.1.2.2.2 Das Fortschrittszahlen–Konzept

Als Fortschrittszahlen–(FZ–)Konzept wird ein den ganzen Betrieb, u.U. sogar ein die gesamte logistische Kette durchziehendes System von Kennzahlen bezeichnet.[304] Dabei wird darauf abgezielt, den jeweiligen Produktionsfortschritt durch die Gegenüberstellung von kumulierten Soll– und Ist–Daten, also der Soll– und Ist–Fortschrittszahlen transparent zu machen. Darüber hinaus ist das geplante Produktionsprogramm mit möglichst geringen Beständen umzusetzen, wobei die Möglichkeit zur flexiblen Reaktion auf kurzfristige Nachfrageänderungen bestehen soll.[305]

Charakteristische Elemente des FZ–Konzepts sind die Fortschrittszahlen und die sogenannten Kontrollblöcke. Eine *Fortschrittszahl* beschreibt eine kumulierte, sich auf ein Teil, eine Komponente oder ein Produkt beziehende Mengengröße, die einem bestimmten Zeitpunkt zugeordnet werden kann,[306] wobei zwischen Soll– und Ist–Größen differenziert wird.[307]

Die Ist–Fortschrittszahl repräsentiert die bis zu einem bestimmten Zeitpunkt tatsächlich gefertigte kumulierte Menge an Gutteilen und stellt somit eine ex post–Größe dar. Um dagegen die einzelnen Fertigungseinheiten zu koordinieren und zu kontrollieren, werden diesen Soll–Fortschrittszahlen vorgegeben. Soll–Fortschrittszahlen geben die kumulierten Mengen der Teile vor, die bis zu einem bestimmten Termin produziert sein müssen, um ein vorgegebenes Produktionsprogramm bzw. einen bestimmten Pro-

---

304) Vgl. Meyer 1988, S. 13.

305) Vgl. Adam 1990, S. 810.

306) Vgl. Glaser et al. 1991, S. 230.

307) Vgl. Helberg 1987, S. 77.

duktionsfortschritt zu realisieren.[308] Die Soll–Fortschrittszahlen resultieren aus der in Abschnitt 2.4.1 erläuterten programmgebundenen Materialbedarfsplanung.

Je nachdem, auf welche Teile sich die Fortschrittszahlen beziehen, kann u.a. zwischen Eingangs– und Ausgangs–Fortschrittszahlen für produzierte oder ausgelieferte Fertigteile, Abruf– oder Liefer–Fortschrittszahlen, Montage–Fortschrittszahlen für fertiggemeldete Gut–Teile von Endprodukten und Arbeitsgang–Fortschrittszahlen für fertiggemeldete Gut–Teile bestimmter Arbeitsgänge unterschieden werden.[309]

Die jeweiligen Soll– und Ist–Fortschrittszahlen lassen sich entsprechend der Abb. 22 in einem *Mengen–Zeit–Diagramm* darstellen. Anhand des Diagramms können dann Bestände bzw. zeitliche Puffer sowie Rückstände durch die Gegenüberstellung von Soll– und Ist–Fortschrittszahlen veranschaulicht werden. Das momentane Bestandsniveau, also der mengenmäßige Vorlauf, entspricht dabei dem vertikalen Abstand zwischen der Soll– und der Ist–Fortschrittszahl.[310] Zeitliche Dispositionsspielräume, die durch die Reichweite der Bestände determiniert und als *zeitlicher Vorlauf* bezeichnet werden, ergeben sich aus den horizontalen Abständen zwischen Soll– und Ist–Fortschrittszahlen.[311]

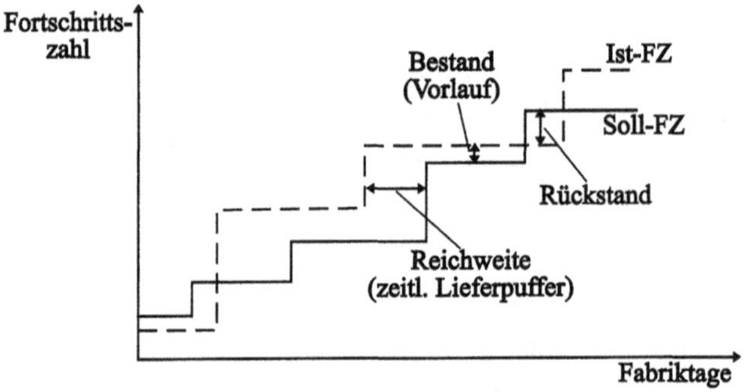

Abb. 22: Mengen–Zeit–Diagramm

Unterschreitet die Ist–Fortschrittszahl die Soll–Fortschrittszahl, liegt ein zeitlicher bzw. mengenmäßiger Rückstand vor.[312] In diesem Fall sind entsprechende Gegenmaßnahmen wie z.B. intensitätsmäßige Anpassungen der Kapazitäten einzuleiten. Werden dagegen die Soll–Vorgaben durch die Ist–Daten übertroffen, so spricht man von einer

[308] Vgl. Glaser/ Petersen 1996, Sp. 1415.

[309] Vgl. Meyer/ Schefenacker 1983, S. 170; vgl. ACTIS 1991, S. 13.

[310] Vgl. Scheer 1988, S. 273.

[311] Vgl. Schulte 1991, S. 206.

[312] Vgl. Wildemann 1987, S. 23.

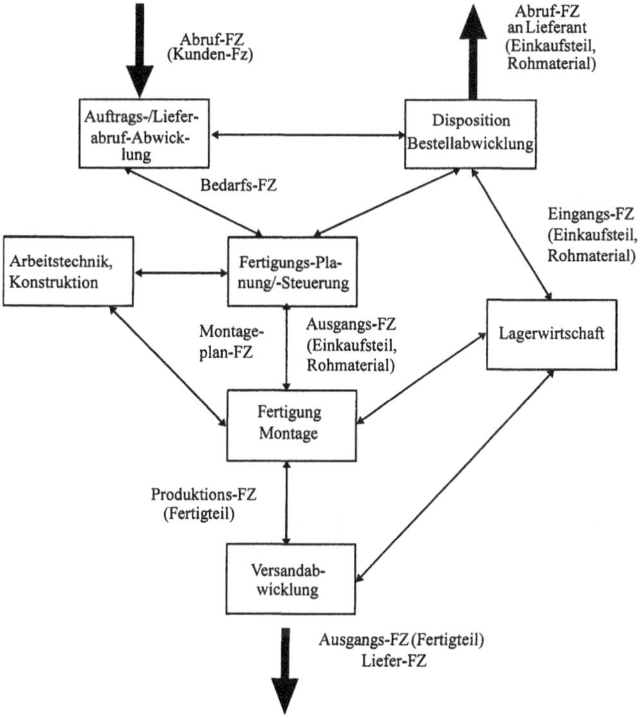

Abb. 23: Verknüpfung von Fortschrittszahlen

Vorlaufsituation.[313)] Diese wird bewußt in Kauf genommen, wenn Sicherheitsbestände einkalkuliert werden, um Rückstände bei instabilen Fertigungsprozessen zu vermeiden.

Sollen nun Bestände gezielt gesteuert werden, kann man versuchen, den zeitlichen oder den mengenmäßigen Vorlauf konstant zu halten. Bei Konstanz des zeitlichen Vorlaufs wird dann eine Ist–Fortschrittszahlen–Kurve angestrebt, die mit einer horizontalen Linksverschiebung der Soll–Fortschrittszahlen–Kurve übereinstimmt. Der Planbestand ist hierbei eine variable Größe.
Soll dagegen der Planbestand konstant bleiben, so muß eine Ist–Fortschrittszahl erreicht werden, die mit einer vertikalen Verschiebung der Soll–Fortschrittszahlen–Kurve übereinstimmt. Eine solche vertikale Verschiebung wird auch als *Umlaufverschiebung* bezeichnet.[314)]

---

313) Vgl. Scheer 1988, S. 273.

314) Vgl. Heinemeyer 1988a, S. 26.

Wie Abb. 23 zeigt, kann auf diese Weise das gesamte Produktionssystem gesteuert werden. Zuvor ist jedoch der Produktionskomplex in eine zweckmäßige Anzahl von teilautonomen Organisationseinheiten zu unterteilen und wenn nötig, über verschiedene Ebenen bis zu elementaren Arbeitsvorgängen zu zerlegen.[315] Die einzelnen Subsysteme werden als *Kontrollblöcke* bezeichnet und sind dann, wie in den Abb. 24 und 25 dargestellt, durch Eingangs– und Ausgangs–Fortschrittszahlen von ihren Nachbarn abzugrenzen.

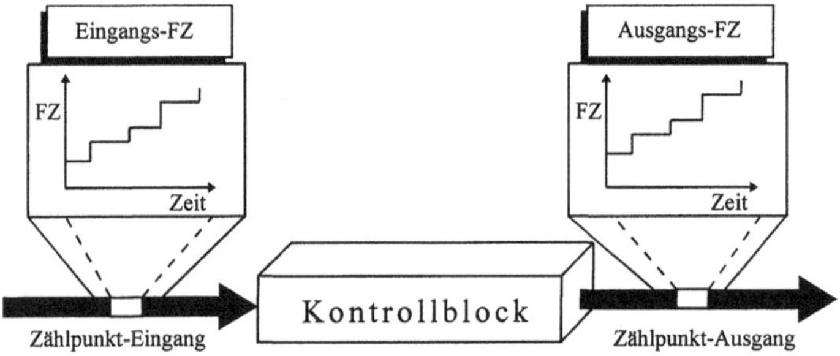

Abb. 24: Kontrollblock im Fortschrittszahlensystem

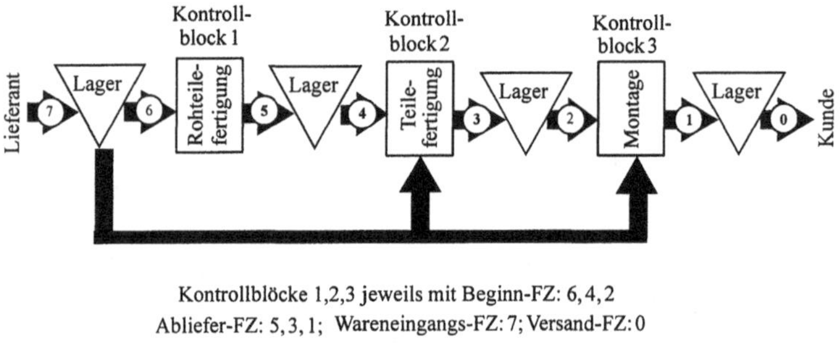

Abb. 25: Kontrollblockstruktur

Die jeweiligen Fortschrittszahlen am Ausgang der Kontrollblöcke werden immer dann angepaßt, wenn Endprodukte nachgefragt und den Lagern entnommen werden. Wie beim KANBAN–System ist somit das Holprinzip realisiert und eine kundenauftragsbezogene Leistungserstellung gewährleistet.[316] Da zentrale Dispositionseinheiten bei Änderungswünschen bezüglich der Lieferzeiten oder –mengen einfach nur die Fortschrittszahlen der betreffenden dezentralen Produktionseinheiten anpassen müssen,

[315] Vgl. Gottwald 1982, o.S.

[316] Vgl. Zibell 1990, S. 80.

entfallen aufwendige Neuberechnungen wie sie z.B. beim MRP II–Konzept erforderlich wären.

Innerhalb der teilautonomen Kontrollblöcke wird daraufhin die Kapazitätsterminierung, die Reihenfolgeplanung sowie die Fertigungssteuerung dezentral durchgeführt,[317)] wobei den jeweiligen Mitarbeitern die volle Verantwortung für diese Funktionen übertragen wird. Darüber hinaus ist auch die Lagerbestandsführung dezentralisiert, da sich die Lagerbestände aus der Differenz zwischen den Ausgangs– und Eingangs–Fortschrittszahlen jeweils benachbarter Kontrollblöcke ergeben.[318)]

Aufgrund der dezentralen Abwicklung der o.a. Funktionen wird beim FZ–Konzept eine schnelle und flexible Reaktion auf kurzfristige Änderungen der zentralen Vorgaben ermöglicht.[319)] Da die Arbeitsprozesse durch die Fortschrittszahlen synchronisiert und aufeinander abgestimmt werden, stellt sich eine Reduktion der Durchlaufzeiten und der Bestände ein. Zudem wird die Kontrolle der einzelnen Produktionseinheiten durch den Vergleich von Soll– und Ist–Daten erleichtert.[320)]

Allerdings setzt die Anwendung des FZ–Systems voraus, daß der Produktionsprozeß eine hierarchische Struktur aufweist und sich der Leistungsaustausch zwischen den einzelnen Kontrollblöcken, wie in Abb. 25 dargestellt, nur in eine Richtung vollzieht. Wie beim KANBAN–System ist deshalb ein wirtschaftlicher Einsatz des FZ–Konzepts lediglich bei flußorientierten Produktionsstrukturen möglich. Eine funktionale Dezentralisierung durch das FZ–Konzept kommt daher nur für Großserien– oder Massenfertiger in Frage.[321)]

3.1.2.3 Marktähnliche Konzepte

Bei sogenannten marktähnlichen Konzepten wird die Fertigung als eine Ansammlung von Anbietern und Nachfragern von Produktionsleistungen betrachtet.[322)] Die vorhandenen Ressourcen dezentraler Fertigungs– bzw. Dispositionseinheiten sollen hierbei durch Marktmechanismen koordiniert und möglichst effizient genutzt werden.

Zur Umsetzung dieser Marktmechanismen wird die Disposition mehr oder weniger autonom agierenden Dispositionseinheiten übertragen, denen sogenannte *Agenten* vor-

---

[317)] Vgl. Glaser/ Petersen 1996, Sp. 1415.

[318)] Vgl. Heinemeyer 1988a, S. 30.

[319)] Vgl. Miska 1988, S. 55.

[320)] Vgl. Gottwald 1982, o.S.

[321)] Vgl. Heinemeyer 1987, S. 30; vgl. Adam 1990, S. 812.

[322)] Vgl. Kotschenreuther 1992, S. 64.

stehen. Als Agenten werden i.d.R. kleine wissensbasierte Systeme bezeichnet, die in gewissem Umfang miteinander vernetzt sind und die Disponenten von Routinetätigkeiten befreien.[323] Marktähnliche Konzepte werden daher auch unter den Schlagworten *Verteilte Künstliche Intelligenz (VKI)* oder *Multi-Agenten-Systeme* diskutiert.[324] Um den Aufbau solcher Agentensysteme zu verdeutlichen, wird das System *DEzentrale PRODuktionssteuerungs-EXperten* (DEPRODEX) vorgestellt.

DEPRODEX ist ein hierarchisches Multi-Agenten-System, bei dem die einzelnen Fertigungsbereiche sogenannten Maschinengruppenagenten (MGAs) unterstellt sind, die in der Literatur auch als Ressourcenagenten bezeichnet werden.[325] Wie bei Leitstandkonzepten übernehmen diese MGAs die Durchsetzung der Vorgaben des übergeordneten Dispositionssystems. Hierzu werden ihnen zu Beginn des Planungsprozesses von einem sogenannten Auftragsagenten (AA) Eckdaten übermittelt. Dieser AA, der den teilautonomen MGAs vorsteht, unterstützt den Fertigungsleiter bei der Disposition auf den übergeordneten Dispositionsstufen.

Nachdem die MGAs ihre lokalen Planungen auf der Basis grober Rahmenvorgaben durchgeführt haben, beginnen diese mit der bereichsübergreifenden Abstimmung der Planungsresultate, wobei in sogenannten *Konsistenz- bzw. horizontalen Planungsrunden*[326] versucht wird, Inkonsistenzen des Gesamtplans aufzulösen. Zu diesem Zweck wird es den Agenten gestattet, untereinander zu kommunizieren. Der Informationsaustausch zwischen den MGAs soll es ermöglichen, lokale Verspätungen durch bestimmte Maßnahmen wie z.B. den Austausch lokaler Zeitpuffer zu beseitigen, wobei nicht-hierarchische Abstimmungsmechanismen, bei denen die MGAs von Anweisungen anderer Teilsysteme unabhängig sind, zum Einsatz kommen.[327]

Im Rahmen einer Konkurrenzstrategie sind die Agenten hierbei bestrebt, eine Gesamtlösung zu erreichen, die aus ihrer lokalen Sichtweise optimal ist. D.h., es stehen sich gleichberechtigte Partner gegenüber, die jeweils lokale Ziele verfolgen und deren Entscheidungsspielräume sich überlappen.[328] Demgegenüber werden bei einer Kooperationsstrategie Informationen ausgetauscht, um die lokalen Ziele der Agenten

---

[323] Vgl. Ferstl/ Mannmeusel 1995, S. 30.

[324] Vgl. Weigelt/ Mertens 1994, S. 410-411.

[325] Vgl. Zelewski 1997, S. 233.

[326] Vgl. Weigelt/ Mertens 1994, S. 418.

[327] Vgl. Weigelt 1994, S. 9. Derartige Abstimmungsmechanismen werden in den nächsten Abschnitten im Zusammenhang mit selbstorganisierenden Produktionsprozessen genauer erläutert.

[328] Vgl. Ferstl/ Mannmeusel 1995, S. 27.

im Sinne des Gesamtsystems aufeinander abzustimmen und die global bestmögliche Lösung zu realisieren.[329)]

Da jedoch derartige dezentrale Informationsaustausch- und Verhandlungsprozesse zu einem hohen Kommunikations- und Zeitaufwand führen können, ist vor der Einführung des oben beschriebenen Agenten-Systems abzuschätzen, ob sich dieser Aufwand durch die Möglichkeit zur flexiblen Planmodifikation und durch eine Entlastung übergeordneter Planungsinstanzen rechtfertigen läßt.

Bestehen diesbezüglich Zweifel, sollte man die Adäquanz anderer Varianten marktähnlicher Konzepte, z.B. die Eignung *selbstorganisierender Produktionsprozesse (SOPP)*, überprüfen. Wie bei DEPRODEX werden die einzelnen Produktionseinheiten hierbei autonom handelnden Agenten untergeordnet,[330)] die die mit den Fertigungsprozessen verbundenen Aufgaben eigenverantwortlich planen, durchführen und kontrollieren, ohne dabei anderen Agenten Anweisungen zu erteilen.

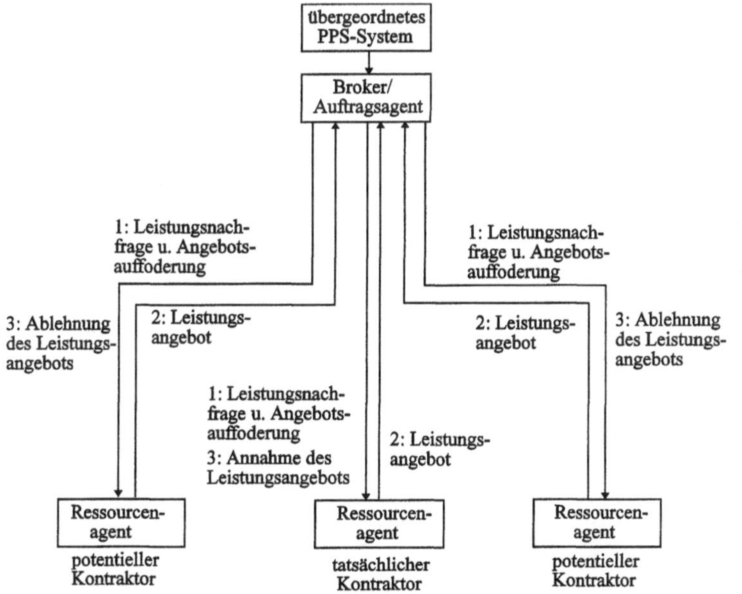

Abb. 26: Zur Ausgestaltung marktähnlicher Konzepte

Ein spezieller Agent, der *Broker* genannt wird, sorgt dann für einen reibungslosen Ablauf der Kommunikation. Wie die Abbildung 26 zeigt, informiert er zunächst die

329) Vgl. Weigelt 1994, S. 22.

330) Vgl. Dilger/ Kassel 1993, S. 347.

Ressourcenagenten über anstehende Aufträge, die ihm vom übergeordneten Dispositionssystem übermittelt wurden.[331] Alle Ressourcenagenten, die diese Aufträge durchführen können und daher *potentielle Kontraktoren* genannt werden, teilen anschließend dem Broker ihre Kosten und den mit der Fertigung verbundenen Zeitbedarf mit. Dem Ablauf einer Ausschreibung entsprechend bewertet der Broker daraufhin die Leistungsangebote anhand von Zeit– und Kostenkriterien und teilt den betreffenden Ressourcenagenten mit, ob ihr Leistungsangebot angenommen oder abgelehnt wurde.[332] Der Ressourcenagent, der den Zuschlag erhält, wird als *tatsächlicher Kontraktor* bezeichnet.

Weil es bei diesem Konzept sehr schnell zu einer Überlastung des Brokers kommen kann,[333] empfiehlt es sich, gewisse Modifikationen am obigen System vorzunehmen. Hierzu ist eine Dezentralisierung der Aufgaben des Brokers denkbar, bei der die Agenten Aufträge autonom ausschreiben. Sind z.B. den Agenten Ressourcen zugeordnet, die sich zur Herstellung von Zwischenprodukten eignen, so können die Agenten gegenüber nachgeordneten Produktionseinheiten als Auftragsnachfrager und gegenüber vorgelagerten Fertigungsstellen als Leistungsanbieter auftreten.[334]

Da i.d.R. der Kommunikationsaufwand auch bei dem zuletzt erläuterten Konzept relativ hoch ist, kann davon ausgegangen werden, daß es trotz aller konzeptioneller und technischer Möglichkeiten bei Problemstellungen von realistischer Größenordnung zu komplexen Koordinations– und Abstimmungsproblemen kommt. Deshalb wäre eine völlige Dezentralisierung der Kommunikation sicherlich mit Schwierigkeiten verbunden. Es ist daher nicht verwunderlich, daß sich sämtliche dem Autor bekannten Analysen marktähnlicher Konzepte lediglich auf eng abgegrenzte Problembereiche mit einem relativ kurzen Planungshorizont beschränken und bisher praktisch keine Untersuchungen über eine umfangreichere Dezentralisierung von PPS–Funktionen durch Marktmechanismen vorliegen.[335]

Um den Koordinations– bzw. Kommunikationsaufwand bei einer solchen weitreichenden Dezentralisierung in Grenzen zu halten, wird man zumindest momentan nicht grundsätzlich auf hierarchische Strukturen bzw. Koordinationsmechanismen verzich-

---

[331] Vgl. Zelewski 1997, S. 234.

[332] Vgl. Dilger/ Kassel 1993, S. 350-351.

[333] Vgl. Zelewski 1997, S. 242.

[334] Vgl. Zelewski 1997, S. 234.

[335] Vgl. z.B. Kühling/ Thorlümke 1997, Baumgärtel et al. 1997, Hahndel 1996, Weigelt 1994, Dilger/ Kassel 1993, Kotschenreuther 1992.

ten können.[336)] Durch eine mehr oder weniger umfangreiche Hierarchisierung ist daher die Anzahl der Kommunikationskanäle zu reduzieren. Darüber hinaus sollte in weiteren Analysen geprüft werden, inwiefern die Aufgaben der Auftragsagenten oder Broker ähnlich wie bei Leitstandkonzepten hierarchisch zerlegbar bzw. auf mehrere Instanzen verteilbar sind.

Abgesehen von Koordinations- und Kommunikationsproblemen können sich zusätzliche Schwierigkeiten durch eine z.T. erhebliche Veränderung der Aufgaben der Disponenten ergeben. So wird der Disponent auf der einen Seite von Routinetätigkeiten entlastet, um auf der anderen Seite als Systembetreuer und Problemlöser bei außergewöhnlichen Planungssituationen zu agieren, die von den dezentralen Planungssystemen nicht bewältigt werden können. Hierbei wird ihm die volle Verantwortung für seinen Bereich übertragen. Zwar wird somit angestrebt, das Expertenwissen des Disponenten bestmöglich zu nutzen, doch ist hierbei zu berücksichtigen, daß die Disponenten nicht immer den zusätzlichen Anforderungen, die bei marktähnlichen Konzepten an sie gestellt werden, gewachsen sind. Aus diesem Grund muß bei der Einführung marktähnlicher Konzepte mit Widerständen gerechnet werden, wenn die Disponenten auf die erhöhten Anforderungen nicht ausreichend vorbereitet sind. Derartige Probleme können jedoch durch Schulungsmaßnahmen beseitigt oder zumindest entschärft werden. Darüber hinaus sollten die Mitarbeiter im Rahmen einer Umgestaltung des Entlohnungssystems durch erfolgsabhängige Prämien für zusätzliche Leistungen belohnt werden.

Aufgrund der o.a. Schwierigkeiten, die mit marktähnlichen Konzepten verbunden sind, kann festgehalten werden, daß sich diese trotz gewisser Fortschritte in einem frühen Entwicklungsstadium befinden. Dennoch scheinen derartige Systeme eine interessante Alternative zu den vorher diskutierten Dezentralisierungskonzepten zu sein, da die Dispositionsentscheidungen unter Einbeziehung lokaler Informationen und in Abhängigkeit der momentanen Ressourcennachfrage bzw. des verfügbaren Angebots getroffen werden. Zudem können sie bei unterschiedlichen Formen der Fertigungsorganisation eingesetzt werden.
Die obigen Ausführungen geben somit Anlaß zur Hoffnung, daß sich zukünftig Märkte nicht nur im allokationstheoretischen Sinn, sondern auch in der Praxis als effiziente Instrumente zur Koordination mehr oder weniger autonomer Dispositions- und Fertigungseinheiten bewähren können.

[336)] Vgl. Ferstl/ Mannmeusel 1995, S. 30.

3.1.3 Erfolgspotentiale und Grenzen der Dezentralisierung

Zusammenfassend läßt sich feststellen, daß mit einer Dezentralisierung von Planungs– und Steuerungsfunktionen eine erhebliche Entlastung zentraler Planungsinstanzen verbunden sein kann. Da i.d.R. die Mitarbeiter mit engem Kontakt zur Fertigung am besten mit den fertigungsspezifischen Problemen vertraut sind,[337)] sollte darauf abgezielt werden, Dispositionsentscheidungen näher an die Orte der Wertschöpfung heranzubringen. Hierdurch können die Mitarbeiter der dezentralen Dispositionseinheiten ihr Know-how und ihre Qualifikationen besser einbringen.

Auf diese Weise werden außerdem Informationswege vereinfacht und auf ein Minimum beschränkt,[338)] was zum Abbau von Schnittstellen führt, deren Überwindung i.d.R. zeit– und kostenaufwendig ist. Zentrale Planungsinstanzen sind dann nur noch in Ausnahmefällen dazu gezwungen, korrigierend auf den unteren Ebenen einzugreifen, wodurch es zu einer Beschleunigung der Disposition kommt. Zudem verringert sich durch die Einrichtung flacher Planungshierarchien mit den entsprechend kürzeren Informationsdistanzen die Gefahr, daß entscheidungsrelevante Informationen verlorengehen oder verfälscht werden.[339)] Ohne größere Reibungsverluste wird daher ein schnelles Lösen von einfacheren Problemen auf den unteren Ebenen ermöglicht.

Zusätzliche positive Effekte ergeben sich, wenn die entkoppelten Subprobleme parallel zueinander lösbar sind.[340)] Im Gegensatz zu funktionalen Sukzessivmodellen, bei denen jede Planungsstufe erst beginnen kann, wenn die vorhergehende abgeschlossen ist, kommt es durch das Disponieren auf eigenständigen Teilsystemen und dem parallelen Lösen weitgehend unabhängiger Subprobleme zu einer erheblichen Beschleunigung der Planungsprozesse, so daß sich Planungszyklen verkürzen lassen. Hierdurch wird die Reaktionsfähigkeit auf unvorhergesehene Ereignisse erhöht.

Ferner ermöglichen kürzere Dispositionszyklen eine Verlagerung detaillierter Dispositionsentscheidungen auf spätere Zeitpunkte. D.h. zu Beginn einer Planungsperiode werden zunächst nur grobe Rahmendaten ermittelt, die erst im Verlauf des Dispositionsprozesses zu präzisieren sind. Ein späterer Beginn der detaillierten Planung bei verkürzten Planungszyklen hat den Vorteil, daß Planungsunsicherheiten auf ein Mindestmaß reduziert und aktuellere Daten in die Planung einbezogen werden können.[341)]

---

337) Vgl. Kemmner/ Treuling 1989, S. 46.

338) Vgl. Bleicher 1980, Sp. 2408.

339) Vgl. Bleicher 1980, Sp. 2413.

340) Vgl. Becker et al. 1995, S. 33.

341) Vgl. Rohloff 1993a, S. 369.

Folglich werden Umdispositionen überflüssig, die bei einer frühzeitigen Detailplanung aufgrund veränderter Daten- und Parameterkonstellationen notwendig wären, so daß den Disponenten über lange Zeit ein Höchstmaß an Flexibilität erhalten bleibt.

Die Vorteile dieser Verfahrensweise wurden bereits am Beispiel des KANBAN-Systems deutlich, bei dem die Materialdisposition Just-in-Time erfolgt und somit Überbestände drastisch reduziert werden. Darüber hinaus lassen sich Wartezeiten vor Maschinen vermeiden und Durchlaufzeiten reduzieren, wenn die exakte Zuordnung von Fertigungsaufträgen zu bestimmten Fertigungsstellen möglichst spät unter Einbeziehung aktueller Informationen über das Kapazitätsangebot vorgenommen wird.
Tendenziell ist ein Verschieben von Dispositionsentscheidungen, also die Anwendung des sogenannten *Postponement-Principles*[342)] immer dann sinnvoll, wenn Planungsparameter wie z.B. Durchlaufzeiten oder Bedarfe nur grob abschätzbar sind und noch Ungewißheiten über die zum Zeitpunkt der Planrealisierung vorliegenden Randbedingungen der Fertigung bestehen.[343)]

Die detaillierte Planung kann anschließend von den teilautonomen Dispositionseinheiten übernommen werden. Die aktuellen Daten, auf denen die jeweiligen Planungsschritte basieren, sollten hierbei lokal bereitgestellt werden.[344)] Darüber hinaus muß eine Abstimmung der dezentralen Dispositionseinheiten erfolgen und die Konsistenz zwischen den Planungsschritten sichergestellt werden.[345)] Entsprechender Koordinationsbedarf fällt an, falls durch einen Dispositionsbereich Daten beeinflußt werden, auf die die anderen Dispositionseinheiten später zurückgreifen. Dies ist z.B. der Fall, wenn Fertigungsschritte mit Operationen vor- oder nachgelagerter Produktionsabschnitte abgestimmt oder Produkte zwischenzeitlich außerhalb einer dezentralen Produktionseinheit bearbeitet werden müssen.

Zudem ist i.d.R. ein gewisser Koordinationsbedarf unvermeidbar, da Kundenaufträge oft Fertigungsaufträge in unterschiedlichen Fertigungsbereichen auslösen.[346)] Des weiteren müssen jene Planungsbereiche koordiniert werden, denen gemeinsame Ressourcen wie z.B. Maschinen unterstellt sind.[347)]

---

342) Vgl. Kortschak 1989, S. 426.

343) Vgl. Kurbel/ Meynert 1989, S. 74.

344) Vgl. Reese 1996, Sp. 868-869; Vgl. hierzu auch die Ausführungen auf S. 77.

345) Vgl. Weigelt 1994, S. 9.

346) Vgl. Ferstl/ Mannmeusel 1995, S. 30.

347) Vgl. Scheer 1991a, S. 15.

Um den gesamten, hieraus resultierenden Koordinationsaufwand in Grenzen zu halten, sollten Maßnahmen zur funktionalen Dezentralisierung mit einer EDV–technischen Dezentralisierung verbunden sein. Hierzu gehört beispielsweise der Einsatz von LANs.[348] In Abhängigkeit der bereits implementierten EDV–technischen Infrastruktur sind dann mehr oder weniger hohe Investitionen zu tätigen, wobei auch Einführungs– und Nutzungskosten zu berücksichtigen sind. Demgegenüber stehen die Vorteile, die sich einstellen, wenn die zur Koordination bzw. Disposition benötigten Daten möglichst lokal gesammelt und bereitgestellt werden. In diesem Zusammenhang ist die Verkürzung von Informations– und Datenflüssen sowie die erhöhte Verfügbarkeit der Daten zu nennen.

Abgesehen von diesen EDV–technischen Maßnahmen sind mit der Einrichtung dezentraler, flacher Dispositionshierarchien meist erhebliche organisatorische Eingriffe verbunden, wobei es nicht selten zur Umverteilung von Entscheidungskompetenzen kommt. Dies kann zu massiven Widerständen und Akzeptanzproblemen führen.[349] Um diese zu beseitigen, sollten bestehende Entlohnungsformen für Disponenten mittlerer Planungsebenen überdacht und Schulungsmaßnahmen durchgeführt werden.

Auf der anderen Seite kann die Schaffung eindeutiger Verantwortungsbereiche und die Delegation von Entscheidungskompetenzen eine Motivationssteigerung mit sich bringen, wodurch die Improvisationswilligkeit der Planer besser ausgenutzt und dem Streben nach Persönlichkeitsentfaltung entgegengekommen wird.[350] Zudem führt eine Dezentralisierung in Verbindung mit einer Funktionsintegration zu einem Job–Enlargement, also zu einer Aufgabenbereicherung und zu einem Job–Enrichment, d.h. zu vielfältiger gestalteten Arbeitsinhalten, was i.a. zur Verbesserung der Motivation beiträgt.[351]

3.1.4 Entwicklungstendenzen

Obwohl die Vor– und Nachteile der funktionalen Dezentralisierung im Einzelfall gegeneinander abzuwägen sind, lassen sich zumindest einige allgemeine Aussagen zu aktuellen Dezentralisierungsbestrebungen machen.
So wird man eine vollständige Zentralisierung ablehnen, wenn der damit verbundene Arbeits– und Datenumfang zur Überlastung der quantitativen Arbeitsgrenzen der

---

348) Vgl. hierzu die Ausführungen zu Leitstandsystemen in Abschnitt 3.1.2.1

349) Vgl. Warnecke 1994, S. 342-343.

350) Vgl. Kemmner 1991, S. 24; Vgl. Zäpfel 1996, Sp. 1404.

351) Vgl. hierzu jedoch auch die Ausführungen auf S. 83.

Disponenten bzw. der Systeme führt.[352] Dies betrifft vor allem Dispositionsaufgaben, die auf detaillierten Input–Daten basieren. Deshalb ist es nicht verwunderlich, daß in der Praxis bisher vorwiegend kurzfristige Dispositionsschritte auf den unteren Planungsebenen dezentralisiert wurden.

Aufgaben der Grobplanung werden dagegen meistens zentral durchgeführt, weil hierzu aggregierte Daten benötigt werden, die am ehesten zentral beschaffbar sind. Dies gilt vor allem für die aggregierte Planung bei objektbezogenen Modellen. Am Beispiel der marktähnlichen Konzepte wurde außerdem deutlich, daß eine dezentrale Abstimmung der einzelnen Dispositionsbereiche im Normalfall nur in begrenztem Umfang möglich ist und daher ein Mindestmaß an zentraler Koordination erforderlich wird. Generell wird deshalb empfohlen, Dispositionsschritte der Grobplanung wie z.B. die Kapazitätsbedarfsplanung oder die Auftrags- und Materialdisposition zentral durchzuführen.[353] Auch die Programmplanung der Produkttypen beim Modell von Hax und Meal, die auf aggregierten Daten basiert, ist aus den o.a. Gründen zu zentralisieren.

Um die in den letzten Abschnitten beschriebenen Vorteile der Dezentralisierung im Rahmen der Programmplanung zu nutzen, kann die Disaggregation der Ergebnisse der aggregierten Programmplanung dezentral durch teilautonome Dispositionseinheiten erfolgen, falls die Aggregate von unterschiedlichen Produktionseinheiten gefertigt werden. Somit ist die Programmplanung zumindest teilweise dezentralisierbar.
Des weiteren bietet es sich an, fertigungsnahe Dispositionsschritte, wie am Beispiel der kurzfristigen Materialdisposition mittels des KANBAN–Systems deutlich wurde, zu dezentralisieren. Die langfristige Grobplanung der Materialbedarfe ist dagegen i.d.R. zentral durchzuführen, da sich durch die Ausnutzung von Mengenrabatten Materialkosten reduzieren lassen.

Insgesamt ist daher weder eine vollständige Zentralisierung noch eine extreme Dezentralisierung der Produktionsplanung anzustreben, sondern je nach Sachadäquanz ein Ausgleich zwischen zentraler und dezentraler Ausrichtung zu finden.[354] Ein solcher Ausgleich kann, wie bei den in Abschnitt 3.1.2 diskutierten Konzepten erläutert wurde, durch ein übergeordnetes "Rumpf"–PPS–System mit dezentralisierten Teilfunktionen realisiert werden.

---

352) Vgl. Bleicher 1980, Sp. 2413.

353) Vgl. Huber 1993, S. 84-85.

354) Vgl. Bleicher 1980, Sp. 2410.

Zu erwarten ist, daß die Grobplanungsfunktionen solcher "Rumpf"-Planungssysteme zukünftig verstärkt und um Funktionen der Material- und Zeitwirtschaft erweitert werden.[355] Hierbei empfiehlt es sich, Teilfunktionen der Produktionsprogrammplanung, der Materialwirtschaft und eine grobe kapazitätsorientierte Terminierung auf aggregierter Ebene zu integrieren.[356]

Kurzfristige Aufgaben der Material- und Zeitwirtschaft werden dagegen immer öfter den Steuerungsebenen zugeordnet und mittlere Dispositionsebenen ausgedünnt.[357] Unter Beachtung der Vorgaben des "Rumpf"-Systems kann dann eine lokale Feinterminierung, die eine erzeugnisbezogene Auftrags- und Ressourceneinsatzplanung beinhaltet, von den nachgeordneten prozeßverantwortlichen Fertigungseinheiten vorgenommen werden.[358]

Da sich die jeweiligen Disponenten hierbei an mehr oder weniger strengen Vorgaben orientieren müssen, basieren diese Konzepte auf einer partiellen Funktionsdezentralisierung. Tendenziell ist aber davon auszugehen, daß sich zukünftig z.T. erheblich größere Entscheidungsspielräume für Disponenten ergeben, also sich "reinere" Formen der Dezentralisierung durchsetzen werden. Dies kann u.a. auf technologische Entwicklungen, die eine Grundvoraussetzung für die Entkopplung einzelner Planungsfunktionen sind, und auf die zunehmende Einrichtung dezentraler Formen der Produktionsorganisation[359] zurückgeführt werden. Hierdurch kann das lokale Know-how der Disponenten stärker als bisher genutzt werden.

Das Erfolgspotential funktional dezentraler PPS-Systeme ist daher bei weitem noch nicht ausgeschöpft. Eine in der Zeitschrift *CIM Management* veröffentlichte Marktanalyse scheint dies zu bestätigen, da sie belegt, daß die Mehrheit der kommerziellen PPS-Anbieter immer noch funktional zentrale Dispositionssysteme offeriert und sich dezentrale Fertigungsstrukturen bislang nur von wenigen PPS-Systemen unterstützen lassen.[360] Die meisten PPS-Anbieter haben aber nach dieser Marktstudie die Absicht, bei zukünftigen Versionen ihrer Systeme eine Unterstützung dezentraler Organisationsformen anzubieten.[361] Daher werden sich diese verstärkt darum bemühen müssen, dezentrale Koordinations- und Abstimmungsmechanismen weiterzuentwickeln.

---

[355] Vgl. Scheer 1991b, S. 367.

[356] Vgl. François et al. 1995, S. 156, 158; vgl. auch Zäpfel 1996, Sp. 1403-1404.

[357] Vgl. Bullinger et al. 1995, S. 72.

[358] Vgl. Glaser/ Pettersen 1996, Sp. 1417.

[359] Vgl. Schotten/ Vogele 1995, S. 54 u. 62.

[360] Vgl. o.V. 1995, S. 37.

[361] Vgl. o.V. 1995, S. 37.

Wie die Ausführungen zu den marktähnlichen Konzepten verdeutlicht haben, könnte am Ende dieser Entwicklungen ein Netzwerk interagierender dezentraler Dispositionseinheiten stehen, wobei zumindest in naher Zukunft ein Minimum an zentraler Koordination erhalten bleiben wird. EDV–technische Probleme, die sich z.B. bei einer Vernetzung der Teilsysteme einstellen können, sind weitgehend gelöst, so daß die technischen Voraussetzungen für eine fertigungsnahe Disposition und die Erschließung der damit verbundenen Erfolgspotentiale gegeben sind.[362)]

3.2 Die Clusteranalyse als Instrument der heuristischen Aggregation

Um nun das Erfolgspotential der in den letzten Abschnitten diskutierten dezentralen Planungskonzepte zu erschließen, wird im Regelfall ein Reengineering klassisch–funktionaler Dispositionshierarchien erforderlich. Hierzu sind teilautonome Dispositionsbereiche zu definieren und Objektaggregate zu bilden. Bei der Gestaltung entsprechender Objekthierarchien ergibt sich jedoch für den Modellkonstrukteur das Problem, eine sachadäquate Aggregationsalternative zu finden.

Da schon bei einer relativ geringen Anzahl von Planungsobjekten eine Vielzahl potentiell geeigneter Aggregationsstrukturen denkbar ist, sollten den Disponenten Werkzeuge zur Unterstützung des Aggregationsprozesses zur Verfügung gestellt werden. Derartige Werkzeuge sind aber bei kommerziellen PPS–Lösungen i.d.R. nicht vorzufinden. Dies wird durch eine Marktanalyse von Schmitz/ Schotten bestätigt, wonach lediglich 13% aller untersuchten Systeme das Disponieren mit verdichteten Daten unterstützen.[363)]

Um dieses Manko zu beseitigen, könnte man Objekte, die eine homogene Gruppe bezüglich gewisser Objekteigenschaften bilden, vor dem eigentlichen Dispositionsprozeß aggregieren und anschließend mit den Aggregaten disponieren. Daher wird vorgeschlagen, Produktionsplanungssysteme mit einem Clusteranalyse–Tool zu koppeln. Abgesehen von einigen wenigen Arbeiten, die sich mit der Bildung von Teilefamilien oder Maschinengruppen beschäftigen,[364)] finden sich jedoch in der Literatur zur hierarchischen Produktionsplanung meist nur allgemeine Hinweise auf Möglichkeiten zur

---

362) Wie eine EDV–technische Ausgestaltung dezentraler Systeme durch *objektorientierte Architekturen* aussehen könnte, wird z.B. in Rohloff 1993a und in Rohloff 1993b erläutert.

363) Vgl. Schmitz/ Schotten 1994, S. 41.

364) Vgl. bspw. Al–Sultan 1997; Bowers/ Jarvis 1992; Göttker 1990; Chu 1989; Freist/ Granow 1983; King/ Nakornchai 1982; King 1980; Kälberer 1977.

methodischen Unterstützung des Aggregationsprozesses durch Clusteranalysen.[365] Deshalb soll in den folgenden Abschnitten genauer untersucht werden, ob es Varianten der Clusteranalyse gibt, die sich als Instrument der heuristischen Aggregation eignen.

3.2.1 Grundlagen der Clusteranalyse

Der Begriff *Clusteranalyse* wird vielfach als Sammelname für eine Reihe mathematisch–statistischer Verfahren angesehen, mit deren Hilfe eine Menge von Objekten zu homogenen Teilmengen bzw. Klassen oder auch Cluster gruppiert werden kann.[366] Synonym zum Begriff der Clusteranalyse werden die Begriffe *numerische Taxonomie*, *multivariate Klassifikationsanalyse* und *automatische Klassifikation* verwendet.

Die Klassenbildung erfolgt dabei so, daß Objekte mit möglichst ähnlichen Eigenschaften zusammengefaßt und "unähnliche" Objekte voneinander separiert, also unterschiedlichen Klassen zugeordnet werden.[367] Eine *Klasse* bzw. ein *Cluster* stellt hierbei das Element einer *Partition* $P = \{P_1, \ldots, P_c\}$ bzw. einer *Zerlegung* dar, wobei eine Partition bei klassischen Clusterverfahren durch die nachstehenden Bedingungen charakterisiert werden kann:[368]

$$P_z \cap P_h = \emptyset \quad \forall z \neq h; \quad \forall z, h = 1, \ldots, c \tag{28}$$

$$P_z \neq \emptyset \quad z = 1, \ldots, c \tag{29}$$

$$\bigcup_{z=1}^{c} P_z = E \tag{30}$$

Nach Bedingung (28) sind die Cluster paarweise disjunkt. Bedingung (29) stellt sicher, daß jedes Cluster mindestens ein Element enthält. Aus Bedingung (30) geht hervor, daß jedes Objekt einem Cluster zugeordnet sein muß. Verfahren, die der Bedingung (30) genügen, werden auch als *exhaustive Verfahren* bezeichnet.[369]

Die Ermittlung einer Partition, die die o.a. Bedingungen erfüllt, läuft nach dem in Abbildung 27 dargestellten generellen Ablaufschema ab. Die einzelnen Schritte, die hierbei durchzuführen sind, werden nun in den nachstehenden Abschnitten erläutert.

---

[365] Vgl.z.B. Switalski 1988, S. 388; Wittemann 1985, S. 50-54, 156-164; Heinrich 1980, S. 80-83; vgl. zur Verdichtung von LP–Modellen Wittemann 1984.

[366] Vgl. Green et al. 1967, S. B-388.

[367] Vgl. Straube 1984, S. 33.

[368] Vgl. Diday/ Simon 1976, S. 61.

[369] Vgl. Ambrosi 1975, S. 2.

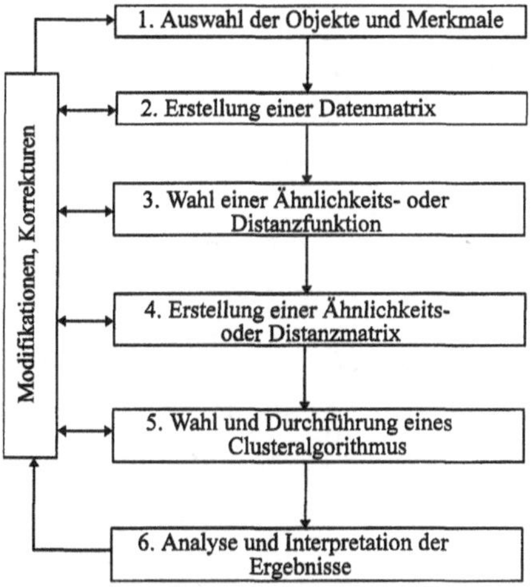

Abb. 27: Generelles Ablaufschema der Clusteranalyse

Ausgangspunkt einer Clusteranalyse ist eine Menge von n Objekten, die in Cluster zerlegt werden soll. Dazu sind zunächst f Merkmale festzulegen, nach denen die Partitionierung vorzunehmen ist. Relevant sind dabei Merkmale, die für die Verwandtschaft zweier Objekte ausschlaggebend sind oder diese möglichst eindeutig im Kontext der jeweiligen Zielsetzung der Klassifizierung diskriminieren.

Wird beispielsweise die Clusteranalyse zur Bildung der Produktfamilien beim Modell von Hax und Meal eingesetzt, sind als Merkmale vor allem saisonale Nachfragemengen, Bearbeitungs–, Lager– und Rüstkosten sowie die Produktionsraten von Relevanz. Sind dagegen Lager– oder Rüstkosten vernachlässigbar, so sollten diese außer Acht gelassen werden. Dafür können eventuell andere Merkmale bedeutsam sein. Z.B. kann das Volumen oder das Gewicht der Produkte die Wahl des Produktionsprozesses beeinflussen, so daß es sich empfiehlt, diese Merkmale im Rahmen der Clusteranalyse zu berücksichtigen. Somit wird deutlich, daß die Qualität der Endpartition in starkem Maße von der Merkmalselektion abhängt und diese daher mit großer Sorgfalt durchzuführen ist. Darüber hinaus sollte die Zahl der Merkmale nicht zu groß sein, da andernfalls davon auszugehen ist, daß zumindest einige davon miteinander korreliert sind.[370)]

Die Selektion weniger, voneinander unabhängiger Merkmale läßt sich methodisch durch die Faktorenanalyse unterstützen. Die hieraus resultierenden Faktoren entspre-

[370)] Vgl. Steinhausen/ Langer 1977, S. 177.

chen allerdings im Regelfall nicht den zu extrahierenden Merkmalen. Dennoch erhält der Anwender zumindest Anhaltspunkte über potentiell geeignete Merkmale.[371)]

Entsprechend dem Ablaufschema der Abbildung 27 hat der Anwender dann für jedes Objekt O_i einer Menge E, $i = 1, \ldots, n$, die Ausprägungen der Merkmale M_j, $j = 1, \ldots, f$ zu quantifizieren; sie werden durch m_{ij} symbolisiert. Die sich so ergebende $n \times f$–Matrix $\mathbf{M}$ wird als *Datenmatrix* bezeichnet.[372)]

$$\begin{array}{cccccccc} & M_1 & M_2 & \ldots & M_f & & & \text{Merkmal} \\ \mathbf{M} = & \left(\begin{array}{c} m_{11} \\ m_{21} \\ \vdots \\ m_{n1} \end{array}\right. & \begin{array}{c} m_{12} \\ m_{22} \\ \vdots \\ m_{n2} \end{array} & \begin{array}{c} \ldots \\ \ldots \\ \\ \ldots \end{array} & \left.\begin{array}{c} m_{1f} \\ m_{2f} \\ \vdots \\ m_{nf} \end{array}\right) & & \begin{array}{c} O_1 \\ O_2 \\ \\ O_n \end{array} & \begin{array}{c} \text{Objekt} \\ \text{Objekt} \\ \vdots \\ \text{Objekt} \end{array} \end{array}$$

3.2.2 Proximitätsmaße

Im nächsten Schritt ist für jedes Objektpaar O_k und O_l ein Ähnlichkeits– oder Distanzwert zu ermitteln, der unter Einbeziehung sämtlicher relevanter Merkmale M_j dessen Ähnlichkeit bzw. Verschiedenheit repräsentiert. Sowohl Ähnlichkeits– als auch Distanzwerte werden mittels reellwertiger Funktionen berechnet, die den Merkmalsausprägungen m_{kj} und m_{lj} der Objekte O_k und O_l eine reelle Zahl zuordnen:[373)]

$$\begin{array}{rll} \text{Ähnlichkeitsfunktion } s: & M \times M & \to \mathbb{R} \\ & (\mathbf{m}_k, \mathbf{m}_l) & \mapsto s_{kl} = s(\mathbf{m}_k, \mathbf{m}_l) \\ \text{Distanzfunktion } d: & M \times M & \to \mathbb{R} \\ & (\mathbf{m}_k, \mathbf{m}_l) & \mapsto d_{kl} = d(\mathbf{m}_k, \mathbf{m}_l), \end{array}$$

mit $\mathbf{m}_i = (m_{i1}, m_{i2}, \ldots, m_{if})'$, $i = k, l$.
Die Funktionen s bzw. d werden als *Proximitätsmaße* bezeichnet.
Für die *Ähnlichkeit* zweier Objekte O_k und O_l, symbolisiert durch s_{kl} muß gelten:[374)]

$$s_{kl} = s_{lk} \quad (31)$$

$$s_{kk} = 1 \quad (32)$$

$$0 \leq s_{kl} \leq 1 \quad (33)$$

371) Eine ausführliche Darstellung der Faktorenanalyse findet sich in: Backhaus et al. 1994; Bullinger 1982; Geider et al. 1982; Jahn/ Vahle 1970; Ost 1984, S. 575-662, Revenstorf 1976; Ritsert et al. 1976.

372) Vgl. Ambrosi 1975, S. 5.

373) Vgl. Späth 1977, S. 14-15.

374) Vgl. Kaufmann/ Pape 1984, S. 374.

Bedingung (31) stellt hierbei die Symmetrie der Ähnlichkeiten zweier Objekte sicher. Die Ähnlichkeit eines Objekts zu sich selbst wird durch Bedingung (32) mit dem Wert eins normiert. Die Einhaltung der Bedingung (33) sichert die Normierung der Ähnlichkeiten auf das Intervall [0,1] und drückt zusammen mit Bedingung (32) aus, daß die Ähnlichkeit eines Objekts zu einem anderen Objekt nicht größer sein kann als zu sich selbst.

Analoge Bedingungen lassen sich auch für Distanzen postulieren:[375]

$$d_{kl} = d_{lk} \tag{34}$$

$$d_{kk} = 0 \tag{35}$$

$$d_{kl} \geq 0 \tag{36}$$

$$d_{kl} \leq d_{kr} + d_{rl} \tag{37}$$

Nach Bedingung (34) sind die Distanzen zwischen zwei Objekten symmetrisch. Mittels Bedingung (35) wird die Distanz eines Objekts zu sich selbst auf null normiert. Die Distanzen sind laut Bedingung (36) nichtnegativ und können beliebig groß sein. Mit der Dreiecksungleichung (37) erfüllt das Distanzmaß die Eigenschaften einer *Metrik*.[376] Ergibt sich zwischen zwei Objekten eine Distanz von null, so weisen die selektierten Merkmale dieser Objekte die gleichen Merkmalsausprägungen auf. Dies bedeutet jedoch nicht, daß die beiden Objekte vollkommen identisch sein müssen.[377]

Im folgenden werden nun die wichtigsten Proximitätsmaße für unterschiedliche Merkmalstypen dargestellt. Dabei kann zwischen nominal, ordinal oder metrisch skalierten Merkmalen unterschieden werden.[378] Darüber hinaus ist zwischen qualitativen und quantitativen[379] sowie zwischen symmetrischen und nicht–symmetrischen Merkmalen zu unterscheiden.

Gibt es nur zwei potentielle Ausprägungen eines Merkmals, z.B. männlich/ weiblich, so werden die Merkmale als *symmetrisch* oder *binär* bezeichnet.[380] Das Nichtvorhandensein einer Eigenschaft ist dann eindeutig mit dem Vorhandensein der anderen Eigenschaft verbunden. Solche Umkehrschlüsse sind dagegen bei *nicht–symmetrischen Merkmalen*, die mehr als zwei Ausprägungen annehmen können, ausgeschlossen.

---

375) Vgl. Anderberg 1973, S. 99.

376) Vgl. Ambrosi 1975, S.6-7.

377) Vgl. Bock 1974, S. 25-26.

378) Die jeweiligen Skalen–Typen sind in Abschnitt 2.3.1 definiert worden.

379) Vgl. hierzu die Unterscheidung zwischen quantitativen und qualitativen Zielen aus S. 21.

380) Vgl. Späth 1977, S. 9.

Zunächst werden Proximitätsmaße für binäre Merkmale erläutert, von denen die meisten Spezialfälle der Grundform

$$s_{kl} = \frac{a^\circ + \delta e}{a^\circ + \delta e + \varrho(v + w)} \tag{38}$$

sind.[381] a° ist hierbei die Anzahl der Eigenschaften, über die beide Objekte verfügen. v bzw. w symbolisieren die Anzahl der Eigenschaften, die nur bei Objekt O_l bzw. O_k vorhanden sind. Die Anzahl der Eigenschaften, die weder Objekt O_l noch Objekt O_k aufweisen, wird durch e repräsentiert. δ und ϱ sind konstante Gewichtungsfaktoren, die in Abhängigkeit vom speziellen Proximitätsmaß fixiert werden. Die wichtigsten Proximitätsmaße, die sich aus der obigen Formel ableiten lassen, sind in Tabelle 9 auf Seite 105 zusammengestellt. Am gebräuchlichsten sind dabei die in Zeile 1 und 5 angeführten S– und M–Koeffizienten.

Wählt man für den Gewichtungsfaktor δ null und setzt ϱ gleich eins, so erhält man den *S–Koeffizienten*. Die Variable e, also das Fehlen bestimmter Eigenschaften bei beiden Objekten wird hierbei nicht berücksichtigt.[382] Demgegenüber fließen solche negativen Übereinstimmungen beim *M–Koeffizienten* ein. Man erhält ihn durch die Verwendung von $\delta = 1$ und $\varrho = 1$.

Als Proximitätsmaße für *metrische Merkmale* greift man in der Praxis auf gängige Distanzmaße zurück. Zu diesen gehören die Spezialfälle der nachstehenden *L_q–Distanz* bzw. *Minkowski–Metrik*:[383]

$$d_{kl} = \left[\sum_{j=1}^{f} |m_{kj} - m_{lj}|^q\right]^{\frac{1}{q}}, \tag{39}$$

wobei q eine natürliche Zahl größer oder gleich eins ist.

Setzt man $q = 1$, so erhält man die L_1–Distanz oder auch *City–Block–Metrik*, bei der alle Differenzwerte gleichgewichtig in die Berechnung eingehen.[384] Für $q = 2$ ergibt sich die sogenannte *euklidische Distanz*, die auch als *Luftliniendistanz* bezeichnet wird und von großer praktischer Relevanz ist.

Der Einfluß größerer Merkmalsdifferenzen wird mit wachsenden q–Werten verstärkt.[385] Als Grenzfall für $q \to \infty$ ergibt sich das Distanzmaß:

---

[381] Vgl. Steinhausen/ Langer 1977, S. 54.

[382] Vgl. Kaufmann/ Pape 1984, S. 379.

[383] Vgl. Kaufmann/ Pape 1984, S. 382.

[384] Vgl. Backhaus et al. 1994, S. 275.

[385] Vgl. Steinhausen/ Langer 1977, S. 62.

Nr.	Ähnlichkeitsfunktion	Distanzfunktion	δ	ϱ	Eigenschaften	Name/ Autor
1	$\frac{a^\circ}{a^\circ + v + w}$	$\frac{v + w}{a^\circ + v + w}$	0	1	relativer Anteil gemeinsam vorhandener Eigenschaften, bezogen auf die Variablen a°, v und w	Jaccard & Tanimoto/ Similarity S–Koeffizient
2	$\frac{2a^\circ}{2a^\circ + (v + w)}$	–	0	$\frac{1}{2}$	doppelte Gewichtung gemeinsam vorhandener Eigenschaften	Dice
3	$\frac{a^\circ}{a^\circ + 2(v + w)}$	$\frac{2(v + w)}{a^\circ + 2(v + w)}$	0	2	doppelte Gewichtung nicht übereinstimmender Positionen im Nenner	Sokal & Sneath
4	$\frac{a^\circ}{a^\circ + v + w + e}$	–	–	–	relativer Anteil gemeinsam vorhandener Positionen	Russel & Rao
5	$\frac{a^\circ + e}{a^\circ + v + w + e}$	$\frac{v + w}{a^\circ + v + w + e}$	1	1	relativer Anteil übereinstimmender Positionen	Simple–Matching (M–Koeffizient)
6	$\frac{2(a^\circ + e)}{2(a^\circ + e) + v + w}$	–	1	$\frac{1}{2}$	doppelte Gewichtung übereinstimmender Positionen	Sokal & Sneath
7	$\frac{a^\circ + e}{a^\circ + e + 2(v + w)}$	$\frac{2(v + w)}{a^\circ + e + 2(v + w)}$	1	2	doppelte Gewichtung nicht übereinstimmender Positionen im Nenner	Rogers & Tanimoto

Tabelle 9: Proximitätsmaße

$$L_\infty(m_{kj}, m_{lj}) = \underset{j}{\mathrm{Max}} \quad |m_{kj} - m_{lj}|, \tag{40}$$

das als *Dominanz–*, *Supremums– oder Chebychev–Metrik* bezeichnet wird[386] und ausdrückt, daß nur die größte Abweichung bei einem Merkmal berücksichtigt wird.

Bei der Verwendung der L_q–Distanzen sind jedoch oft metrische Merkmale von unterschiedlicher Wichtigkeit und weisen verschiedene Maßstäbe auf. Um die Bedeutung

[386] Vgl. Eckes/ Roßbach 1980, S. 46; vgl. Diday/ Simon 1976, S. 52.

der Merkmale zu berücksichtigen und diese auf eine einheitliche Skala zu transformieren wird in der Literatur die Verwendung einer gewichteten euklidischen Distanz vorgeschlagen:[387)]

$$d_{kl} = \left[\sum_{j=1}^{f} g_j (m_{kj} - m_{lj})^2\right]^{\frac{1}{2}} \tag{41}$$

Da sowohl das Gewichten der Merkmale als auch die Angleichung der unterschiedlichen Maßstäbe nur nach subjektiven Kriterien erfolgen kann, besteht die Gefahr, daß die Ergebnisse der Clusteranalyse durch die Festlegung der Gewichte g_j vom Anwender manipuliert werden.[388)] Auf der anderen Seite ist davon auszugehen, daß ein Disponent, der ja gerade bei der Aggregation von Objekten unterstützt werden will, im Regelfall kein Interesse daran haben wird, Ergebnisse bewußt zu verzerren. Zudem lassen sich die Clusterergebnisse objektiv nachvollziehen, wenn sämtliche Wahlentscheidungen genau begründet werden müssen.[389)]

Dennoch sollte man sich darüber im klaren sein, daß Gewichtungen durch korrelierte Merkmale verstärkt bzw. abgeschwächt werden können, so daß es zu Verzerrungen der Gruppierungsergebnisse kommen kann. Um dies bei euklidischen Distanzen zu vermeiden, empfiehlt sich die Verwendung der *Mahalanobis–Distanz*:[390)]

$$d_{\mathbf{K}^{-1}}(m_{kj}, m_{lj}) = \left[(m_{kj} - m_{lj})^T \mathbf{K}^{-1} (m_{kj} - m_{lj})\right]^{\frac{1}{2}}, \tag{42}$$

wobei $\mathbf{K}^{-1}$ die Inverse der Kovarianzmatrix der Variablen ist. Das Distanzmaß (42) hat den Vorteil, daß es skaleninvariant ist und etwaige Korrelationen zwischen den Variablen eliminiert. Dagegen besteht das Problem, daß die empirische Kovarianzmatrix $\mathbf{K}$ nicht immer invertiert werden kann.

Selbst wenn sämtliche Korrelationen in der Datenmatrix durch die Berechnung der Korrelationsmatrix eliminiert werden, ist zu bemängeln, daß Intracluster–Korrelationen unberücksichtigt bleiben. Dies kann dazu führen, daß Merkmale, die in der Gesamtgruppe nur schwach oder gar nicht miteinander korreliert sind, eine sehr hohe

---

387) Vgl. z.B. Anderberg 1973, S. 103-104.

388) Vgl. Eckes/ Roßbach 1980, S. 45.

389) Häufig wird versucht, eine Angleichung der Maßstäbe durch eine Normierung der Merkmale zu erreichen. Da aber die Maßeinheiten in vielen Fällen auch nach einer Normierung nicht vergleichbar sind und sich das Bewertungsproblem i.d.R. nicht durch Formalismen lösen läßt, wird von einer detaillierten Darstellung verschiedener Möglichkeiten zur Durchführung von Normierungen abgesehen. Vgl. zur Problematik unterschiedlicher Maßeinheiten: Dinkelbach 1969, S. 159. Eine Beschreibung unterschiedlicher Normierungsverfahren findet sich in Bock 1974, S. 37-39.

390) Vgl. Kaufmann/ Pape 1984, S. 384.

Korrelation in den einzelnen Clustern aufweisen.[391] Um dieses Problem zu beheben, müßte man bei der Berechnung der Korrelationsmatrix die Mittelwerte der Merkmale der einzelnen Cluster heranziehen, was jedoch unmöglich ist, da die Klassenstruktur a priori unbekannt ist.

Prinzipiell ist daher Vogel zuzustimmen, der zu dem Schluß kommt, daß das Problem der Merkmalskorrelation nur durch eine sorgfältige Merkmalsauswahl gelöst werden kann,[392] wobei grundsätzlich nur die wichtigsten Eigenschaften einbezogen werden sollten.[393] Soll die Merkmalsselektion durch die Faktorenanalyse unterstützt werden,[394] muß allerdings mit den gleichen Problemen wie bei der Berechnung von Mahalanobis–Distanzen gerechnet werden, da auch bei Faktorenanalysen auf Korrelationsmatrizen zurückgegriffen wird.

Eine direkte Ermittlung von Proximitäten zwischen Objekten, die ordinal skalierte Merkmale oder nominale Attribute mit mehr als zwei Ausprägungen aufweisen, ist nicht möglich. Dennoch läßt sich dieses Problem zumindest bei nominal skalierten Merkmalen lösen, indem die Attribute in binäre Variablen umgewandelt und die oben erläuterten Proximitätsmaße für Binärvariablen verwendet werden. Ordinal skalierte Daten lassen sich mit dem *Verfahren der sukzessiven Intervalle* in annähernd kardinal skalierte Werte transformieren.[395] Allerdings ist dieses Verfahren relativ aufwendig, so daß das Problem der Berücksichtigung ordinaler Merkmale noch nicht als endgültig gelöst angesehen werden kann.

Zur Ermittlung von Ähnlichkeits– bzw. Distanzwerten bei Merkmalen, die mit verschiedenen Skalentypen meßbar sind und daher als *verschieden skaliert* bezeichnet werden, findet man in der Literatur folgende Vorschläge: So können beispielsweise separate Distanz– bzw. Ähnlichkeitskoeffizienten für die jeweiligen Merkmalstypen mit adäquaten Proximitätsmaßen berechnet werden. Anschließend unterstellt man, daß die Ergebnisse zu einer Gesamtähnlichkeit oder –distanz zusammengefaßt werden können, indem der Mittelwert aus den gewichteten oder den ungewichteten Einzeldistanzen bzw. –ähnlichkeiten gebildet wird.[396] Da jedoch keine Vergleichbarkeit der

---

[391] Vgl. Eckes/ Roßbach 1980, S. 43.

[392] Vgl. Vogel 1975, S. 92.

[393] Vgl. hierzu auch die Ausführungen zur B–Analyse in Abschnitt 4.3.1.2.

[394] Vgl. hierzu auch Fußnote 371), S. 102.

[395] Eine genaue Erläuterung dieses Verfahrens findet sich in Diedrich et al. 1957.

[396] Vgl. Bock 1980, S. 214.

Distanzen unterschiedlich skalierter Merkmale möglich ist, kann diese Verfahrensweise nicht überzeugen.

Daher ist zu prüfen, ob das Problem durch eine Transformation der Merkmalsausprägungen auf einen einheitlichen Skalentyp lösbar ist, so daß die Proximitäten mit einem der Skala angemessenen Proximitätsmaß berechnet werden können. Die Transformation von einem höheren auf ein niedrigeres Niveau wird als *Niveau-Regression* bezeichnet; im umgekehrten Fall spricht man von einer *Niveau-Progression*.[397)]

Beispielsweise kann man metrisch skalierte Merkmale in ordinale Binärvariablen umwandeln, indem ein Grenzwert festgelegt wird, der die Werte in zwei Gruppen aufteilt. Bei dieser Niveau-Regression entsteht aber ein hoher Informationsverlust.[398)] Darüber hinaus ist es fraglich, ob ein Disponent in der Lage ist, einen geeigneten Grenzwert genau zu fixieren. Demgegenüber muß bei einer Niveau-Progression z.B. bei einer metrischen Interpretation ordinal skalierter Daten mit verzerrten Proximitäten gerechnet werden.
Beide Transformationsformen sind deshalb nicht dazu geeignet, das Problem der Berücksichtigung unterschiedlich skalierter Merkmale adäquat zu lösen.

Beschränkt man sich daher auf einen Merkmalstyp, so ist in Abhängigkeit von der zugrunde liegenden Skala und vom jeweiligen Analysezweck fallspezifisch das "richtige" Ähnlichkeits- oder Distanzmaße auszuwählen. Durch dessen Wahl wird dann das Klassifikationsergebnis erheblich beeinflußt.[399)] Mit diesem Proximitätsmaß ist daraufhin die Datenmatrix **M** in eine *Ähnlichkeitsmatrix* **S** oder in eine *Distanzmatrix* **D** zu überführen:[400)]

$$\mathbf{S} = \begin{array}{c} \begin{array}{cccc} O_1 & O_2 & \dots & O_n \end{array} \\ \begin{pmatrix} s_{11} & s_{12} & \dots & s_{1n} \\ s_{21} & s_{22} & \dots & s_{2n} \\ \vdots & \vdots & & \vdots \\ s_{n1} & s_{n2} & \dots & s_{nn} \end{pmatrix} \end{array}, \quad \mathbf{D} = \begin{array}{c} \begin{array}{cccc} O_1 & O_2 & \dots & O_n \end{array} \\ \begin{pmatrix} d_{11} & d_{12} & \dots & d_{1n} \\ d_{21} & d_{22} & \dots & d_{2n} \\ \vdots & \vdots & & \vdots \\ d_{n1} & d_{n2} & \dots & d_{nn} \end{pmatrix} \end{array} \begin{array}{ll} & \text{Objekt} \\ O_1 & \text{Objekt} \\ O_2 & \text{Objekt} \\ & \vdots \\ O_n & \text{Objekt} \end{array}$$

397) Vgl. Deimer 1985, S. 51.

398) Vgl. Vogel 1975, S. 74.

399) Vgl. Eckes/ Roßbach 1980, S. 9.

400) Vgl. Backhaus et al. 1994, S. 263.

3.2.3 Hierarchische Clusterverfahren

Liegen alle Ähnlichkeits- bzw. Distanzwerte in Form einer Ähnlichkeits- oder Distanzmatrix vor, so ist im nächsten Schritt ein geeigneter Clusteralgorithmus zu wählen. Wie Abbildung 28 zeigt, lassen sich graphentheoretische, hierarchische und partitionierende Varianten der Clusteranalyse differenzieren. Da die in den folgenden Abschnitten diskutierten hierarchisch–agglomerativen Verfahren auch graphentheoretisch interpretiert werden können,[401] wird von der Erörterung graphentheoretischer Varianten abgesehen. Somit konzentrieren sich die nachstehenden Ausführungen auf hierarchische und partitionierende Algorithmen.

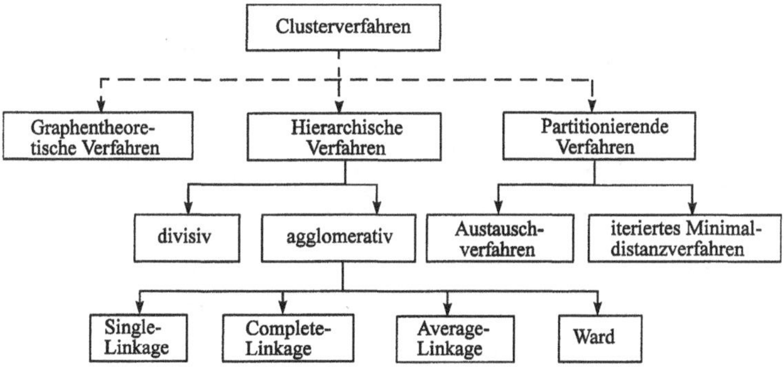

Abb. 28: Ausgewählte Clusterverfahren

Hierarchische Verfahren können in agglomerative und divisive Verfahren unterteilt werden. Ausgangspunkt *divisiver Verfahren* ist ein Gesamtcluster, das alle Elemente enthält. Im Verlaufe des Verfahrens werden die Elemente dieses Clusters schrittweise in kleinere Cluster zerlegt.[402] Da jedoch die divisiven Verfahren im Vergleich zu agglomerativen Varianten i.d.R. zu schlechteren Ergebnissen führen, rechenzeitaufwendiger und daher in der Praxis kaum von Bedeutung sind,[403] sollen diese hier nicht weiter erläutert werden.

Demgegenüber geht man bei *agglomerativen Algorithmen* davon aus, daß jedes Objekt anfangs einen Cluster bildet. Diese Anfangspartition wird dann schrittweise modifi-

[401] Eine genaue Erläuterung der graphentheoretischen Interpretation hierarchisch–agglomerativer Verfahren findet sich in Steinhausen/ Langer 1977, S. 94-98; Rohlf 1974; Baker/ Hubert 1976 und in Anderberg 1973, S. 150-151.

[402] Vgl. Ambrosi 1975, S. 20.

[403] Vgl. Steinhausen/ Langer 1977, S. 100.

ziert, indem die Cluster sukzessiv zu größeren Aggregaten zusammengefaßt werden. Im einzelnen sind die in Abb. 29 dargestellten Schritte durchzuführen.[404)]

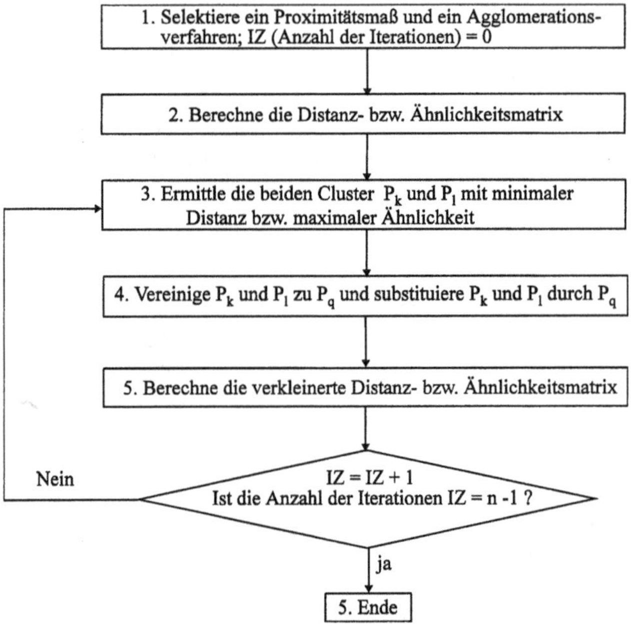

Abb. 29: Der Ablauf hierarchisch–agglomerativer Clusterverfahren

Zunächst ist ein Proximitätsmaß und eine Variante hierarchisch–agglomerativer Verfahren auszuwählen. Anschließend sind die Distanzen zwischen den Clustern zu berechnen und jene Cluster zu ermitteln, die zueinander die minimale Distanz bzw. die maximale Ähnlichkeit aufweisen. Existieren bei einem Iterationsschritt mehrere minimale Distanzen bzw. mehrere maximale Ähnlichkeiten, so läßt es der Algorithmus offen, welche der betreffenden Cluster fusioniert werden sollen. Will man nicht willkürlich entscheiden, können zusätzliche Unterscheidungsmerkmale herangezogen oder mehrere Lösungen parallel verfolgt werden.[405)]

Das jeweilige Clusterpaar ist im vierten Schritt zu verschmelzen. Daraufhin sind die Proximitäten zwischen dem aus der Fusion der Cluster P_k und P_l entstandenen Agglomerat P_q und den verbleibenden Klassen $P_r, r = 1, \ldots, c \mid r \neq k, l$ zu berechnen.

404) Vgl. Bock 1974, S. 384-385.

405) Vgl. Degens 1983, S. 192.

Bei der Verwendung eines Distanzmaßes kann hierzu auf die nachstehende von Lance/ Williams entwickelte Formel zurückgegriffen werden:[406)]

$$d_{qr} = \zeta \cdot d_{kr} + \eta \cdot d_{lr} + \theta \cdot d_{kl} + \vartheta \cdot |d_{kr} - d_{lr}| \qquad (43)$$

ζ, η, θ und ϑ sind hierbei Konstanten, die in Abhängigkeit von der jeweils verwendeten hierarchisch–agglomerativen Variante festzulegen sind.[407)] Nach $n-1$ Iterationen endet das Verfahren.

Die einzelnen Varianten unterscheiden sich in den Schritten 3 und 5 des Algorithmus bei der Auslegung der Begriffe *minimale Distanz* bzw. *maximale Ähnlichkeit* und bei der Neuberechnung der Proximitäten. Zu den wichtigsten Varianten agglomerativer Verfahren zählen das Single–Linkage– oder auch Nearest–Neighbour–Verfahren, das Complete–Linkage– oder auch Furthest–Neighbour–Verfahren[408)] und die Ward–Methode.

Beim *Single–Linkage–Verfahren* werden die der Selektion zugrunde liegenden Interclusterdistanzen bzw. –ähnlichkeiten durch die minimale Distanz bzw. maximale Ähnlichkeit zweier Elemente O_i und O_j der beiden Cluster P_k und P_l, mit $P_k, P_l \in E$ determiniert:[409)]

$$d_{kl} = \underset{(O_i,O_j) \in P_k \times P_l}{\mathrm{Min}}\{d_{ij}\} \quad \text{oder} \quad s_{kl} = \underset{(O_i,O_j) \in P_k \times P_l}{\mathrm{Max}}\{s_{ij}\} \qquad (44)$$

Zur Berechnung der neuen Distanzmatrix mit Hilfe der Formel (43) ist dann $\zeta = 0,5$; $\eta = 0,5$; $\theta = 0$ und $\vartheta = -0,5$ zu setzen.[410)]

Diese Clustervariante stellt sicher, daß Cluster, die keine oder nur geringe Ähnlichkeiten zu anderen Clustern aufweisen, erst relativ spät mit diesen verbunden werden.[411)] Zur Verstärkung dieses Isolationseffekts bei derartigen Ausreißern bietet sich die Verwendung der quadrierten euklidischen Distanz als Proximitätsmaß an.

Bei der Unterstützung der Konstruktion eines aggregierten Produktionsplanungsmodells durch diese Variante ist es allerdings von Nachteil, daß schon oftmals auf den

---

406) Vgl. Lance/ Williams 1967, S. 374.

407) Die jeweiligen ζ–, η–, θ– und ϑ– Werte werden im Kontext der einzelnen hierarchisch–agglomerativen Varianten angegeben.

408) Ursprünglich stellten das Single–Linkage– und das Complete–Linkage–Verfahren die Vorläufer des Nearest–Neighbour– und des Furthest–Neigbour–Verfahrens dar. Letztere Verfahren wurden schließlich als Verallgemeinerung des Single–Linkage– bzw. Complete–Linkage–Verfahrens eingeführt. Vgl. hierzu Vogel 1975, S. 295 und 301. Mittlerweile werden jedoch die o.a. Begriffspaare in der Literatur als Synonyme für die hier erläuterten Verfahren verwendet.

409) Vgl. Bock 1974, S. 387.

410) Vgl. Lance/ Williams 1967, S. 374.

411) Vgl. Backhaus et al. 1994, S. 290-291.

unteren Hierarchieebenen relativ große Cluster entstehen. Dies läßt sich auf den sogenannten *Chaining-Effekt* zurückführen.[412)] Wie in Abbildung 30 dargestellt, tritt dieser Effekt immer dann auf, wenn der Raum zwischen zwei Clustern durch *Zwischenobjekte* oder auch *Chaining-points* besetzt ist.

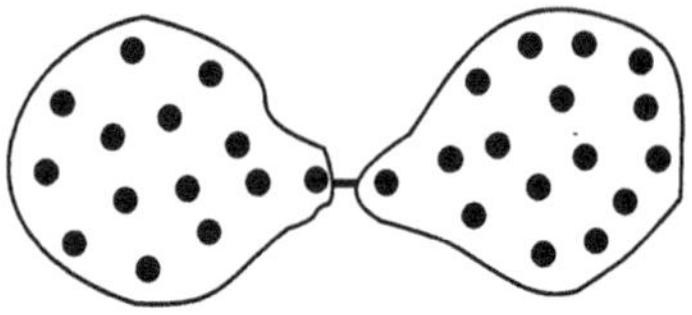

Abb. 30: Zum Problem des Chaining-Effekts

Aufgrund derartiger "Brücken" kann es zur Fusion von schlecht separierten Clustern auf scheinbar hohem Homogenitätsniveau kommen. Folglich können sich zwei benachbarte Objekte aus verschiedenen Clustern aufgrund der selektierten Merkmale ähnlicher sein als zwei weit auseinander liegende Objekte aus einem Cluster. Nach Eckes/ Roßbach[413)] reichen nur wenige dieser Chaining-points aus, um die Qualität der ermittelten Endklassifikation erheblich einzuschränken.
Sind also Objekte als Chaining-points identifizierbar, so sollten diese von der Analyse ausgeschlossen werden. Weil dies jedoch im Regelfall a-priori nicht möglich ist, soll das Single-Linkage-Verfahren im Rahmen dieser Arbeit lediglich zur Isolation von Ausreißern verwendet werden.

Dennoch ist darauf hinzuweisen, daß das Single-Linkage-Verfahren als einzige der hier vorgestellten Verfahren gekrümmte und verzweigte Klassenformen erkennen kann.[414)] Da einem Cluster bei diesem Verfahren sehr oft Elemente zugeordnet werden, die sich weit von dessen Zentrum befinden, bezeichnet man das Single-Linkage-Verfahren auch als *raumkontrahierend*.[415)]

Im Unterschied zum Single-Linkage-Verfahren werden die Distanz- bzw. Ähnlichkeitswerte beim *Complete-Linkage-Verfahren* folgendermaßen berechnet:[416)]

$$d_{kl} = \underset{(O_i,O_j)\in P_k\times P_l}{\mathrm{Max}\{d_{ij}\}} \quad \text{oder} \quad s_{kl} = \underset{(O_i,O_j)\in P_k\times P_l}{\mathrm{Min}\{s_{ij}\}} \tag{45}$$

412) Vgl. Jardine/ Sibson 1968, S. 179.
413) Vgl. Eckes/ Roßbach 1980, S. 68.
414) Vgl. Meier 1993, S. 67.
415) Vgl. Backhaus et al. 1994, S. 290.
416) Vgl. Bock 1974, S. 392.

D.h. die Proximität wird durch die maximale Distanz bzw. die minimale Ähnlichkeit der Elemente zweier Cluster determiniert. Arbeitet man mit der Lance/ Williams–Formel, ist der ζ– und der η–Wert gleich 0,5 zu setzen. Für θ ist null und für ϑ ist 0,5 zu wählen.[417)]

Wie beim Single–Linkage–Verfahren besteht bei dieser Clustervariante das Problem, daß die Selektion der zu fusionierenden Cluster nur von jeweils zwei extrem positionierten Objekten der Clusterpaare determiniert wird. Darüber hinaus werden bei diesem Verfahren keine Ausreißer erkannt. Andererseits neigt das Complete–Linkage–Verfahren zur Bildung kleiner kompakter Gruppen, so daß der oben beschriebene Chaining–Effekt ausbleibt. Aufgrund ihrer Eigenschaften wird diese Clustervariante den *dilatierenden Verfahren* zugerechnet.[418)]

Beim *Ward–Verfahren* werden die zu fusionierenden Cluster durch die Intraclustervarianzen determiniert.[419)] Für alle Cluster $P_z, z = 1, \ldots, c$ sind daher zunächst die Clustercentroide, also die Vektoren der Mittelwerte aller Merkmalsausprägungen der Clusterelemente zu berechnen:

$$\overline{\mathbf{u}}_z = \frac{1}{n_z} \sum_{O_i \in P_z} \mathbf{m}_i \tag{46}$$

n_z symbolisiert hierbei die Anzahl der Objekte des Clusters P_z. Diese Centoide sind *imaginäre Objekte*, die die entsprechenden Objektklassen repräsentieren. Sie werden zur Ermittlung der Summe der Clustervarianzen aller Klassen benötigt:

$$w(P) = \sum_{z=1}^{c} \sum_{O_i \in P_z} |\mathbf{m}_i - \overline{\mathbf{u}}_z|^2 \tag{47}$$

Danach agglomeriert man jene Cluster, die zu einem minimalen Anstieg der Gesamtvarianz führen.[420)] Der Zuwachs der Gesamtvarianz Δw, der sich bei der Fusion zweier Cluster P_k und P_l ergibt, läßt sich durch

$$\Delta w(P_k, P_l) = \frac{n_k n_l}{n_k + n_l} |\overline{\mathbf{u}}_l - \overline{\mathbf{u}}_k|^2 \tag{48}$$

berechnen.[421)] Im nächsten Iterationszyklus wird wieder die Gesamtvarianz als Summe der Intraclustervarianzen berechnet und jenes Clusterpaar fusioniert, das zum geringsten Zuwachs der Gesamtvarianz führt, u.s.w.

[417)] Vgl. Lance/ Williams 1967, S. 374.

[418)] Vgl. Eckes/ Roßbach 1980, S. 70.

[419)] Vgl. Ward 1963, S. 237.

[420)] Vgl. Funke/ Kopp 1982, S. 281.

[421)] Vgl. zur Herleitung von (48): Anderberg 1973, S. 143.

Das Ward–Verfahren läßt sich softwaremäßig relativ einfach implementieren, wenn zur Neuberechnung der Distanzen zwischen den Clustern die Formel (43) mit

$$\zeta = \frac{n_r + n_k}{n_r + n_k + n_l}, \quad \eta = \frac{n_r + n_l}{n_r + n_k + n_l}, \quad \theta = \frac{n_r}{n_r + n_k + n_l}, \quad \text{und} \quad \vartheta = 0$$

verwendet wird.[422] D.h. die Distanzen zwischen einem aus den Klassen P_k und P_l entstandenen Agglomerat P_q und den verbleibenden Klassen $P_r, r = 1, \ldots, c \mid r \neq k, l$ ergeben sich aus:

$$d_{qr} = \frac{1}{n_r + n_k + n_l} \Big((n_r + n_k) \cdot d_{kr} + (n_r + n_l) \cdot d_{lr} + n_r \cdot d_{kl} \Big) \tag{49}$$

Wie beim Complete–Linkage–Verfahren sollten Ausreißer zu Beginn des Ward–Verfahrens ausgesondert werden. Hierzu kann z.B. das Single–Linkage–Verfahren verwendet werden. Andernfalls besteht die Gefahr, daß die Clustervarianzen verzerrt werden. Da das Ward–Verfahren zur Bildung kleiner, etwa gleich großer Cluster neigt und somit die Raumstruktur erhalten bleibt, wird dieses Verfahren als *konservativ*, also als nicht raumverzerrend bezeichnet.[423] Diese Eigenschaft ist z.B. bei der Gruppierung von Produkten bzw. deren Zuordnung zu Dispositionseinheiten von Vorteil, wenn die Anzahl der Elemente der jeweiligen Cluster und der mit den einzelnen Produkten verbundene Planungsaufwand in etwa gleich groß ist, da dann die Arbeitsbelastung der Dispositionseinheiten angeglichen wird. Ferner führt das Ward–Verfahren zu relativ homogenen Partitionen.[424]

Unabhängig vom gewählten Algorithmus wird der variantenspezifische Iterationszyklus solange durchlaufen, bis alle Cluster zu einer einzigen Klasse fusioniert sind. Die Klassenanzahl ist nachträglich zu fixieren. Das Resultat des Algorithmus ist hierzu mittels eines sogenannten *Dendogramms* grafisch aufzubereiten. Wie die Abb. 31 verdeutlicht, können dann aus den metrischen Abständen der Hierarchieebenen Rückschlüsse auf die Clusterstrukturen gezogen werden. Beispielsweise deuten sprunghafte Veränderungen der Proximitäten bei der Aggregation darauf hin, daß die zuletzt fusionierten Cluster relativ wenige Gemeinsamkeiten aufweisen und daher ein heterogenes Aggregat bilden. Zudem lassen sich Ausreißerobjekte daran erkennen, daß sie erst relativ spät einem Cluster zugeordnet werden. Bleibt die Anzahl der Elemente eines Clusters über einen weiten Bereich der Ähnlichkeits– bzw. Distanzskala konstant, so kann das entsprechende Cluster als *wohlsepariert* angesehen werden.[425]

---

[422] Vgl. Milligan 1979, S. 344.

[423] Vgl. Backhaus et al. 1994, S. 298.

[424] Vgl. Deimer 1985, S. 77.

[425] Der Begriff *wohlsepariert* wird in Abschnitt 4.3.1.2 noch einmal aufgegriffen und präzisiert.

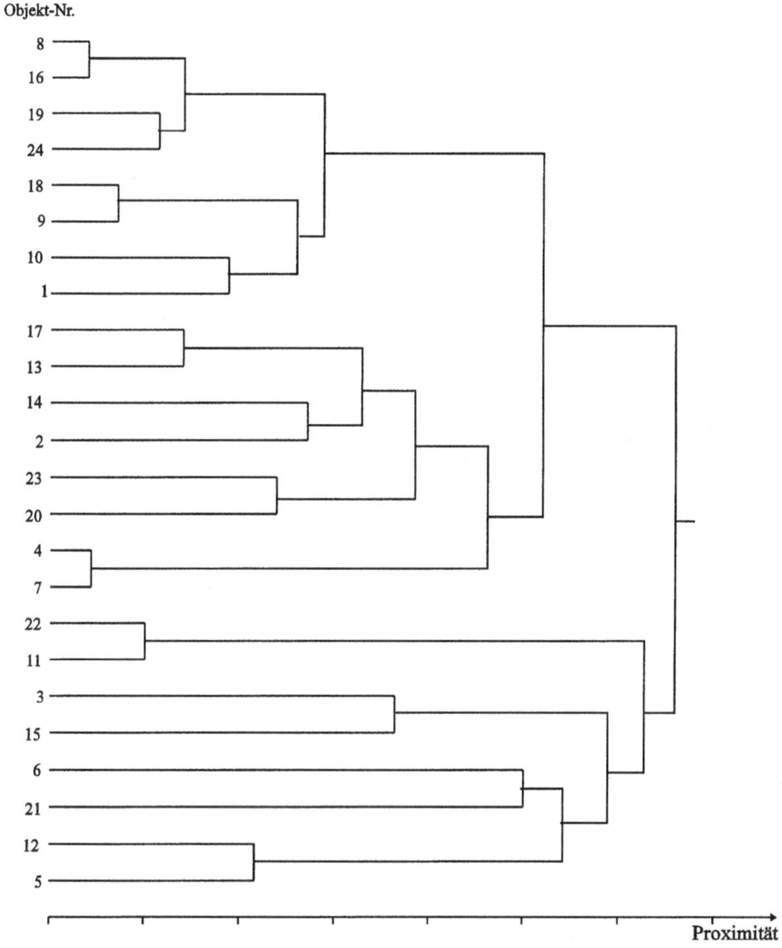

Abb. 31: Grafische Darstellung der Clusterhierarchie mittels Dendogramm

Unter Berücksichtigung dieser Informationen kann der Benutzer schließlich ein Proximitätsniveau als Schranke für Fusionen definieren, womit gleichzeitig die Klassenanzahl festgesetzt wird.

Alternativ kann auf vom Benutzer vorgegebene Homogenitäts- oder Heterogenitätsmaße als *Stopkriterien* zurückgegriffen werden,[426] die zu Beginn der Clusteranalyse definiert werden. Wird dann im Verlaufe des Iterationsprozesses ein vorgegebener

[426] Vgl. Ambrosi 1975, S. 20.

Mindestgrad an Homogenität eines Clusters unter- bzw. ein Maximalgrad an Heterogenität überschritten, so endet das Clusterverfahren. Da allerdings die Eignung spezieller Homogenitäts- oder Heterogenitätsmaße von der jeweiligen Problemstruktur abhängig ist und die Anwender im Regelfall kaum in der Lage sein werden, die Quantifizierung konkreter Abbruchgrenzen zu Beginn des Iterationsprozesses genau zu begründen, werden Stopkriterien im Rahmen dieser Arbeit nicht weiter behandelt.

Um nun möglichst gute Resultate zu erhalten, empfiehlt es sich in aller Regel, mehrere Varianten hierarchisch-agglomerativer Verfahren mit unterschiedlichen Proximitätsmaßen durchzuführen. Als Instrument zur Ermittlung entsprechender Klassifikationsvorschläge wurde das PC-Programm *CL*uster analysis *A*nticipating fu*ZZI*ness (CLAZZI) 2.0 erstellt. Neben den hier vorgestellten Verfahren, dem Single-Linkage-, dem Complete-Linkage- und dem Ward-Verfahren umfaßt CLAZZI auch das Average-Linkage-, das gewichtete Average-Linkage-, das Median- sowie das Centroid-Verfahren.[427] Darüber hinaus beinhaltet CLAZZI 2.0, das auf dem Datenbanksystem *Paradox for Windows* basiert, noch einen fuzzy-hierarchischen Algorithmus, der jedoch erst im Abschnitt 4.3.1.2 vorgestellt wird.

Als Distanzmaße wurden die euklidische Distanz, die quadrierte euklidische Distanz und die City-Block-Metrik implementiert. Auf die Mahalanobis-Distanz wurde aus den in Abschnitt 3.2.2 genannten Gründen verzichtet. Zudem bietet CLAZZI, das ausschließlich mit den o.a. Minkowski-Metriken arbeitet, dem Benutzer genügend Möglichkeiten, eine Vielzahl unterschiedlicher Klassifikationsergebnisse zu erzeugen. Die Anzahl der Cluster wird dabei in einem interaktiven Prozeß fixiert. Dieser Prozeß vollzieht sich folgendermaßen:

Zunächst ermittelt der Benutzer eine Klassenstruktur mit einem der oben angeführten Algorithmen. Die Ergebnisse des Clusterverfahrens können daraufhin entsprechend des in Abb. 32 dargestellten Bildschirmausschnitts grafisch in Form eines Dendogramms aufbereitet werden. Am rechten Bildschirmrand befindet sich dann eine Skala, die dem Benutzer einen Eindruck von den Distanzen zwischen den verschiedenen Hierarchieebenen verschafft. Das obere Ende der Skala zeigt dabei den minimalen Distanzwert und das untere Ende die maximale Distanz zweier Cluster an.

---

[427] Da bei praktischen Problemstellungen der hierarchischen Klassifikation im Regelfall auf die drei erstgenannten Verfahren zurückgegriffen wird, wurde aus Platzgründen auf eine ausführliche Darstellung der anderen Verfahren verzichtet. Der interessierte Leser findet eine Erläuterung dieser Verfahren in nachstehender Literatur: Vogel 1975, S. 304-312; Eckes/ Roßbach 1980, S. 72-74; Steinhausen/ Langer 1977, S. 78-79; Bock 1974, S. 399-403.

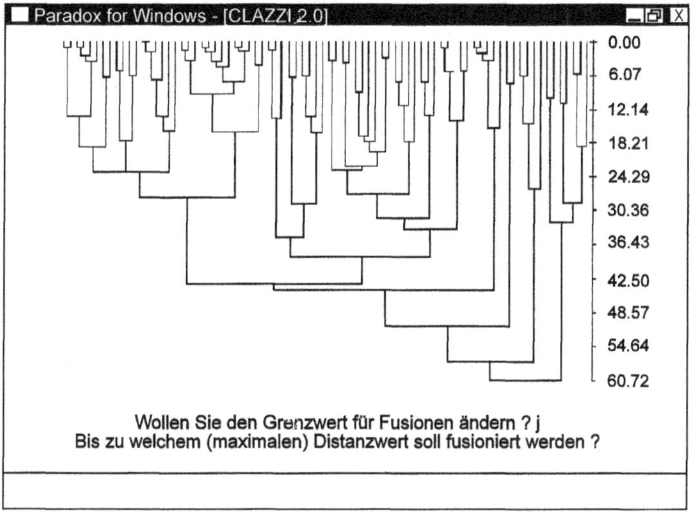

Abb. 32: Interaktive Fixierung der Gruppenanzahl mit CLAZZI/ 1

Werden nun alle Objektpaare mit einer Distanz, die kleiner oder gleich der maximalen Distanz ist, fusioniert, so erhält man ein Agglomerat, das alle Objekte beinhaltet. Da ein solches Abstraktionsniveau nicht wünschenswert sein kann, besteht die Möglichkeit, dieses abzusenken, indem der Benutzer einen maximalen Distanzwert für die zu verschmelzenden Cluster vorgibt. Clusterpaare, deren Distanzen diesen Maximalwert überschreiten, dürfen dann nicht mehr aggregiert werden. Folglich entstehen statt einem Aggregat c Cluster.

Die Gesamtansicht des Dendogramms bleibt dem Benutzer erhalten und die Strukturen der c Aggregate werden farblich unterlegt. Im Schwarzweißmodus werden dagegen die relevanten Verbindungen, wie Abb. 33 zeigt, als durchgezogene Linien dargestellt und die restlichen potentiellen Verbindungen durch gestrichelte Linien kenntlich gemacht.

Dies hat den Vorteil, daß der Benutzer den Überblick über die Konsequenzen einer weiteren Veränderung der Distanzschranke behält. Ist er mit dem Resultat zufrieden, kann er die Lösung übernehmen. Andernfalls besteht die Möglichkeit, die maximalen Distanzwerte solange zu variieren, bis die nach der Ansicht des Benutzers adäquate Klassenanzahl gefunden ist.

Alternativ oder ergänzend hierzu steht es dem Anwender offen, die in Abbildung 34 gezeigte Bildschirmmaske zur Fixierung der Klassenanzahl zu benutzen. Durch das

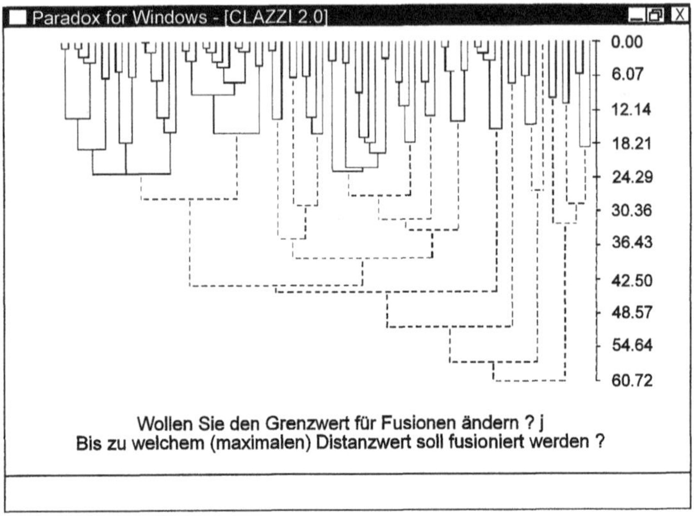

Abb. 33: Interaktive Fixierung der Gruppenanzahl mit CLAZZI/ 2

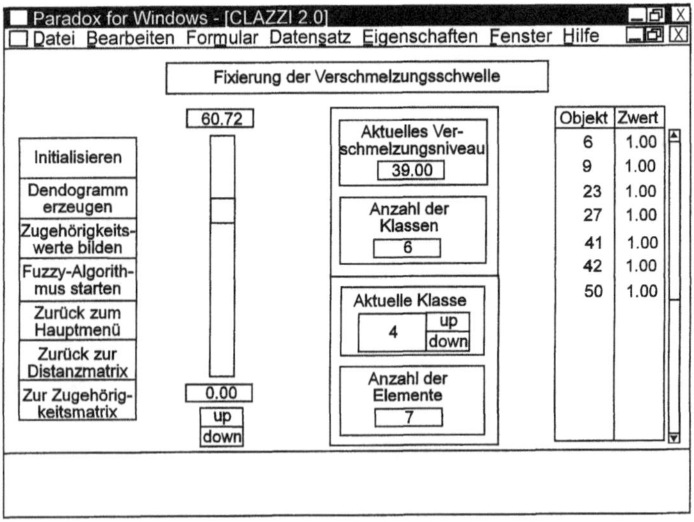

Abb. 34: Interaktive Fixierung der Gruppenanzahl mit CLAZZI/ 3

Verschieben des Verschmelzungsniveaus mittels des auf der linken Seite befindlichen Reglers kann der Anwender die Klassenanzahl verändern, wobei Informationen über die Anzahl der jeweiligen Clusterelemente abrufbar sind.

Auf Wunsch können anschließend die Mitglieder der jeweiligen Gruppen ausgegeben werden. Darüber hinaus lassen sich die Ergebnisse der Clusteranalyse auch in Form einer *c×n–Zugehörigkeitsmatrix* zusammenfassen:

$$\begin{array}{c} \\ \mathbf{U} = \end{array} \begin{array}{c} \quad O_1 \quad O_2 \quad \ldots O_n \\ \begin{pmatrix} \mu_{11} & \mu_{12} & \cdots & \mu_{1n} \\ \mu_{21} & \mu_{22} & \cdots & \mu_{2n} \\ \vdots & \vdots & & \vdots \\ \mu_{c1} & \mu_{c2} & \cdots & \mu_{cn} \end{pmatrix} \end{array} \begin{array}{c} \\ P_1 \\ P_2 \\ \vdots \\ P_c \end{array} \tag{50}$$

Ist ein Objekt O_i Element einer Klasse P_l, so wird der entsprechende Zugehörigkeitsgrad μ_{il} mit eins ausgewiesen. Die Nichtzugehörigkeit zu dieser Klasse wird durch einen μ_{il}–Wert von null angezeigt. Somit gilt also $\mu_{il} \in \{0, 1\}$.[428] Demnach läßt sich ein Cluster als Vektor von Zugehörigkeitsgraden beschreiben. Da ein Objekt nur einer Klasse zugeordnet werden darf und jedes Objekt aufgrund der in Abschnitt 3.2.1 angeführten Bedingung (30) $\bigcup_{z=1}^{c} P_z = E$ klassifiziert werden muß, bestehen die Spalten der Zugehörigkeitsmatrix aus Einheitstupeln.

3.2.4 Partitionierende Verfahren

Da bei hierarchisch–agglomerativen Verfahren einmal konstruierte Cluster nicht wieder aufgelöst werden können,[429] muß im Verlaufe des Iterationsprozesses mit Suboptimalitäten gerechnet werden. Deshalb lassen sich die Resultate hierarchisch–agglomerativer Varianten i.d.R. durch partitionierende Verfahren verbessern. Diese Varianten der Clusteranalyse setzen eine Anfangspartition voraus und stellen keine Alternative zu hierarchischen Verfahren dar, sondern sind als Ergänzung bzw. Erweiterung anzusehen. Zu den gebräuchlichsten Varianten zählen die Austausch– und die iterativen Minimal–Distanz–Verfahren.

Nach der Ermittlung einer Anfangspartition mit c Clustern wird beim *Austauschverfahren* ein Element aus einem Cluster entfernt und einem anderen zugefügt. Daraufhin ist für die betreffenden Cluster ein benutzerdefiniertes Gütekriterium, z.B. ein Homogenitäts– bzw. Heterogenitätsmaß, neu zu berechnen. Anschließend wird das Element

[428] Vgl. Straube 1986, S. 166.

[429] Vgl. Steinhausen/ Langer 1977, S. 74.

nach und nach den verbleibenden $c - 2$ Clustern zugefügt und die Berechnung der jeweiligen Gütekriterien durchgeführt. Schließlich wird jene Partition übernommen, die zur größten Verbesserung, z.B. zum größten Anstieg der Homogenität oder zur größten Verringerung der Heterogenität führt.[430] Das Verfahren endet, wenn alle Elemente überprüft sind. Die ermittelte Lösung konvergiert dabei gegen ein lokales Optimum. Da nur ein Objekt pro Iterationsschritt ausgetauscht wird, stellt dieses jedoch i.d.R. kein globales Optimum dar.[431]

Wie beim Austauschverfahren ist beim *Minimal–Distanz–Verfahren* zunächst eine Anfangspartition vorzugeben. Daraufhin wird für jedes Cluster dessen Clustercentroid berechnet. Sind alle Zentren bestimmt, wird mit der Reallokation aller Clusterelemente begonnen. Hierzu sind die Proximitäten zwischen den imaginären Zentren und den einzelnen Elementen zu ermitteln. Ein Element wird dann jenem Cluster zugeordnet, dessen Zentrum die geringste Distanz bzw. die maximale Ähnlichkeit zum betreffenden Element aufweist.[432] Anschließend kann wieder mit einer Neuberechnung der Clustercentroide und einer weiteren Iteration begonnen werden. Der Iterationszyklus endet, wenn bei einem Durchgang kein Objekt mehr getauscht wird. Eine der bekanntesten Varianten der Minimal–Distanz–Verfahren ist der *k–means–Algorithmus*, der jedoch an dieser Stelle nicht im Detail dargestellt werden soll.[433]

Eine weitere wichtige Variante partitionierender Verfahren ist das von Ball und Hall[434] entwickelte *I*terative *S*elf–*O*rganizing *D*ata *A*nalysis *T*echniques *A* (ISODATA)–Verfahren. Zu Beginn sind hierbei c Clustercentroide zu bestimmen. In Analogie zum Minimal–Distanz–Verfahren werden daraufhin die Objekte jenem Cluster zugeordnet, dessen Centroid am nächsten liegt.[435]
Im nächsten Schritt werden die Intracluster*varianzen* der Klassen, die auch als Maßstab für die Heterogenität der Cluster interpretiert werden können, berechnet bzw. aktualisiert. Sobald die Intraclustervarianz einer Klasse eine vom Benutzer vorgegebene Konstante $\chi \in \mathbb{R}$ überschreitet, ist das Cluster zu splitten.[436] Danach werden die Centroide der aus der Teilung entstandenen Klassen bestimmt. Anschließend kann

[430] Vgl. Kaufmann/ Pape 1984, S. 406.

[431] Vgl. Deimer 1985, S. 103.

[432] Vgl. Bock 1980, S. 217.

[433] Vgl. zum k–means–Algorithmus: Anderberg 1973, S. 162-163 und S. 169-170.

[434] Vgl. Ball/ Hall 1965.

[435] Vgl. Anderberg 1973, S. 171.

[436] Vgl. Ball/ Hall 1965, S. 37-39.

mit der Bildung der Minimal–Distanz–Partition für die verbleibenden Objekte fortgefahren werden.

Ist die Intracluster*distanz* zweier Centroiden kleiner als ein vorgegebener Parameter $\varphi \in \mathbb{R}$, so wird das betreffende Clusterpaar fusioniert und der Centroid des Aggregats ermittelt.[437] Daraufhin ist eine neue Minimal–Distanz–Partition zu bilden. Nach der Neuberechnung der Intraclustervarianzen bzw. –distanzen wird der oben beschriebene Iterationszyklus solange durchlaufen, bis sich die Partition nicht mehr ändert.

Schließlich werden Cluster, die weniger als ψ Objekte aufweisen, aus der Partition entfernt und eine neue Iteration gestartet. ψ ist hierbei eine benutzerdefinierte natürliche Zahl, die zwischen eins und n fixiert werden kann. Ändert sich das Ergebnis der Klassifikation nach einer Iteration nicht mehr oder wurde eine vom Anwender vorgegebene Zahl von Iterationen erreicht, so endet das Verfahren.[438]

Abgesehen von der Tatsache, daß dieses Verfahren im Vergleich zu den Austausch– und den Minimal–Distanz–Verfahren relativ aufwendig ist, wird kritisiert, daß die Endpartition stark von den Parametern φ, χ und ψ abhängt.[439] Vogel bezweifelt in diesem Zusammenhang zu Recht, daß es ohne Informationen über die Datenstruktur möglich ist, diese Parameter sachadäquat festzulegen.[440] Demgegenüber hat das ISODATA–Verfahren den Vorteil, daß die Klassenanzahl der Endpartition nicht mit der Anzahl der Cluster der Ausgangspartition übereinstimmen muß und im Verlauf des Iterationsprozesses variabel ist.

Dennoch ist davon auszugehen, daß die Ausgangspartition beim ISODATA–Verfahren, aber auch bei den anderen partitionierenden Algorithmen einen erheblichen Einfluß auf die Anzahl der Iterationsschritte und auf die Güte der Endpartition hat. Obwohl somit grundsätzliche Gruppierungsfehler nicht mehr durch partitionierende Verfahren korrigierbar sind, können diese Clustervarianten dazu beitragen, die Ergebnisse hierarchisch–agglomerativer Clusteranalysen zu verbessern. In jedem Fall muß aber abgeschätzt werden, ob sich der zusätzliche Rechen– und Zeitaufwand lohnt.

---

[437] Vgl. Anderberg 1973, S. 172.

[438] Vgl. Anderberg 1973, S. 171.

[439] Vgl. Deimer 1985, S. 112.

[440] Vgl. Vogel 1975, S. 224.

3.2.5 Abschließende Beurteilung deterministischer Varianten

Grundsätzlich läßt sich feststellen, daß clusteranalytische Verfahren die Ermittlung einer Objekt– bzw. Klassenstruktur für hierarchische Dispositionssysteme unterstützen können, wenn man die Endpartitionen lediglich als Klassifikationsvorschlag interpretiert und das Expertenwissen des Disponenten einbezogen wird. Bei der Implementierung der entsprechenden Algorithmen im Rahmen von CLAZZI 2.0 wurde es dem Benutzer daher erlaubt, das Verschmelzungsniveau im Rahmen eines interaktiven Prozesses zu fixieren. Darüber hinaus werden die Objektmerkmale, der Clusteralgorithmus, das Distanzmaß sowie die Klassenanzahl nach subjektivem Ermessen festgelegt, so daß das Klassifikationsergebnis maßgeblich vom Disponenten beeinflußt wird.
Da aber zu vermuten ist, daß die meisten Disponenten keine Experten auf dem Gebiet der Clusteranalyse sind, empfiehlt es sich, ihnen Informationen über die einzelnen Verfahren und Proximitätsmaße bereitzustellen oder vor der Einführung der Clusteranalyse–Tools entsprechende Schulungen durchzuführen.

Bei CLAZZI 2.0 wurde großen Wert darauf gelegt, daß das System auch für Benutzer, die nicht mit der Software oder den zugrunde liegenden Methoden vertraut sind, leicht bedienbar ist. Die benutzerfreundliche Windows–Oberfläche und die einfache Handhabung von CLAZZI 2.0 tragen darüber hinaus zum Abbau möglicher Vorbehalte gegenüber Clusteranalyseverfahren bei und fördern die Experimentierfreudigkeit des Disponenten bei der Suche nach einer "guten" Klassenstruktur.
Des weiteren kann sich der Anwender einen Eindruck von der Homogenität der Klassenstrukturen verschaffen und somit wertvolle Informationen zur deren Beurteilung gewinnen, wenn er auf die in Abschnitt 3.2.3 erläuterte Visualisierungsfunktion zurückgreift, die eine flexibel abrufbare grafische Aufbereitung der Ergebnisse in Form eines Dendogramms ermöglicht.

Bei der Beurteilung der Güte einer Partition sollten aber auch fertigungs– und organisationsspezifische Aspekte berücksichtigt werden. So kann es z.B. sinnvoll sein, Produkte trotz ansteigender Heterogenität der Cluster so stark zu aggregieren, daß die Anzahl der Aggregate mit der Anzahl der Fertigungsbereiche übereinstimmt. Werden dagegen Klassifikationsergebnisse mit formalen Kriterien wie z.B. Homogenitäts– und Verzerrungsmaßen bewertet,[441)] ist zu beachten, daß die Clusterresultate nur in Bezug auf das subjektiv gewählte Gütekriterium mehr oder weniger angemessen sind.[442)]

[441)] Vgl. hierzu bspw. Krauth 1983, S. 204-205.

[442)] Vgl. Vogel 1975, S. 209.

Da es keine theoretisch optimale Partition gibt bzw. in einem dynamischen Produktionsumfeld keine natürliche Klassenstruktur existiert, lassen sich die Resultate von Clusteranalysen nur sehr schwer beurteilen. Zudem wird die Beurteilung von Partitionen durch die Tatsache erschwert, daß sich Objekte nur in Ausnahmefällen eindeutig einer Klasse zuordnen lassen. Viele Objekte weisen nämlich eine gewisse Kompatibilität zu mehreren Klassen auf,[443] so daß mit einer dichotomen Zugehörigkeitsmatrix Klassenstrukturen verbunden sind, die nicht in Einklang mit der Realität stehen. Eine disjunkte Klassifikation der Objektmenge, wie sie bei den oben erläuterten deterministischen Verfahren vorgenommen wird, ist daher inadäquat.

Darüber hinaus kann durch dichotome Endpartitionen die Flexibilität der Disponenten erheblich eingeschränkt werden. Dies ist beispielsweise der Fall, wenn Produktgruppen bestimmten Fertigungsbereichen zugeordnet wurden und es in einem der Bereiche zu unerwarteten Engpässen kommt. Bei einer exklusiven Zuordnung der Objekte liegen dann keinerlei Informationen vor, welche Produkte eventuell von anderen Bereichen gefertigt werden können, um den Engpaßbereich zu entlasten.
Erlaubt man dagegen Mehrfachzuordnungen und hebt die Bedingung der exklusiven Zuordnung der Objekte zu den Klassen auf, so könnten Produkte, die eine gewisse Kompatibilität zu anderen Fertigungsbereichen aufweisen und daher von diesen ohne größeren Umrüstaufwand produzierbar sind, flexibel umdisponiert werden. Ein solcher Dispositionsspielraum ist vor allem dann vorteilhaft, wenn Unsicherheiten bezüglich der verfügbaren Kapazitäten bestehen.

Zudem kann das Problem der zunehmenden Heterogenität hochaggregierter Cluster gelöst werden, wenn Objekte, die die Eigenschaften mehrerer Klassen besitzen, als Zwischenobjekte klassifiziert werden. Objekte, die sich zu relativ homogenen Mengen gruppieren lassen, sollten dagegen die *Kernpartition* bilden. Konkrete Umsetzungen dieser Ideen durch Fuzzy–Erweiterungen der bisher vorgestellten Verfahren werden in Abschnitt 4.3.1 erläutert.

Wie sich jedoch zeigen wird, benötigen Fuzzy–Verfahren eine dichotome Startpartition, so daß deterministische Clustervarianten keineswegs überflüssig sind, sondern eine Hilfe beim Auffinden geeigneter Klassifikationsstrukturen darstellen und wichtige Anhaltspunkte zur Bildung einer homogenen Kernpartition liefern. Zudem lassen sich Exoten, also Ausreißerobjekte wie z.B. Sonderanfertigungen bestimmter Produkte, die in jedem Fall separat disponiert werden müssen, durch das Single–Linkage–

[443] Vgl. Mansnata/ Settineri 1997, S. 1078.

Verfahren isolieren und von der weiteren Analyse ausschließen. Danach sollten andere hierarchisch–agglomerative und partionierende Verfahren dazu eingesetzt werden, um eine möglichst homogene Startpartition zu generieren. Wie dann die oben beschriebenen Probleme, die im Zusammenhang mit der dichotomen Struktur der vorläufigen Partition entstehen, beseitigt werden können, wird im Zusammenhang mit der Erläuterung der interaktiven Fuzzy–Werkzeuge dargelegt.

3.3 Clusteranalyse–gestützte Konstruktion linearer Modelle

Nachdem Aggregationsstrukturen gefunden sind, die der Disponent für geeignet hält, kann ein entsprechendes Entscheidungsmodell konstruiert werden. In diesem Abschnitt wird daher untersucht, welche Schlüsse sich für die Modellkonstruktion aus den Resultaten clusteranalytischer Verfahren ergeben. Hierbei wird vorwiegend auf lineare Optimierungssysteme eingegangen, da diese, wie die Tabelle 8 auf Seite 67 belegt, ein wichtiger Baustein objektbezogener Modelle sind.[444)]

Zur Gewinnung grundlegender Erkenntnisse über potentiell geeignete Modellstrukturen bietet sich zunächst die Clusterung der Produkte an. Für einzelne Produktgruppen sollten dann separate Modelle konstruiert werden, wenn diese keine oder nur sehr geringe Interdependenzen zu anderen Produktclustern aufweisen. Dispositionsprobleme, die im Zusammenhang mit diesen Gruppen zu lösen sind, können dezentralen teilautonomen Dispositionseinheiten übertragen werden, so daß sich die in Abschnitt 3.1.3 erläuterten Vorteile einer funktionalen Dezentralisierung einstellen. Informationen über das Ausmaß der Abhängigkeiten zwischen den Produktgruppen ergeben sich aus den Dendogrammen der jeweiligen Klassenstrukturen.

Meistens sind jedoch die Interdependenzen zwischen den verschiedenen Produktgruppen so stark, daß deren Disposition koordiniert werden muß. Wie bei dem von Hax und Meal untersuchten Problem ist in diesen Fällen ein aggregiertes Modell zu formulieren, das alle wichtigen Abhängigkeiten antizipiert. Durch die Disposition mit Produktgruppen wird bei einem solchen Modell die Anzahl der Entscheidungsvariablen reduziert. Berücksichtigt man zudem statt einzelner Ressourcen lediglich Ressourcenaggregate, die ebenfalls mit Hilfe der Clusteranalyse generiert werden können, so läßt sich die Anzahl der Restriktionen im Vergleich zum entsprechenden Detailmodell vermindern.

[444)] Vgl. hierzu auch Abschnitt 2.6.

Da jedoch die Eigenschaften der Aggregate von den Ausprägungen der Attribute ihrer Einzelelemente geprägt werden, können die Koeffizienten und rechten Seiten, die die Aggregate bzw. deren Eigenschaften repräsentieren, nicht mehr durch deterministische Größen sachadäquat beschrieben werden. Will man beispielsweise das gewinnmaximale Produktionsprogramm für Produktgruppen ermitteln, so läßt sich ein Teil der Koeffizienten, wie z.B. Deckungsbeiträge oder Fertigungszeiten von Aggregaten an bestimmten Maschinen, oft nur noch größenordnungsmäßig festlegen.

Bei konventionellen objektbezogenen Ansätzen werden dagegen im Regelfall deterministische Modellparameter unterstellt.[445] Informationen über Eigenschaften der Aggregate, die aus der Clusteranalyse vorliegen, müssen daher erst künstlich verdichtet werden, um sie im Rahmen derartiger Modellstrukturen zu berücksichtigen. Eine solche Verdichtung kann zu einem erheblichen Informationsverlust führen, da das Dispositionsproblem nur fragmentarisch abgebildet und die Realität quasi dem Kalkül angepaßt wird.[446] Die Lösung eines solchen deterministischen Modells führt dann in den meisten Fällen zu unrealistischen Planungsresultaten.

Da somit eindeutige Größen zur Beschreibung gewisser Modellparameter ungeeignet sind, liegt es nahe, die entsprechenden Parameter durch Fuzzy–Zahlen bzw. –Intervalle zu beschreiben. Um den Modell–Konstrukteur bei dieser Aufgabe zu unterstützen, sollte ihm eine Liste mit den Ausprägungen der betreffenden Eigenschaften aller Einzelobjekte der jeweiligen Aggregate zur Verfügung gestellt werden. CLAZZI 2.0 ermöglicht es daher, die entsprechenden Daten durch Datenbank–Abfragen schnell und einfach abzurufen.

Der Benutzer bekommt dann einen Überblick über die gegenwärtige Beschreibung des Parameters und kann das entsprechende Fuzzy–Intervall nach subjektivem Empfinden mehr oder weniger scharf abgrenzen. Hierdurch wird sichergestellt, daß sämtliche zur Verfügung stehenden Informationen bei der Modellierung verarbeitet und genutzt werden können. Das auf diese Weise konstruierte Fuzzy–Modell bildet dann das Dispositionsproblem auf aggregierter Ebene wesentlich realistischer ab, als dies durch deterministische LP–Ansätze möglich ist.[447]

---

[445] Vgl. hierzu auch die Kritik zum Modell von Hax und Meal in Abschnitt 2.5.2.

[446] Vgl. Milling 1982, S. 717.

[447] Zur Lösung des hieraus resultierenden Fuzzy–Problems wird in Abschnitt 4.3.3 das Verfahren FULPAL vorgestellt.

4 Fuzzy–interaktive Werkzeuge der hierarchischen Produktionsplanung

4.1 Fuzziness in hierarchischen Produktionsplanungssystemen

Um den Grad der Unschärfe von Modellparametern möglichst gut einzuschätzen, sollte bei der Konstruktion eines realitätskonformen Fuzzy–Modells geprüft werden, ob es, von den Erkenntnissen am Ende des letzten Kapitels abgesehen, weitere Ursachen für die Fuzziness von Modellelementen gibt. So hängen beispielsweise die Deckungsbeiträge einzelner Produkte von Faktoren wie variable Kosten und Preisen ab, deren Entwicklung bei einem mittel– bis langfristigen Planungshorizont von den Disponenten i.d.R. weder kontrolliert noch genau prognostiziert werden kann.[448)]

Zusätzliche Unbestimmtheiten von Parametern entstehen bei der Einführung neuer Produkte oder Produktgruppen, wenn deren Eigenschaften wie z.B. maschinenbezogene Durchlaufzeiten oder andere Produktionskoeffizienten zu Beginn ihres Lebenszyklus nur grob abschätzbar sind.[449)] Des weiteren ist eine genaue Vorhersage der Nachfragemengen nach den jeweiligen Produkten normalerweise ausgeschlossen,[450)] so daß Produktionsmengenvorgaben, die z.B. beim Modell von Hax und Meal anzugeben sind, zu Beginn einer Planungsperiode meistens nur unscharf quantifiziert werden können.

Davon abgesehen kann im Regelfall von einem stetigen Übergang zwischen zulässigen und unzulässigen Produktionsbedingungen ausgegangen werden,[451)] da sich die zur Verfügung stehenden Quantitäten von Ressourcen meistens nicht eindeutig bestimmen lassen. So können z.B. Kapazitäten von Maschinen in vielen Fällen durch intensitätsmäßige Anpassungen ausgeweitet werden, wobei jedoch, wie später in Abschnitt 4.3.2.1 genauer erläutert wird, gewisse Unannehmlichkeiten in Kauf genommen werden müssen. Diese können z.B. in Form eines beschleunigten Verschleißprozesses, eines steigenden Energieverbrauchs oder einer geringeren Präzision der Operationen auftreten. Aus diesem Grund sollte es möglich sein, die Kapazitätsgrenzen der betreffenden Restriktionen unscharf zu formulieren.

[448)] Vgl. Isermann 1989, S. 425-426.

[449)] Vgl. Nietsch et al. 1994, S. 23.

[450)] Vgl. Luhandjula 1989, S. 265.

[451)] Vgl. Lipp 1993, S. 30.

Ebenso sollte man Unschärfen antizipieren, die aus der immensen Komplexität des Produktionssystems resultieren. So lassen sich Dispositionsprobleme oftmals nur unscharf beschreiben, da es für den Disponenten unmöglich ist, die Interaktionen sämtlicher Elemente des Produktionssystems genau zu überschauen. Dies ist z.B. bei nicht exakt beherrschbaren Produktionsprozessen der Fall. Hierzu zählt die Chargenfertigung, bei der der Anfall an Ausschuß oder die zur Fertigung einer bestimmten Produktionsmenge benötigten Quantitäten der Einsatzfaktoren nur grob geschätzt werden können. Daher empfiehlt es sich, die betreffenden Produktionskoeffizienten unscharf zu fixieren.[452)]

Zwingt man die Disponenten in den o.a. Fällen, sämtliche Parameter eindeutig festzulegen, so besteht die Gefahr, daß die Informationsbereitschaft der Mitarbeiter, die die Basisinformationen zur Konstruktion des Modells liefern sollen, sinkt, da sie nicht für Fehlprognosen zur Verantwortung gezogen werden wollen. Bei der Einführung von Modellen, die keine adäquate Modellierung unbestimmter Parameter zulassen, ist deshalb mit erheblichen Akzeptanzproblemen und Benutzerwiderständen zu rechnen.

Trotz dieser Problematik müssen ungenaue Daten bei den in den Abschnitten 2.4 und 2.5 diskutierten Modellen auf deterministische Größen reduziert werden, die sich zum Zeitpunkt der Planrealisierung als falsch erweisen können. In einigen Fällen versucht man dieses Problem zu umgehen, indem man Daten erst erfaßt, wenn sie in ausreichender Genauigkeit bekannt sind.[453)] Dies ist allerdings nicht immer realisierbar, da der Dispositionsprozeß nicht zu spät beginnen darf.

Um einen frühzeitigen Beginn der Disposition zu ermöglichen, ohne dabei das Problem der Reduktion unscharfer Daten auf deterministische Größen in Kauf zu nehmen, ist es daher sinnvoll, zunächst mit Fuzzy-Daten zu arbeiten, die im Verlauf des Dispositionsprozesses präzisiert werden. Beispielsweise kann die Materialdisposition bereits mit der Materialbeschaffung beginnen, wenn die Primärbedarfe auf der Basis vager Vertriebsdaten abschätzbar sind.[454)] Hierdurch wird ein Beitrag zur Sicherstellung der Verfügbarkeit der Einsatzfaktoren geleistet.

Wie darüber hinaus in Abschnitt 4.3.3 gezeigt wird, sollten auch unscharfe Angaben zur Verfügbarkeit von Ressourcen genutzt werden. Der Disponent kann dann z.B.

---

452) Weitere Beispiele für Fuzziness in Produktionsplanungsmodellen finden sich in Abschnitt 4.3.2. Unterschiede zwischen stochastischen Unsicherheiten und Fuzziness werden in Anhang B erläutert.

453) Vgl. Rehfeldt et al. 1995, S. 1775.

454) Vgl. Becker et al. 1996, S. 56.

im Rahmen der Programmplanung den jeweils aktuellen Informationsstand antizipieren, ohne unscharfe Angaben zur Menge der verfügbaren Ressourcen durch mehr oder weniger willkürliche deterministische Werte substituieren zu müssen. Somit ist i.d.R. davon auszugehen, daß sich unter Verwendung unscharfer Planungsparameter im Vergleich zu deterministischen Modellen wesentlich realistischere Planungsresultate einstellen.

Wird außerdem mit unscharf abgegrenzten Aggregaten disponiert, so bleiben dem Disponenten Freiheitsgrade für eine flexible Disaggregation der Ergebnisse erhalten.[455] Auf die Möglichkeiten zur flexiblen Zuordnung von Zwischenobjekten kann im Verlauf der Feinplanung, also nach dem Zugang zusätzlicher Informationen, die aufgrund ihrer späten Verfügbarkeit bislang nicht nutzbar waren, zurückgegriffen werden.[456] Die Verwertung dieser Informationen erlaubt somit die Antizipierung unvorhergesehener Ereignisse. Soll daher mit Fuzzy–Daten unter sukzessiver Einbeziehung zusätzlicher Informationen disponiert werden, so liegt die Verwendung *interaktiver Algorithmen* nahe.

4.2 Berücksichtigung von Unbestimmtheiten durch interaktive Verfahren

Interaktive Verfahren eignen sich besonders zur Bewältigung von Unbestimmtheiten, die entstehen, wenn der Informationsbeschaffungsaufwand, der bei einer genauen Ermittlung oder Prognose von Daten anfallen würde, zu hoch ist. Dieser Informationsbeschaffungsaufwand setzt sich aus direkten Ausgaben und Opportunitätskosten zusammen, die durch den Einsatz von Arbeit und Zeit anfallen, und kann in Anbetracht der Tatsache, daß der überwiegende Teil der Informationen für die Dispositionsentscheidungen a posteriori irrelevant ist,[457] oft nicht gerechtfertigt werden.

Da aber die entscheidungsrelevanten Parameter ex ante nicht bekannt sind, schlägt Rommelfanger vor, zunächst ein Modell zu formulieren, das auf Informationen basiert, die mit niedrigen Beschaffungskosten verbunden sind.[458] Genaue Planungsparameter, die einen sehr guten und meist auch teuren Informationsstand erfordern, werden hierbei durch preiswertere unscharfe Daten substituiert.

---

[455] Vgl. Rausch 1997, S. 252; vgl. hierzu auch Abschnitt 3.3.

[456] Vgl. hierzu Abschnitt 4.3.1.

[457] Vgl. Rommelfanger 1994c, S. 31.

[458] Vgl. Rommelfanger 1996, S. 512; vgl. Rommelfanger 1994c, S. 33.

Um dem Entscheider eine gewisse Vorstellung über die potentielle Optimallösung zu vermitteln und festzustellen, welche Parameter möglicherweise entscheidungsrelevant sind, ist anschließend ein erster Lösungsvorschlag zu generieren, der auf diesen unscharfen Daten basiert. Daraufhin besteht die Möglichkeit, gezielt zusätzliche Informationen über die entscheidungsrelevanten Parameter einzuholen und weitere Iterationen durchzuführen. Im Rahmen eines interaktiven Prozesses werden somit Unbestimmtheiten schrittweise beseitigt, wobei die Prozesse der Modellierung und der Lösungsfindung simultan ablaufen.

Wie in den Abschnitten 2.4 und 2.5 deutlich wurde, sind derartige Verfahrensweisen bei konventionellen Planungssystemen ausgeschlossen, da sie keine Möglichkeiten bieten, interaktiv zu disponieren und mit unscharfen Daten zu arbeiten. Aus diesem Grund wird in den nachfolgenden Abschnitten ein Konzept entwickelt, das die o.a. Ideen aufgreift und ein interaktives Disponieren unter Verwendung unscharfer Daten ermöglicht.

Mit einem Fuzzy–Modell wird bei diesem Konzept im ersten Iterationszyklus ein vorläufiger Lösungsvorschlag generiert, so daß der Entscheider eine gewisse Vorstellung über den Lösungsraum bzw. über die entscheidungsrelevanten Parameter entwickeln und zu neuen Erkenntnissen über die Problemstruktur gelangen kann.[459)]

In Kenntnis dieses ersten Lösungsvorschlags besteht dann die Möglichkeit, im Rahmen weiterer Iterationszyklen Informationen über potentiell entscheidungsrelevante Parameter einzuholen,[460)] wobei jeweils Kosten und Nutzen zusätzlicher Informationen gegeneinander abzuwägen sind. Anschließend können die jeweiligen Lösungsvorschläge unter Antizipierung dieser zusätzlichen Informationen interaktiv spezifiziert bzw. modifiziert werden. Die entsprechenden Anpassungen an den aktuellen Informationsstand lassen sich hierbei durch Modifikationen der Zugehörigkeitsfunktionen unscharfer Parameter durchführen. Je besser dabei der Informationsstand des Entscheiders ist, desto präzisere Angaben können über deren Verlauf gemacht werden.[461)]

Durch diese interaktive Verfahrensweise werden die Disponenten von überflüssigen Informationsbeschaffungsaktivitäten entlastet und können ihre freigewordenen Kapazitäten zur Lösung der eigentlichen Dispositionsprobleme nutzen. Zudem wird es ihnen durch das sukzessive Beseitigen von Unbestimmtheiten im Rahmen des interaktiven

---

[459)] Vgl. Karwowski/ Evans 1985, S. 657; vgl. Sarin 1987, S. 339; vgl. auch Abschnitt 2.3.2.

[460)] Vgl. Rommelfanger 1994c, S. 34.

[461)] Vgl. Wolf 1988, S. 23; vgl. hierzu im Detail Abschnitt 4.3.3.

Prozesses gestattet, direkten Einfluß auf das endgültige Dispositionsergebnis zu nehmen und ihr Know–how bei der Entscheidungsfindung einzubringen.
Da somit eine Lösung bislang gravierender Probleme der Produktionsplanung ermöglicht wird,[462] soll im nächsten Abschnitt gezeigt werden, wie die oben erläuterten Ideen durch das interaktive Fuzzy–Konzept HIPROFIT umgesetzt werden können.

4.3 Modifikation durch HIPROFIT (*HI*erachische *PRO*duktionsplanung mit *F*uzzy *I*nteraktiven *T*ools)

HIPROFIT ist ein Konzept, das auf den Erkenntnissen der bisherigen Analyse basiert und statt einer sukzessiven Abarbeitung isolierter Produktionsplanungsfunktionen deren Integration ermöglichen soll. Zur Unterstützung des Dispositionsprozesses kann bei HIPROFIT auf flexibel anpaßbare Werkzeuge zurückgegriffen werden, die eine problemspezifische Ausgestaltung hierarchischer Modelle erlauben und mit funktional dezentralen Systemen gekoppelt werden können. Zu diesen HIPROFIT–Werkzeugen gehören das fuzzybasierte Clusteranalyse–Tool CLAZZI 2.0 und das interaktive Fuzzy–Mehrzieloptimierungssystem FULPAL 3.0.[463] Diese Module können Bausteine objektbezogener oder funktionaler Konzepte ergänzen bzw. substituieren.

CLAZZI 2.0 ist ein Instrument, das unter Beachtung der in Abschnitt 3.2.5 geäußerten Kritik an deterministischen Clusteranalysen die Entwicklung eines problemspezifischen aggregierten Planungsmodells unterstützt, da es, wie in Abschnitt 4.3.1.2 gezeigt wird, Mehrfachzuordnungen von Objekten zu Objektgruppen ermöglicht.
Im Gegensatz zu allen bisher diskutierten Planungskonzepten sind bei der anschließenden Modellkonstruktion Unbestimmtheiten direkt antizipierbar, wenn einzelne Modellparameter, deren Beschreibung durch deterministische Werte inadäquat wäre, als Fuzzy–Größen formuliert werden. Zur Lösung der entsprechenden Fuzzy–Modelle wird in Abschnitt 4.3.2 das HIPROFIT–Modul FULPAL 3.0 vorgestellt.

Um anschließend die Resultate von FULPAL durchzusetzen, kann in Abhängigkeit von der jeweiligen Problemstellung auf marktähnliche Konzepte, dezentrale Leitstand– oder Just–in–Time–Systeme zurückgegriffen werden.[464] Diese Ansätze sind hierbei mit Disaggregationsmechanismen zu koppeln, die unter Antizipation des jeweils aktuellen Informationsstands die bestmögliche Nutzung der durch CLAZZI und FULPAL gegebenen Dispositionsspielräume erlauben. Auf Freiheitsgrade, die im Zusammen-

---

462) Vgl. hierzu die Ausführungen in den Abschnitten 2.4.2, 2.5.2 und 2.6.

463) FULPAL = *FU*zzy *L*inear *P*rogramming based on *A*spiration *L*evels

464) Vgl. hierzu Abschnitt 3.1.2.

hang mit fuzzybasierten Clusteranalysen entstehen, wird nun im folgenden Abschnitt eingegangen.[465)]

4.3.1 Dekomposition durch fuzzybasierte Clusteranalysen

Fuzzybasierte Varianten der Clusteranalyse antizipieren, daß Objekte wie z.B. Produkte bei der Aggregation zu Produktgruppen häufig die Eigenschaften mehrerer Klassen aufweisen und daher nur selten eindeutig einer einzigen Klasse zugeordnet werden können. Sie informieren den Disponenten darüber, welche Cluster für die einzelnen Objekte tendenziell in Frage kommen. Für Objekte, die eine gewisse Affinität zu mehreren Klassen aufweisen, werden daher Zugehörigkeitsgrade ermittelt, die die Kompatibilität zu den verschiedenen Klassen unter Berücksichtigung der jeweiligen Objektmerkmale widerspiegeln.

Somit ist bei Fuzzy–Clusteranalysen die Bedingung $\mu_{il} \in \{0, 1\}$, die bei deterministischen Varianten für alle Elemente der Zugehörigkeitsmatrix erfüllt sein muß, durch

$$\mu_{il} \in [0, 1] \tag{51}$$

zu substituieren.[466)] Diese Bedingung schließt die klassischen Verfahren ein. Durch die Möglichkeit zur Mehrfachzuordnung von Objekten können dann Klassenstrukturen generiert werden, die sich mehr oder weniger stark überlappen. Bock spricht in diesem Zusammenhang von *unscharfen Partitionen*.[467)]

Bei der Disposition mit den unscharfen Aggregaten einer solchen Partition erhöht sich die Flexibilität im Rahmen der Disaggregation und damit die Durchsetzbarkeit von Plänen, die auf den oberen Hierarchieebenen erzeugt wurden. Dies ist auf zusätzliche Dispositionsspielräume zurückzuführen, die entstehen, wenn Entscheidungen über die exklusive Zuordnung von Zwischenobjekten zu den Objektgruppen so lange verschoben werden bis Dispositionsschritte anstehen, die eine genauere Zuordnung erfordern.

In diesem Fall lassen sich zusätzliche Informationen nutzen, die zum Zeitpunkt der Modellbildung bzw. während der Grobplanung noch nicht verfügbar waren. Hierdurch kann z.B. bei der endgültigen Zuordnung von Produkten zu den Fertigungsbereichen antizipiert werden, daß es im Verlauf eines Dispositionszyklus in einem Bereich, der die Fertigung einer bestimmten Produktgruppe übernehmen soll, zu unerwarteten kapa-

[465)] Da die folgenden Abschnitte grundlegende Kenntnisse der Fuzzy Set–Theorie voraussetzen, sollten sich Leser, die nicht über diese verfügen, zunächst die im Anhang B erläuterten Grundlagen aneignen.

[466)] Vgl. Straube 1986, S. 165.

[467)] Vgl. Bock 1979, S. 140.

zitativen Engpässen gekommen ist. Merkmale wie z.B. die Produktionskoeffizienten der Produkte, deren Relevanz für den Aggregationsprozeß anfangs noch nicht oder nicht in diesem Ausmaß erkennbar war, können dann den Ausschlag dazu geben, ein Produkt definitiv einer bestimmten Klasse zuzuordnen.

Fuzzybasierte Clusteranalysen ermöglichen es daher, während der Disposition den jeweils bestmöglichen Informationsstand zu antizipieren, Fehlentscheidungen aufgrund unzureichender Informationen zu vermeiden und flexibel auf unvorhergesehene Ereignisse zu reagieren.[468] Zudem erlaubt das Disponieren mit unscharfen Aggregaten eine Verschiebung der Zuordnungsentscheidung von Objekten zu Klassen, so daß das in Abschnitt 3.1.3 beschriebene Postponement–Principles genutzt werden kann. Revisionen der Klassenstrukturen, die eventuell erforderlich werden, wenn sich im Rahmen der Disaggregation von Planvorgaben Unzulässigkeiten ergeben, werden hierdurch weitestgehend überflüssig.

Des weiteren sind mit der Fuzzy–Clusterung noch eine Reihe weiterer Vorteile verbunden, die jedoch erst im Zusammenhang mit den einzelnen, in den folgenden Abschnitten diskutierten Verfahren und in Abschnitt 4.3.3 erörtert werden.
Zunächst wird nun das *Fuzzy C–Means–(FCM–) Verfahren*, das die bekannteste und in der Praxis gebräuchlichste Variante fuzzy–clusteranalytischer Algorithmen darstellt, erläutert und auf seine Tauglichkeit für die hier zugrunde liegende Problemstellung überprüft.

4.3.1.1 Das FCM–Verfahren

Beim FCM–Verfahren, das auf dem klassischen ISODATA–Algorithmus basiert, ist das sogenannte *verallgemeinerte Varianzkriterium*

$$w_m^{allg} = \sum_{z=1}^{c}\sum_{i=1}^{n} \mu_{iz}^m \cdot |\mathbf{m}_i - \overline{\mathbf{u}}_z|^2 \quad \text{mit} \quad \overline{\mathbf{u}}_z = \frac{\sum_{i=1}^{n} \mu_{iz}^m \mathbf{m}_i}{\sum_{i=1}^{n} \mu_{iz}^m}, \quad \forall \quad z = 1, \ldots, c \qquad (52)$$

zu minimieren,[469] wobei die Potenz $m \in [1, \infty[$ vom Entscheidungsträger festzulegen ist.[470] Die Verwendung der Zielfunktion (52) ermöglicht hierbei die Identifikation

---

468) Vgl. Rausch 1997, S. 252.

469) Vgl. Bezdek 1980, S. 2.

470) Wie sich unterschiedliche m–Werte auf das Clusterergebnis auswirken, wird nach der Beschreibung des Algorithmus erläutert.

einer relativ homogenen Partition und führt dazu, daß mit dem FCM-Verfahren ausschließlich hyperkugelige Klassenstrukturen erkannt werden können. Dies stellt jedoch für die hier zugrunde liegende Problemstellung, bei der von derartigen Strukturen ausgegangen werden kann, keine große Einschränkung dar. Wesentlich bedeutender sind dagegen die nachstehenden Bedingungen, denen die Elemente der Zugehörigkeitsmatrix **U** genügen müssen:

$$\mu_{iz} \geq 0 \quad \forall z = 1, \ldots, c; \quad \forall i = 1, \ldots, n \tag{53}$$

$$\sum_{z=1}^{c} \mu_{iz} = 1 \quad \forall i = 1, \ldots, n \tag{54}$$

Zur Lösung des oben formulierten Problems wird eine Startpartition benötigt, die mit einer deterministischen Variante der Clusteranalyse generiert werden kann. Nach den Erkenntnissen aus Abschnitt 3.2.3 bieten sich hierzu vor allem das Ward- und das Complete-Linkage-Verfahren an. Darüber hinaus sollten zu Beginn des FCM-Verfahrens Ausreißer identifiziert und isoliert werden. Nachdem die Klassenanzahl c und eine vorläufige dichotome Zugehörigkeitsmatrix **U** fixiert sind, kann mit der Durchführung der folgenden Schritte begonnen werden:

Zunächst sind für alle Cluster $P_z, z = 1, \ldots, c$ die Klassenschwerpunkte der einzelnen Cluster $\overline{\mathbf{u}}_z$ zu bestimmen.[471] Im nächsten Schritt werden die neuen Zugehörigkeitswerte der Objekte zu den Klassen durch die nachstehende Formel berechnet, die Bezdek aus einem Lagrange-Ansatz abgeleitet hat:[472]

$$\mu_{iz}^{neu} = \left(\sum_{h=1}^{c} \left(\frac{|\mathbf{m}_i - \overline{\mathbf{u}}_z|}{|\mathbf{m}_i - \overline{\mathbf{u}}_h|} \right)^{\frac{2}{m-1}} \right)^{-1} \quad \forall z = 1, \ldots, c; \quad \forall i = 1, \ldots, n \tag{55}$$

Der Zugehörigkeitswert eines Objekts O_i zur Klasse P_z wird nach (55) durch die Distanz zwischen dem Objekt und den Clustercentroiden determiniert. Sind allerdings die Merkmale des Objekts O_i mit denen des Centroiden des z-ten Clusters identisch, so ist Gleichung (55) nicht lösbar. In diesem Fall wird der Zugehörigkeitswert zum Cluster P_z mit eins ausgewiesen. Für alle anderen μ_{ih}^{neu}-Werte mit $h \neq z$ wird dann null angesetzt.[473]

Das Verfahren endet nach der o-ten Iteration, wenn

$$\underset{(O_i, P_h) \in E \times P}{\text{Max}} |\mu_{ih}^{(o)} - \mu_{ih}^{(o-1)}| \leq \xi, \tag{56}$$

wobei ξ vom Benutzer vorgegeben wird.[474] Der Abbruchparameter ξ sollte jedoch

[471] Vgl. Zimmermann/ Angstenberger 1993, S. 75.

[472] Vgl. hierzu auch Deimer 1985, S. 121-125.

[473] Vgl. Bezdek/ Dunn 1975, S. 835-836.

[474] Vgl. Bezdek 1974, S. 62.

nicht zu niedrig angesetzt werden, da die Zahl der Iterationen bei kleinen ξ–Werten stark ansteigen kann.[475)]

Setzt man für den Parameter m einen Wert $m \rightarrow 1$ ein, so nähert man sich dem Ergebnis des deterministischen ISODATA–Verfahrens. Für $m \rightarrow \infty$ tendieren die Zugehörigkeitswerte dagegen zum reziproken Wert der Anzahl der Klassen $\frac{1}{c}$.[476)] D.h. bei m–Werten ungleich eins wird die dichotome Klassenstruktur der Startpartition in eine unscharfe Partition transformiert.

Obwohl somit, wie im Zusammenhang mit der Analyse deterministischer Varianten gefordert wurde, Mehrfachzuordnungen von Objekten zu Klassen möglich sind, muß kritisiert werden, daß das FCM–Verfahren zu gewissen Dissonanzen mit den Grundideen der Fuzzy Set–Theorie führt. Denn Restriktion (54), nach der sich die Zugehörigkeitswerte der einzelnen Objekte O_i zu den jeweiligen Klasse zu eins addieren müssen, kann Verzerrungen der Kompatibilitäten verursachen. Stellen sich beispielsweise für ein Produkt O_i aufgrund der Restriktion (54) die Zugehörigkeitswerte $\mu_{ik} = 0,75$ und $\mu_{il} = 0,25$ ein, so ist es beim FCM–Verfahren nicht auszuschließen, daß die tatsächlichen Kompatibilitäten durch $\mu_{ik} = 0,9$ und $\mu_{il} = 0,3$ besser beschrieben werden. Wie dieses Bespiel verdeutlicht, führt Beschränkung (54) dazu, daß nur eine Teilmenge der potentiell geeigneten Klassenstrukturen in Betracht gezogen wird.

Des weiteren ist zu bemängeln, daß es beim FCM–Verfahren ausgeschlossen ist, die Klassenanzahl der Ausgangspartition zu verändern. So kann es z.B. bei der Aggregation von Produkten sinnvoll sein, Klassen aufzulösen, die überwiegend Objekte mit niedrigen Zugehörigkeitswerten oder nur wenige Elemente enthalten. Ein geeignetes Verfahren sollte daher Möglichkeiten zur interaktiven Fixierung der Klassenanzahl beinhalten.

Abschließend kann festgestellt werden, daß der FCM–Algorithmus zwar eine wichtige Erweiterung deterministischer Clusterverfahren darstellt, aufgrund der o.a. Kritikpunkte jedoch nicht dazu geeignet ist, das Aggregationsproblem im Rahmen der Konstruktion hierarchischer Produktionsplanungsmodelle zu lösen. Im nächsten Abschnitt wird deshalb eine Alternative zum FCM–Verfahren entwickelt.[477)]

[475)] Vgl. Meier 1993, S. 65.

[476)] Vgl. Zimmermann/ Angstenberger 1993, S. 76.

[477)] Auf die Darstellung anderer Fuzzy–Varianten wird im Rahmen dieser Analyse verzichtet, da diese Verfahren zum großen Teil für Wiedererkennungsprobleme entwickelt wurden und somit für die hier zugrunde gelegte Problemstellung ungeeignet sind. Interessierte Leser finden jedoch eine Erläute-

4.3.1.2 Der Algorithmus der Software–Tools CLAZZI

Um die o.a. Probleme zu beseitigen und die in Abschnitt 3.2.5 erörterten Kritikpunkte an deterministischen Clusterverfahren zu beseitigen, wurde das in Abschnitt 3.2 vorgestellte Clusteranalyse–Tool CLAZZI 2.0 um eine Fuzzy–Variante erweitert. Abb. 35 stellt die einzelnen Iterationsschritte dieses Algorithmus in einer Gesamtübersicht dar.

In einem ersten Schritt ist zunächst eine Anfangspartition zu ermitteln. Hierbei können die in Abschnitt 3.2.3 diskutierten hierarchisch–agglomerativen Verfahren zur Anwendung kommen. Da die Klassenanzahl dieser Ausgangspartition später veränderbar ist, kann zunächst eine Partition gewählt werden, die kleine relativ homogene Cluster aufweist.[478)]

Anschließend ist zu untersuchen, ob sich zwischen den jeweiligen Klassen der homogenen Startpartition Zwischenobjekte befinden oder ob die Cluster als *wohlsepariert* angesehen werden können. Hierzu wird für jedes Cluster P_z geprüft, ob Nachbarobjekte $O_i, i \notin P_z$ existieren, deren Distanz zum Cluster P_z kleiner als eine vom Benutzer definierte Distanzschranke d^s ist:

$$\left[\sum_{j=1}^{f} |m_{ij} - m_{lj}|^2\right]^{\frac{1}{2}} < d^s, \quad \forall i \notin P_z, \quad \forall l \in P_z \tag{57}$$

Wie aus (57) hervorgeht, basiert dieser Schritt auf einer euklidischen Distanz. Je nach Zweckmäßigkeit kann aber grundsätzlich auch auf andere Distanzmaße zurückgegriffen werden.[479)] Anhaltspunkte zur Wahl von d^s ergeben sich aus dem Dendogramm der Ausgangspartition. Je größer hierbei d^s gewählt wird, desto mehr Zwischenobjekte, die Bedingung (57) erfüllen, können identifiziert werden und desto größer ist tendenziell die Unschärfe der Partition. Wird eine vom Benutzer festgelegte Anzahl von Zwischenobjekten überschritten, so ist die Distanzschranke zu verkleinern.

Gibt es mindestens r Nachbarn, die innerhalb der Distanzschranke liegen, enthält das Cluster P_z Zwischenobjekte, die auf eine Indexliste gesetzt werden. Andernfalls wird das Cluster P_z als *wohlsepariert* ausgewiesen und das nächste Cluster untersucht. Dieser Zyklus endet, sobald alle Cluster abgearbeitet sind.

---

rung der wichtigsten Verfahren in Höppner et al. 1997.

478) An dieser Stelle sei darauf hingewiesen, daß der hier vorgestellte Algorithmus nicht den verbessernden Verfahren zuzurechnen ist. Vielmehr handelt es sich um eine Erweiterung hierarchisch–agglomerativer Ansätze.

479) Vgl. hierzu auch Abschnitt 3.2.2.

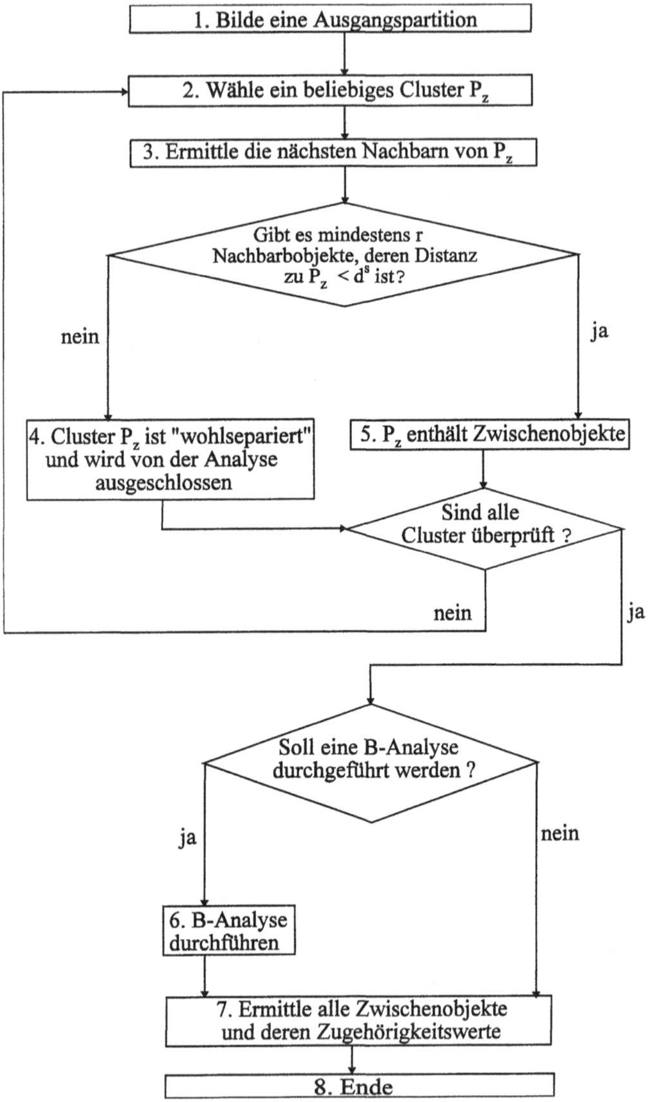

Abb. 35: Der Ablauf des CLAZZI-Algorithmus

Bevor nun die Zugehörigkeitsgrade der Zwischenobjekte zu den jeweiligen Cluster ermittelt werden, kann auf Wunsch des Benutzers eine *B–Analyse* durchgeführt werden. Hierbei handelt es sich um die Durchführung des klassischen Startalgorithmus mit dem die Ausgangspartition ermittelt wurde, wobei zusätzliche Objektmerkmale zu berücksichtigen sind. Diese sogenannten *B–Merkmale* können Objekteigenschaften sein, denen der Benutzer zwar nicht die oberste Priorität einräumt, die aber einen gewissen Einfluß auf das Klassifikationsergebnis haben können.

Nach der Clusterung unter Einbeziehung der B–Merkmale wird die Schnittmenge aus der A– und der B–Partition gebildet. Diese Schnittmenge kann als *Kernpartition* interpretiert werden. Alle Objekte, die nicht dieser Schnittmenge angehören, sind dann zusätzliche potentielle Zwischenobjekte. In Kenntnis des Grades der Übereinstimmung zwischen der A– und der B–Partition kann der Benutzer schließlich entscheiden, ob die Ergebnisse der B–Analyse berücksichtigt, also die auf diesem Wege ermittelten potentiellen Zwischenobjekte der Indexliste zugefügt und damit als solche ausgewiesen werden sollen.

Ferner wird der Benutzer über die Größe der verschiedenen Cluster informiert. Daraufhin können einzelne Cluster aufgelöst und deren Elemente als weitere Zwischenobjekte auf die Indexliste gesetzt werden. Dies bietet sich vor allem für kleinere Objektgruppen an, für die es sich nicht lohnt, gesonderte Dispositions– oder Fertigungseinheiten, die im Regelfall nicht ausgelastet wären, einzurichten.

Danach werden die Zugehörigkeitswerte der Zwischenobjekte berechnet. Der bei CLAZZI verwendete Schlüssel zur Berechnung der Zugehörigkeitswerte basiert auf den Abständen der Zwischenobjekte O_l zu den jeweiligen Klassenmitten $\bar{\mathbf{u}}_z$, die ins Verhältnis zur mittleren Distanz der Klassenelemente zu ihren Clustercentroiden gesetzt werden:

$$\mu_{lz} = \frac{d_{lz}}{\frac{1}{n_z} \sum_{q \in P_z} d_{qz}} \tag{58}$$

n_z ist hierbei die Anzahl der Elemente des Clusters P_z. Durch (58) wird antizipiert, daß die Verteilung der Objekte um ihre Klassenmitte ein Charakteristikum der Klasse darstellt und deshalb die Zugehörigkeitswerte beeinflussen sollte. Grundsätzlich können jedoch auch andere distanzorientierte Konzepte zur Ermittlung der Zugehörigkeitswerte in Erwägung gezogen werden.

Anschließend sind die μ_{lz}–Werte auf das Intervall [0,1] zu normen. Bei Normierung wird allen Zwischenobjekten der maximale Wert aus (58) zugrunde gelegt, so daß die Summe der Zugehörigkeitswerte eines Objektes zu den jeweiligen Clustern kleiner oder größer als eins sein kann. Der Fall, daß sich die Zugehörigkeitswerte einzelner Zwischenobjekte zu den Klassen genau zu eins addieren, kommt hierbei nur selten vor. Damit ist eine wesentliche Schwäche des vorher diskutierten FCM–Algorithmus beseitigt worden.

Darüber hinaus werden die Ergebnisse des CLAZZI–Verfahrens im Vergleich zur FCM–Methode nicht so stark von der Startpartition beeinflußt. Dies gilt insbesondere für die Anzahl der Cluster, die erst am Ende des Iterationsprozesses fixiert wird. Beim FCM–Verfahren ist dagegen die Klassenanzahl bereits nach der Ermittlung der Anfangspartition endgültig determiniert. Vermutungen über eine angemessene Klassenanzahl, aber auch andere Kenntnisse über die zugrunde liegende Klassenstruktur werden somit zu Beginn des CLAZZI–Algorithmus nicht benötigt, können aber im Rahmen des interaktiven Verfahrens eingebracht werden, falls entsprechendes Wissen vorhanden ist.

Durch den interaktiven Ablauf von CLAZZI, z.B. bei der Entscheidung über die Auflösung von Klassen, behält sich der Benutzer einen erheblichen Einfluß auf die Endpartition vor, was sich akzeptanzfördernd auswirkt und zu Aggregationsstrukturen führt, die in Einklang mit den Vorstellungen des Benutzers stehen. Hinzu kommen die bereits am Anfang des Hauptabschnitts erläuterten allgemeinen Vorteile fuzzybasierter Varianten der Clusteranalyse.

Liegt nun eine unscharfe Endpartition als Ergebnis des oben erläuterten Fuzzy–Algorithmus vor, so kann man sich bei deren Beurteilung zumindest grob an nachstehenden Kriterien orientieren, die auch für andere Varianten der Fuzzy–Clusterung herangezogen werden können:[480)]

1. Sind sämtliche Objekte gut separierbar, sollten alle Elemente der Zugehörigkeitsmatrix **U** nahe bei eins oder null liegen. Der Unterschied zu einer dichotomen Partition ist dabei gering.
2. Für Zwischenpunkte, also Objekte, die im Überschneidungsbereich mehrerer Klassen liegen, werden Zugehörigkeitswerte zwischen 0,3 und 0,7 empfohlen.
3. Ist ein Objekt O_l Kernpunkt einer Klasse P_z, sollte μ_{lz} den Wert eins annehmen.
4. Je weiter ein Objekt O_l im Vergleich zu anderen Objekten vom Kern einer Klasse $\overline{\mathbf{u}}_z$ entfernt ist, desto kleiner ist der Zugehörigkeitswert μ_{lz}.

---

480)Vgl. Bock 1979, S. 140-141.

Die Güte einer Partition kann aber auch mittels sogenannter *Optimalitätskriterien* überprüft werden. Da die korrekte Interpretation dieser Kriterien z.T. profunde mathematisch–statistische Kenntnisse voraussetzt, die bei Disponenten nicht unbedingt vorhanden sind, wird an dieser Stelle auf deren Darstellung verzichtet.[481] Die Beurteilung einer Partition sollte daher primär von der subjektiven Wertschätzung des Benutzers abhängen, wobei auch organisations– bzw. problemspezifisches Wissen einfließen kann.

Ist schließlich eine nach Ansicht des Disponenten angemessene Lösung für das Aggregationsproblem gefunden, so kann dann mit der Konstruktion eines sachadäquaten LP–Modells begonnen werden, wobei gewisse Parameter, die die Eigenschaften der Aggregate repräsentieren, relativ gut durch Fuzzy–Zahlen bzw. –Intervalle beschrieben werden können.[482]

4.3.2 FULPAL – ein interaktives Verfahren der Fuzzy–Mehrzieloptimierung

Im allgemeinen empfiehlt sich die Verwendung unscharf formulierter Modellparameter, wenn deren Beschreibung durch deterministische Größen oder Wahrscheinlichkeitsverteilungen inadäquat ist.[483] Erfordert z.B. ein Produktionsplan, den der Disponent als "gute" Lösung des Dispositionsproblems einschätzen würde, die Verletzung einer Materialrestriktion und ist die zusätzlich benötigte Quantität trotz bestimmter Unsicherheiten wie einer unzuverlässigen Beschaffungsmöglichkeit oder einer fehlenden Lieferzusage prinzipiell beschaffbar, so sollte man derartige Lösungsvorschläge nicht grundsätzlich ausschließen. Um daher den Lösungsraum durch die Festlegung sicherer deterministischer Schranken für Restriktionen nicht zu stark einzuschränken und potentiell "gute" Lösungen auszuschließen, bietet es sich an, die entsprechenden rechten Seiten unscharf zu fixieren.[484]

Darüber hinaus ist die Verwendung unscharfer Daten sinnvoll, wenn die Ermittlung einer Wahrscheinlichkeitsverteilung für bestimmte Größen oder die exakte Bestimmung von Parametern hohe Kosten verursachen würde.[485] Wie in Abschnitt 4.2 im

[481] Eine ausführliche Diskussion dieser Kriterien findet sich in Bock 1979, S. 141-145 sowie in Bocklisch 1987, S. 42-46.

[482] Vgl. hierzu auch die Erläuterungen in Abschnitt 3.3.

[483] Vgl. hierzu auch die Abschnitte 2.5.2 und 4.1.

[484] Dieser Aspekt wird im Abschnitt 4.3.2.1 eingehend analysiert.

[485] Vgl. Rommelfanger 1994c, S. 31; vgl. Yang 1991, S. 95.

Zusammenhang mit interaktiven Verfahren dargelegt wurde, können es sich die Entscheidungsträger dann beim entsprechenden Fuzzy–Problem zunutze machen, daß die meisten Parameter eines LP–Modells keinen Einfluß auf die letztlich getroffene Entscheidung ausüben, wenn im Rahmen eines interaktiven Prozesses gezielt nur solche Daten präzisiert werden, die möglicherweise entscheidungsrelevant sind. Auf diese Weise können z.T. hohe Informationskosten eingespart und einige der Probleme konventioneller Dispositionssysteme gelöst werden.

Die o.a. Ideen wurden deshalb beim HIPROFIT–Modul FULPAL 3.0 umgesetzt. Dieses PC–Programm, das am Institut für Statistik und Mathematik der Johann Wolfgang Goethe–Universität Frankfurt a.M. entwickelt wurde, ist die softwaremäßige Umsetzung des gleichnamigen Algorithmus und basiert auf einem interaktiven Satisfizierungskonzept. Im Gegensatz zu anderen Verfahren, die nur Teilaspekte der Fuzziness berücksichtigen und beispielsweise unscharfe Restriktions– oder Zielkoeffizienten vernachlässigen,[486] können bei FULPAL Unschärfen sämtlicher Modellparameter sachadäquat berücksichtigt werden. Zudem trägt FULPAL der Erkenntnis aus Abschnitt 2.3.2 Rechnung, wonach sich die subjektiven Wertvorstellungen des Entscheiders im Verlauf der Disposition unter Berücksichtigung von Zwischenresultaten oder zusätzlichen Informationen ändern können.[487]

Da dies bei einer ganzen Reihe von nicht–interaktiven Fuzzy–Verfahren ausgeschlossen ist und diese somit nicht einmal grundlegende Anforderungen an ein System zur Unterstützung der Produktionsplanung erfüllen,[488] soll auf deren Erläuterung verzichtet werden.[489] Zudem würde selbst die explizite Darstellung ausgewählter Verfahren der Fuzzy–Optimierung den Rahmen dieser Arbeit sprengen. Die nachstehenden Ausführungen beschränken sich deshalb auf FULPAL, das wie in den Abschnitten 4.3.2.1 bis 4.3.3 gezeigt wird eine sachadäquate Lösung der hier zugrunde liegenden Problemstellung ermöglicht. Die einzelnen Schritte des Algorithmus sowie die dazugehörigen Fuzzy–Erweiterungen linearer Optimierungsmodelle werden dabei an einfachen Beispielen erläutert.

---

[486] Vgl. z.B. Negoita 1975; Leberling 1981; Hannan 1981; Chanas/ Kulej 1984.

[487] Vgl. hierzu auch Abschnitt 2.3.2.

[488] Vgl. z.B. Tanaka/ Asai 1984; Tiwari et al. 1987; Zimmermann 1978.

[489] Einen Überblick über verschiedene Methoden mit Vertiefungshinweisen findet sich in Rommelfanger 1996; Lai/ Hwang 1992a, S. 74ff.

4.3.2.1 Optimieren mit unscharfen Restriktionsgrenzen

Um nun unscharfe Restriktionsgrenzen im Rahmen des interaktiven Verfahrens FULPAL zu berücksichtigen, sind vom Entscheider zunächst Restriktionsgrenzen b_i anzugeben, die nicht überschritten werden sollen.[490] So ist beispielsweise das absolute Glied der Überstunden-Restriktion

$$OT_t \leq (om)_t \tag{12}$$

eines Modells vom Hax/ Meal-Typ auf acht Stunden pro Woche und Arbeiter festgelegt. Ferner wird angenommen, daß Verletzungen dieser Restriktionsgrenzen in gewissem Maße bis zum Punkt $((om)_t + e_t)$, z.B. bis zu 12 Stunden tolerierbar sind, wodurch einer Betriebsvereinbarung Rechnung getragen wird, die es ermöglicht, das Überstundenvolumen auf mehr als acht Stunden pro Woche und Arbeiter auszudehnen.

Allerdings sei hierzu die Zustimmung des Betriebsrats erforderlich, so daß bezüglich der tatsächlich zur Verfügung stehenden Überstundenanzahl eine gewisse Unsicherheit besteht. Weitere Unsicherheitsfaktoren, die die tatsächlich verfügbare Überstundenanzahl determinieren, sind die Auswirkungen von Überstunden auf das Betriebsklima sowie sogenannte Ausgleichszeiträume. Innerhalb dieser Zeiträume müssen Mehr- und Minderarbeit in gewissem Umfang egalisiert sein. Für den betrachteten Planungszeitraum wird davon ausgegangen, daß mindestens acht Überstunden pro Arbeiter und Woche zur Verfügung stehen, während zwölf Wochenüberstunden eine absolute Obergrenze bilden.

Diesem Beispiel entsprechend kann für jede unscharfe Restriktionsgrenze ein Punkt (b_i+e_i) festgelegt werden, der nicht überschritten werden darf oder kann. Die unscharfe Menge $\tilde{b}_i = \{(\mathbf{x}, \mu_{b_i}(\mathbf{x})) \mid \mathbf{x} \in \mathbb{R}\}$ mit

$$\mu_{b_i} = \begin{cases} 0 & \forall \quad A_i(\mathbf{x}) < b_i \\ 1 & \forall \quad A_i(\mathbf{x}) = b_i \\ b_i(\mathbf{x}) & \forall \quad b_i < A_i(\mathbf{x}) \leq b_i + e_i \\ 0 & \forall \quad b_i + e_i < A_i(\mathbf{x}) \end{cases} \tag{59}$$

repräsentiert somit den größtmöglichen Wert, den die linke Seite einer Restriktion annehmen darf.[491] $b_i(\mathbf{x})$ ist hierbei eine monoton fallende Funktion. Überschreitungen der Restriktionsgrenze $(b_i + e_i)$ sind nicht mehr akzeptabel. Vormals deterministische Restriktionen

---

[490] Vgl. Brunner 1994, S. 75.

[491] Vgl. Rommelfanger 1989a, S. 211.

$$OT_t \leq (om)_t \quad \forall \quad t = 1, \ldots, T \tag{12}$$

oder allgemeiner

$$a_{i1}x_1 + \ldots + a_{ic}x_c \leq b_i \qquad \forall \quad i \in 1, \ldots, u \tag{60}$$

werden somit in "weiche" Nebenbedingungen

$$\begin{aligned} OT_t &\ \tilde{\leq}\ \widetilde{(om)}_t \quad \forall \quad t = 1, \ldots, T \quad \text{bzw.} \\ a_{i1}x_1 + \ldots + a_{ic}x_c &\ \tilde{\leq}\ \tilde{b}_i \qquad \forall \quad i \in 1, \ldots, u \end{aligned}$$

überführt. Der Vergleichsoperator $\tilde{\leq}$ ist dabei als *möglichst kleiner gleich* zu interpretieren. D.h. b_i sollte möglichst nicht überschritten werden; $(b_i + e_i)$ in keinem Fall. Liegt $A_i(\mathbf{x})$ im Intervall $]b_i, b_i + e_i[$, so ist die betreffende Restriktion nur partiell erfüllt.

Der Funktionsverlauf zwischen b_i und $(b_i + e_i)$ basiert auf der subjektiven Einschätzung des Entscheiders.[492] Die sachadäquate Modellierung ist jedoch in den meisten Fällen schwierig, da Entscheider oftmals nicht in der Lage sind, den genauen Verlauf einer Zugehörigkeitsfunktion anzugeben.[493] Hat ein Entscheider überhaupt keine Vorstellungen bzw. Informationen über deren Gestalt und sind zusätzliche Informationsbeschaffungsaktivitäten zu teuer, so kann er zunächst einen linearen Verlauf für das Intervall [0,1] unterstellen:

$$\mu_{b_i} = \begin{cases} 0 & \forall \quad b_i + e_i \ < \ \sum_j a_{ij}x_{ij} \\ 1 - \dfrac{\sum_j a_{ij}x_{ij} - b_i}{e_i} & \forall \quad b_i \ \leq \ \sum_j a_{ij}x_{ij} \ \leq b_i + e_i \\ 0 & \forall \quad \sum_j a_{ij}x_{ij} \ < b_i \end{cases} \tag{61}$$

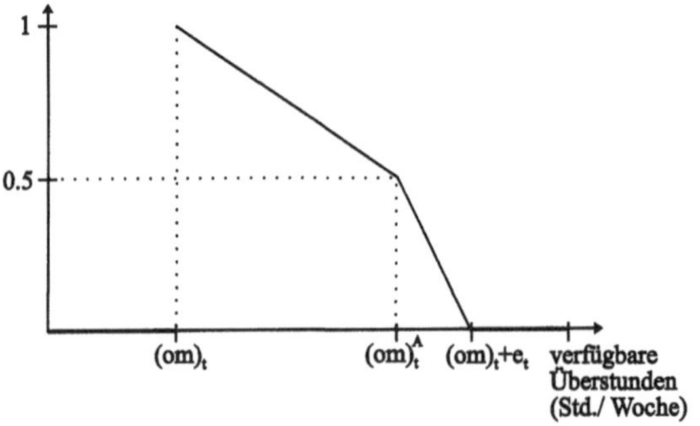

Abb. 36: Lineare Zugehörigkeitsfunktion einer unscharfen Restriktionsgrenze

492) Vgl. Zeleny 1984, S. 302.

493) Vgl. Rommelfanger 1994a, S. 172; vgl. Hannan 1981, S. 239.

Im Regelfall kann davon ausgegangen werden, daß der Entscheider zumindest ein zusätzliches Anspruchsniveau $g_i^A \in]b_i, b_i+e_i[$ angeben kann. Um später einen Vergleich der Restriktionsüberschreitungen zu ermöglichen, wird allen Anspruchsniveaus g_i^A der gleiche Zugehörigkeitsgrad λ_A zugeordnet. Bei FULPAL wird λ_A gleich 0,5 gesetzt. Um die Anspruchsniveau–Vorgaben g_i^A zu erfüllen, muß eine akzeptable Lösung für jede Restriktion mindestens zu einem Zugehörigkeitsgrad von $\lambda_A = 0,5$ führen. Lassen sich bei einem entsprechend guten Informationsstand des Disponenten weitere Punktepaare für die Zugehörigkeitsfunktionen angeben, sollten diese ebenfalls berücksichtigt werden. Durch eine lineare Approximation dieser Wertepaare ergibt sich schließlich, wie in Abb. 36 dargestellt, eine stückweise lineare Zugehörigkeitsfunktion.[494)]

Sieht sich der Disponent für eine Restriktion außerstande, ein Anspruchsniveau anzugeben, empfiehlt es sich, die jeweilige Intervallmitte von $[b_i, b_i+e_i]$ für g_i^A zu wählen.[495)] Im Rahmen eines interaktiven Prozesses können die Anspruchsniveaus aber auch tiefer angesetzt und dann durch Anspruchsniveauanpassungen schrittweise angehoben werden. Ist eine automatische Festlegung der Anspruchsniveaus gewünscht, so werden diese im ersten Schritt von FULPAL gleich $(b_i + (0,75 \cdot e_i))$ gesetzt.

Die Anforderungen, die bei dieser Verfahrensweise an den Disponenten gestellt werden, sind relativ gering, da dieser nicht den kompletten Verlauf der Zugehörigkeitsfunktion angeben muß. Zudem läßt sich hierdurch jeder andere stetige Funktionstyp beliebig genau approximieren.[496)] Die Verwendung der oben beschriebenen Zugehörigkeitsfunktionen ist darüber hinaus mit dem entscheidenden Vorteil verbunden, daß sich, wie in Rommelfanger[497)] gezeigt wird, Fuzzy–Restriktionen unter Verwendung stetiger, stückweise linearer und konkaver Zugehörigkeitsfunktionen in ein linear deterministisches Äquivalent transformieren lassen und somit der Einsatz effizienter Algorithmen zur Lösung des Fuzzy–Problems ermöglicht wird.

Sind die Zugehörigkeitsfunktionen auf $[b_i, g_i^A]$ konkav, so wird der Entscheider darum gebeten, seine Vorgaben noch einmal abzuändern. Für die restlichen Bereiche der Intervalle $[b_i, b_i + e_i]$, die nicht konkav sind, kann dagegen die Konkavitätseigenschaft

---

494) Vgl. Hannan 1981, S. 240.

495) Vgl. Rommelfanger 1994a, S. 196.

496) Vgl. Rommelfanger 1994a, S. 173. Eine ausführliche Diskussion aller potentieller Funktionstypen und deren Nachteile für die zugrunde liegende Problemstellung würde an dieser Stelle zu weit führen. Interessierte Leser finden eine detaillierte Diskussion anderer Funktionstypen in den nachstehenden Werken: Rommelfanger 1994a, S. 171-176; Wolf 1988, S. 42-46; Leberling 1981.

497) Vgl. Rommelfanger 1983.

durch eine Verkleinerung der Überschreitungsintervalle erreicht werden.[498] Da nur Lösungen mit $\lambda \geq \lambda_A$ akzeptabel sind, hat diese Verkleinerung keinerlei Einfluß auf die gesuchte Lösung.

Bei der ermittelten Lösung $\mathbf{x}^*$ kann im Unterschied zu Modellen, die ausschließlich deterministische Restriktionen umfassen, nicht mehr eindeutig zwischen der Zulässigkeit und der Unzulässigkeit differenziert werden.[499] Die Definition der Menge effizienter Handlungsalternativen ist dementsprechend zu erweitern:
Ein Lösungsvektor $\mathbf{x}$ ist *effizient* oder *pareto-optimal*, wenn es kein $\mathbf{x}^\circ \in X$ gibt, so daß

$$\begin{aligned} z_k(\mathbf{x}^\circ) &\geq z_k(\mathbf{x}) \quad \forall \quad k = 1, \ldots, K \quad \wedge \\ \mu_i(\mathbf{x}^\circ) &\geq \mu_i(\mathbf{x}) \quad \forall \quad i = 1, \ldots, u, \end{aligned}$$

wobei mindestens eine dieser Ungleichungen im strengen Sinn erfüllt sein muß.

Nach dieser Definition ist eine Lösung $\hat{\mathbf{x}}$, die zu geringeren Zielwerten führt als die effiziente Lösung $\mathbf{x}$, ebenfalls effizient, wenn die Restriktionen durch die Alternative $\hat{\mathbf{x}}$ in geringerem Maße verletzt werden, als dies bei der Realisierung von $\mathbf{x}$ der Fall ist.[500] Der Unterschied zum Effizienzbegriff aus Anhang A besteht lediglich darin, daß für zwei Lösungsvektoren $\mathbf{x}^\circ$ und $\mathbf{x}$ aus der Menge der zulässigen Handlungsalternativen im deterministischen Fall immer $\mu_i(\mathbf{x}^\circ) = \mu_i(\mathbf{x}) = 1 \quad \forall i = 1, \ldots, u$ gelten muß. Da somit die obige Definition auch bei deterministischen Lösungen greift, soll hier weiterhin der Begriff *Effizienz* verwendet und nicht von *Fuzzy-Effizienz*[501] gesprochen werden.

Um die Lösung eines LP-Systems mit Restriktionen des Typs $A_i(\mathbf{x}) \tilde{\leq} \tilde{b}_i$ bestimmen zu können, wird $\tilde{L}_i = \{(\mathbf{x}, \mu_{L_i}(\mathbf{x})) \mid \mathbf{x} \in \mathbb{R}\}$ mit

$$\mu_{L_i} = \begin{cases} 1 & \forall \quad A_i(\mathbf{x}) \; < \; b_i \\ \mu_{b_i}(A_i(\mathbf{x})) & \forall \quad A_i(\mathbf{x}) \; \geq \; b_i \end{cases} \tag{62}$$

als unscharfe Menge des zufriedenstellenden Verbrauchs der Ressource i unter Beachtung der zur Verfügung stehenden Quantität $\tilde{b}_i$ definiert. Mittels der Zugehörigkeitsfunktionen μ_{L_i} werden potentielle Überschreitungen der Restriktionen als Minderung der Zufriedenheit bewertet. Die Funktion μ_{L_i} ordnet jedem Ressourcenverzehr $A_i(\mathbf{x})$,

---

498) Vgl. Rommelfanger 1994a, S. 197.

499) Vgl. Werners 1987b, S. 134.

500) Vgl. Werners 1987b, S. 137.

501) Vgl. Werners 1987b, S. 137.

z.B. den geleisteten Wochenüberstunden, Restriktionserfüllungsgrade zu, die im Intervall [0,1] liegen. Die jeweiligen Erfüllungsgrade sind hierbei als subjektive Zufriedenheitsgrade des Disponenten mit Verletzungen von Restriktionen zu interpretieren. Ist die Restriktionsgrenze b_i nicht verletzt, so ist der Zufriedenheitsgrad gleich eins.

Beim Beispiel der Überstundenrestriktion auf S. 141 ist dies der Fall, wenn nicht mehr als acht Wochenüberstunden abzuleisten sind. Überschreitungen der Restriktionsgrenzen, die größer oder gleich e_i sind, sind dagegen nicht mehr tolerierbar und führen zu einem Erfüllungsgrad von null. Wären also mehr als 12 Wochenüberstunden pro Arbeiter notwendig, um ein Produktionsprogramm zu realisieren, so ist ein solcher Plan aufgrund betrieblicher Vereinbarungen nicht durchsetzbar und ein Zufriedenheitsgrad von null auszuweisen. Erst wenn höchstens 10 Wochenüberstunden pro Arbeiter anfallen, wird das entsprechende Produktionsprogramm als durchsetzbar erachtet und ein Mindestzufriedenheitsgrad von 0,5 erreicht.

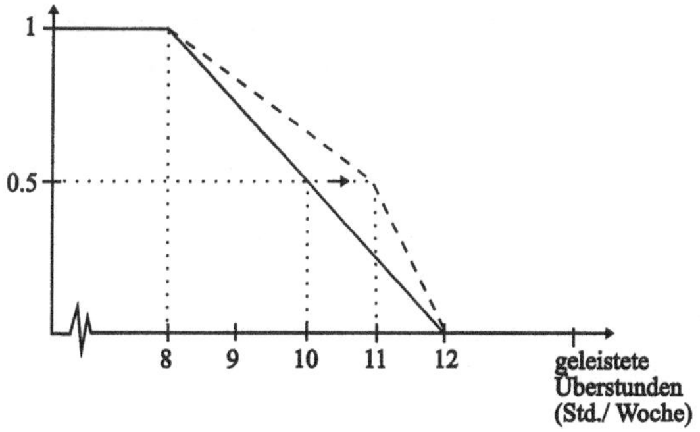

Abb. 37: Zugehörigkeitsfunktion μ_{L_i}

Im Verlauf des in den folgenden Abschnitten beschriebenen Lösungsprozesses kann der Entscheider dann zusätzliche Informationen über entscheidungsrelevante Parameter einholen und die als vorläufige Näherung formulierten Funktionen an den jeweils aktuellen Informationsstand anpassen. Ferner können Modifikationen der Anspruchsniveaus erforderlich werden, wenn sich die Ansprüche des Entscheiders bezüglich der Einhaltung bestimmter Restriktionsgrenzen im Verlauf des Entscheidungsprozesses ändern.[502)]

Hat beispielsweise ein Entscheider zu Beginn des Dispositionsprozesses sein Anspruchsniveau bezüglich der Wochenüberstundenanzahl auf 10 Stunden pro Woche und Arbeiter festgelegt und determinieren u.a. die Überstunden–Restriktionen den ersten

[502)] Vgl. hierzu auch die Abschnitte 2.3.2 und 4.3.3.

Lösungsvorschlag, so könnte der Disponent noch einmal ein Gespräch mit einem Vertreter des Betriebsrats führen. Kommt der Disponent anschließend zu dem Schluß, daß möglicherweise auch eine Wochenüberstundenanzahl von 11 Stunden realisierbar ist, so kann er sein Anspruchsniveau, wie in Abb. 37 dargestellt, anpassen.
Durch diese Lockerung der Restriktion bietet sich im nächsten Iterationszyklus eventuell ein Produktionsprogramm an, das der Disponent gegenüber dem bisherigen präferiert. Dispositionsfehler, die sich anfangs aufgrund der ungenauen Beschreibung von Zugehörigkeitsfunktionen einstellen, werden hierdurch gemildert,[503)] ohne daß mit hohen Informationskosten gerechnet werden muß, da nun gezielt Informationen eingeholt werden können.

Durch die Berücksichtigung der oben beschriebenen Fuzzy–Restriktionen entsteht nun ein *Zielkonflikt.* Zum einen möchte der Disponent Restriktionsüberschreitungen vermeiden, also einen möglichst hohen Erfüllungsgrad erzielen, andererseits kann er im Regelfall durch partielle Verletzungen der Restriktionen bessere Zielwerte erreichen. Um diesen Konflikt zu lösen, bietet es sich an, die gegenläufigen Restriktionsziele und Zielwertvorstellungen vergleichbar zu machen, indem die Zielfunktion $zw(\mathbf{x})$ durch eine Funktion $\mu_N(\mathbf{x})$ substituiert wird, welche die unscharfe Menge aller subjektiv zufriedenstellenden Zielwerte $zw(\mathbf{x})$ repräsentiert.

Da nicht ohne weiteres vorausgesetzt werden kann, daß die Zielwertvorstellungen des Entscheiders vollständig ausgeprägt sind,[504)] sollte man ihm bei deren Entwicklung durch die Vorgabe von *Orientierungspunkten* helfen. Wird nur eine Zielfunktion berücksichtigt, bietet sich als Untergrenze $\underline{z}$ der maximale Zielwert des LP–Modells an, bei dem alle Restriktionsgrenzen auf b_i gesetzt werden. Jedem Zielwert $zw(\mathbf{x}) < \underline{z}$ ist dann ein Zufriedenheitsgrad von null zuzuordnen. Der maximale Zielwert des LP–Systems, bei dem die Restriktionsgrenzen $b_i + e_i$ gelten, ist die obere Grenze $\overline{z}$. Diesem Zielwert wird der Zufriedenheitsgrad eins zugewiesen.

Ist der Disponent in der Lage, neben den Zielwerten $\overline{z}$ und $\underline{z}$ weiteren potentiellen Zielwerten zw, die im Intervall $]\underline{z}, \overline{z}[$ liegen, Zufriedenheitswerte zuzuordnen, so kann die Zugehörigkeitsfunktion analog zur Bestimmung der unscharfen rechten Seiten als stückweise lineare Funktion approximiert werden. Auf jeden Fall sollte der Entscheidungsträger ein Anspruchsniveau z^A angeben, das dem Zugehörigkeitsgrad 0,5 entspricht. Sieht sich dieser zu Beginn der Disposition außerstande, das Anspruchsniveau

---

503) Vgl. Rommelfanger 1994a, S. 186.

504) Vgl. hierzu auch Abschnitt 2.3.2.

z^A zu fixieren, wird dies bei FULPAL gleich $\left(\underline{z} + \left((\overline{z} - \underline{z}) \cdot 0,25\right)\right)$ gesetzt. Somit erhält man die in Abb. 38 grafisch dargestellte Zugehörigkeitsfunktion:[505)]

$$\mu_N = \begin{cases} \dfrac{zw(\mathbf{x}) - \underline{z}}{z^A - \underline{z}} \cdot \lambda_A & \forall \ \underline{z} \ \leq zw(\mathbf{x}) \ \leq z^A \\ \lambda_A + \dfrac{zw(\mathbf{x}) - z^A}{\overline{z} - z^A}(1 - \lambda_A) & \forall \ z^A \ < zw(\mathbf{x}) \ \leq \overline{z} \end{cases} \tag{63}$$

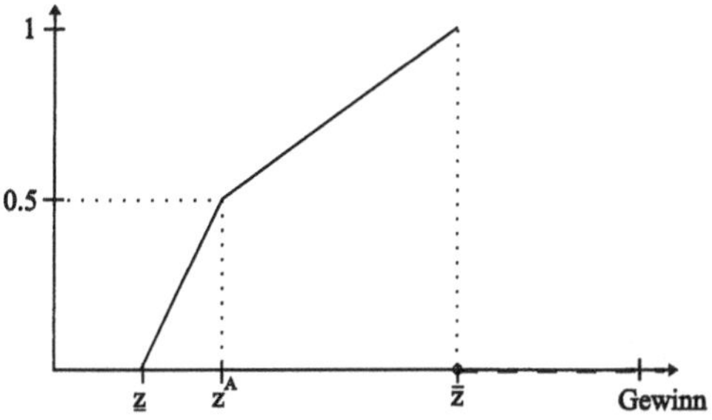

Abb. 38: Bewertung von Zielwerten durch eine Zugehörigkeitsfunktion

Bei effizienten Handlungsalternativen kann dann kein $\mu_N(\mathbf{x})$–Wert verbessert werden, ohne daß gleichzeitig ein $\mu_{L_i}(\mathbf{x})$–Wert verschlechtert wird. D.h. eine simultane Verbesserung aller $\mu_{L_i}(\mathbf{x})$– und $\mu_N(\mathbf{x})$–Werte ist bei effizienten Lösungen ausgeschlossen.[506)]

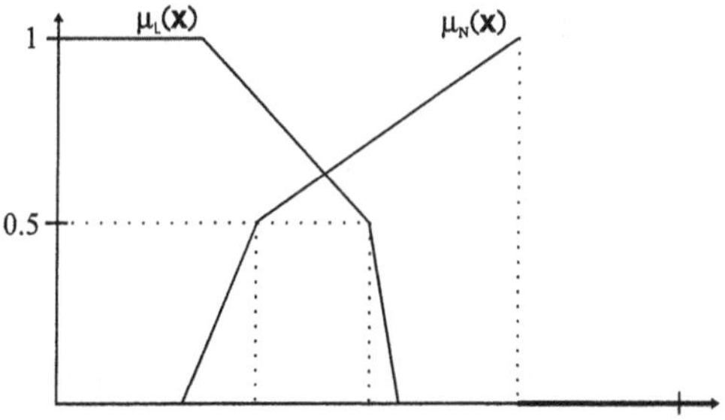

Abb. 39: Zielkonflikt zwischen einer Zielgröße und einer Restriktion

Um nun den in Abb. 39 dargestellten Zielkonflikt zwischen Zielgrößen und Restriktionen aufzulösen, wird vorgeschlagen, einen Grad der Gesamtzufriedenheit λ zu ermitteln, der folgendermaßen bestimmt werden kann:

---

505) Vgl. Buscher/ Roland 1992, S. 41.

506) Vgl. Buscher/ Roland 1993, S. 315.

$$\underset{\mathbf{x} \in X_Z}{\text{Max}} \quad \lambda(\mathbf{x}) = \phi(\mu_N(\mathbf{x}), \mu_{L_1}(\mathbf{x}), \ldots, \mu_{L_u}(\mathbf{x})), \tag{64}$$

wobei $X_Z = \{\mathbf{x} \in \mathbb{R}^c_+ \mid A_i(\mathbf{x}) < b_i + e_i \quad \forall i = 1, \ldots, u\}$ die Menge der zulässigen Lösungen symbolisiert. ϕ ist ein *allgemeiner Aggregationsoperator*, der die Erfüllungsgrade der Restriktionen und die Befriedigung bezüglich des Ziels zusammenfaßt.
Da keine Differenzierung zwischen Zielen und Restriktionen vorgenommen wird, spricht man im vorliegenden Fall von einem *symmetrischen Ansatz*. Derartige Ansätze haben den Vorteil, daß sich weitere Zielfunktionen ohne größere Schwierigkeiten in das Modell integrieren lassen.[507] Eine Entscheidung ergibt sich dann als Schnittmenge aller K Ziele und u Restriktionen.[508]

Zur Spezifizierung des Operators steht eine breite Palette verschiedener Aggregationsoperatoren zur Verfügung, die unterschiedliche Auswirkungen auf das Ergebnis haben. So können in Abhängigkeit vom gewählten Operator hohe μ–Werte niedrige Zufriedenheitswerte bezüglich der Ziele bzw. der Restriktionsüberschreitungen mehr oder weniger stark kompensieren.[509] Je nach Stärke der zulässigen Kompensationswirkung wird dann ein gewisser Optimismus bzw. Pessimismus des Entscheiders unterstellt. Die Wahl bestimmter Operatoren führt allerdings, wie Inuiguchi et al. zeigen, zu einem nicht–linearen Problem. Wird dagegen der *Minimum–Operator* verwendet, so läßt sich das Fuzzy–Problem unter gewissen Bedingungen in ein lineares transformieren.[510]

Im weiteren Verlauf dieser Analyse soll daher auf den Minimum–Operator zurückgegriffen werden. Zwar impliziert dieser Operator eine pessimistische Grundhaltung des Entscheiders und läßt keine Kompensationswirkung zu,[511] doch kann dieses Problem, wie später in Abschnitt 4.3.3 gezeigt wird, im Rahmen eines interaktiven Prozesses gemildert werden. Darüber hinaus besteht beim Minimum–Operator der Vorteil, daß dieser auch bei ordinal meßbaren Zugehörigkeitsfunktionen anwendbar ist.[512]

Auf der Addition und Multiplikation basierende Verknüpfungsoperatoren setzen dagegen kardinale Zugehörigkeitsfunktionen voraus. Selbst für den unrealistischen Fall, daß solche kardinal meßbare Funktionen spezifiziert werden können, besteht bei die-

---

[507] Vgl. Zimmermann 1975, S. 789.

[508] Vgl. Bellman/ Zadeh 1970, S. B-148.

[509] Vgl. Geyer–Schulz 1986, S. 73.

[510] Vgl. hierzu die Ausführungen auf S. 143 und Inuiguchi et al. 1990, S. 30.

[511] Vgl. Zimmermann/ Zysno 1980, S. 39.

[512] Vgl. Rommelfanger 1989b, S. 370.

ser Gruppe von Operatoren, wie z.B. die in Sommer[513] oder Werners[514] verwendeten gewogenen arithmetischen Mittel, das Problem der Fixierung geeigneter Gewichtungsparameter.[515]

Zwar entsteht bei der Verwendung des Minimum–Operators zunächst ein Fuzzy–Optimierungsproblem mit einer nicht–linearen Zielfunktion

$$\underset{\mathbf{x} \in X_Z}{\text{Max}} \quad \lambda(\mathbf{x}) = \text{Min}(\mu_N(\mathbf{x}), \mu_{L_1}(\mathbf{x}), \ldots, \mu_{L_u}(\mathbf{x})), \tag{65}$$

doch existiert unter der Verwendung der hier diskutierten Zugehörigkeitsfunktionen und der Voraussetzung, daß die vollständige Lösung nicht leer ist, ein lineares Äquivalent.[516] Entsprechend der Zielfunktion (65) wird nun eine Kompromißlösung gesucht, die den minimalen Grad der Zufriedenheit maximiert.
Eine Lösung wird als *Kompromißlösung* bezeichnet, wenn $H : X_Z \rightarrow \mathbb{R}$ eine beliebige Präferenzfunktion ist und für eine zulässige Handlungsalternative $\mathbf{x}$ aus der Menge der vollständigen Lösung kein $\hat{\mathbf{x}}$ existiert, für das $H(\mathbf{x}) < H(\hat{\mathbf{x}})$.

Zur Ermittlung einer Kompromißlösung wird zunächst das oben beschriebene Problem in das nachstehende Programm transformiert:

$$\begin{array}{rcll} & \underset{\mathbf{x} \in X_Z}{\text{Max}}\ \lambda & & \\ \lambda & \leq & \mu_N(\mathbf{x}) & \\ \lambda & \leq & \mu_{L_i}(\mathbf{x}) & \forall \quad i = 1, \ldots, u \\ \mathbf{x} & \geq & \mathbf{0} & \\ \lambda & \in & [0,1] & \end{array} \tag{66}$$

Wie am Gleichungssystem (66) erkennbar ist, hängt die Struktur des transformierten Modells vom Typ der Zugehörigkeitsfunktionen ab.[517] Unter Verwendung konkaver, stückweise linearer Zugehörigkeitsfunktionen kann das Problem (66) mit dem bewährten Simplexverfahren gelöst werden.

Abgesehen vom oben erläuterten Beispiel der unscharfen Überstundenbegrenzung lassen sich dann im Rahmen der Spezifizierung des Gleichungssystems (66) auch andere

513) Vgl. Sommer 1978.

514) Vgl. Werners 1984.

515) Auf eine ausführliche Diskussion der Vor– und Nachteile anderer Operatoren soll an dieser Stelle verzichtet werden. Dem interessierten Leser sei jedoch die Lektüre der nachstehenden Literatur empfohlen: Rommelfanger 1994a, S. 26-33; Luhandjula 1982; Buscher/ Roland 1992, S. 41-43.

516) Vgl. Negoita/ Sularia 1976, S. 6.

517) Vgl. Werners 1987a, S. 343.

Parameter des Grobplanungsmodells von Hax und Meal als Fuzzy–Werte modellieren. Hierzu gehört z.B. die aufgrund von krankheitsbedingten Ausfällen oftmals nur unscharf quantifizierbare Anzahl der verfügbaren Arbeitsstunden $(rm)_t$. Aus den entsprechenden $\leq$–Restriktionen

$$RH_t \leq (rm)_t \quad \forall \quad t = 1, \ldots, T \tag{11}$$

werden dann $\tilde{\leq}$ –Restriktionen:

$$RH_t \tilde{\leq} \widetilde{(rm)}_t \quad \forall \quad t = 1, \ldots, T \tag{11'}$$

D.h. also, eine bestimmte Anzahl von regulären Arbeitsstunden sollte "möglichst" nicht überschritten werden. Bei der ausschließlichen Verwendung deterministischer Restriktionsgrenzen würden dagegen Lösungen, die zu sehr hohen Zielwerten führen, jedoch geringfügige Ausweitungen der verfügbaren Arbeitsstunden erfordern, unberücksichtigt bleiben. Darüber hinaus wären bei Modellen mit Restriktionen für maschinelle Kapazitäten Produktionspläne ausgeschlossen, die eine leichte Überschreitung dieser kapazitativen Begrenzungen erfordern.

Des weiteren erhält man ein viel realistischeres Modell, wenn unsichere Nachfragemengen lediglich unscharf fixiert werden, anstatt sie wie beim Modell von Hax und Meal deterministisch zu formulieren. Dies gilt vor allem dann, wenn genauere Prognosen oder Schätzungen der entsprechenden Wahrscheinlichkeitsverteilungen mit prohibitiv hohen Kosten verbunden sind. Für die effektiven Nachfragemengen beim Modell von Hax und Meal sollten deshalb Fuzzy–Zahlen oder –Intervalle angesetzt werden. Die Restriktionen

$$X_{it} - I_{i,t+L} + I_{i,t+L-1} = d^*_{i,t+L} \quad \forall \quad i = 1, \ldots, I; t = 1, \ldots, T \tag{7}$$

aus Abschnitt 2.5.1 sind dann durch die Fuzzy–Restriktionen

$$X_{it} - I_{i,t+L} + I_{i,t+L-1} \tilde{=} \tilde{d}^*_{i,t+L} \quad \forall \quad i = 1, \ldots, I; t = 1, \ldots, T \tag{7'}$$

zu substituieren.

Da die Restriktion (7') eine Fuzzy–Gleichung ist, sind die unscharfen Nachfragemengen als trianguläre Fuzzy–Sets zu formulieren. Zum einen wird hierdurch antizipiert, daß die Nachfrage möglichst befriedigt werden soll, um Kundenabwanderungen und damit Umsatzeinbußen zu vermeiden. Andererseits wird die Produktion nach oben beschränkt, da ansonsten mit erhöhten Bestandskosten zu rechnen ist.

Ebenso könnte man Fuzzy–Gleichungen mit triangulären rechten Seiten für maschinelle Kapazitäten verwenden, die zu einem Mindestmaß auszulasten sind. Denn einerseits ist davon auszugehen, daß der Grad der Zufriedenheit mit steigender Beschäftigung wächst, auf der anderen Seite aber bei einer Überbeschäftigung sinkt.

Im Rahmen dieser Arbeit werden derartige Fuzzy–Gleichungen in zwei Ungleichungen mit halbtriangulären rechten Seiten zerlegt. Hierdurch erfolgt eine separate Formulierung einzelner Modellinhalte, so daß es Disponenten, die bisher noch nicht mit LP–Systemen gearbeitet haben, erleichtert wird, das Modell zu verstehen. Kapazitätsbeschränkungen und Mindestauslastungsrestriktionen werden daher als einzelne Fuzzy–Ungleichungen mit halbtriangulären rechten Seiten modelliert. Gleiches gilt auch für Restriktionen, die die Einhaltung von Mindest– und Höchstproduktionsmengen sichern und damit Nachfragebedingungen bzw. Auslastungsziele repräsentieren. Der Umfang des deterministischen Modelläquivalents wird hierdurch nicht beeinflußt.

4.3.2.2 Optimieren mit unscharfen Restriktionskoeffizienten

Nachdem gezeigt wurde, wie bei FULPAL unscharfe Restriktionsgrenzen berücksichtigt werden können, soll das Modell im nächsten Schritt um unscharfe Restriktionskoeffizienten erweitert werden. D.h. es wird dem Entscheider die Möglichkeit eingeräumt, vage Restriktionskoeffizienten zu artikulieren, wenn er dies für angebracht hält. Zur Ermittlung einer Lösung des erweiterten Fuzzy–Problems sind zunächst die linken Restriktionsseiten zusammenzufassen und mit den jeweiligen rechten Seiten zu vergleichen.

Unter Verwendung von LR–Fuzzy–Zahlen bzw. –Intervallen mit gleichen Referenzfunktionstypen ist das *Problem der Zusammenfassung der linken Restriktionsseiten* mathematisch relativ einfach zu lösen, da die hierzu benötigten Rechenoperationen, also die Addition bzw. Subtraktion sowie die Multiplikation mit einem Skalar, wie im Anhang B.4 erläutert, ohne größere Schwierigkeiten durchgeführt werden können.

Nach der Ermittlung der unscharfen linken Seiten müssen im nächsten Schritt die rechten und die linken Seiten der Fuzzy–Restriktionen miteinander verglichen werden. Sind hierbei auch die rechten Seiten unscharf, so hat der Vergleich der beiden Fuzzy–Zahlen bzw. –Intervalle sicherzustellen, daß die benötigte Quantität einer Ressource "möglichst" nicht größer als die maximal zur Verfügung stehende Menge ist.

Um dieses Problem zu lösen und Restriktionsverletzungen in gewissen Grenzen zuzulassen, wird bei FULPAL der nachstehende Ansatz verwendet:[518)]

---

518) Vgl. Rommelfanger 1991a, S. 159.

$$\tilde{A}_i(\mathbf{x}) \tilde{\leq}_R \tilde{B}_i \quad \Leftrightarrow \begin{cases} \sum_{j=1}^{c} (\overline{a}_{ij} + \overline{\alpha}_{ij}^{\epsilon}) x_{ij} \leq b_i + \overline{e}_i^{\epsilon} \\ \mu_{L_i} \left(\sum_{j=1}^{c} \overline{a}_{ij} x_{ij} \right) \rightarrow \text{Max} \end{cases} \tag{67}$$

Bei dieser flexiblen Interpretation der $\tilde{\leq}$-Relation werden Werte, die nur eine sehr geringe Realisierungschance haben und ein gewisses α–Niveau ϵ unterschreiten, vernachlässigt. Durch die Festlegung von ϵ kann dazu beitragen werden, daß die stützenden Mengen der unscharfen linken Seiten nicht schon nach einer geringen Anzahl von Operationen sehr umfangreich werden. Hierdurch wird einer unverhältnismäßig starken Einschränkung des Lösungsraums vorgebeugt.[519)]

Das unscharfe Vergleichsverfahren (67) basiert dann auf zwei Komponenten. Mittels einer deterministischen Restriktion wird ein Vergleich auf dem ϵ–Niveau durchgeführt. Um partielle Restriktionsverletzungen zu erlauben, ergänzt eine zusätzliche Zielfunktion, die Überschreitungen der Schranke b_i mittels der Zugehörigkeitsfunktion μ_{L_i} zuläßt und bewertet, die deterministische Ungleichung.

Da nun ein möglichst hoher Grad der Zufriedenheit des Entscheiders mit Überschreitungen der Restriktionsgrenze b_i anzustreben ist, bringt dessen Berücksichtigung durch μ_{L_i} den Vorteil mit sich, daß der Entscheidungsprozeß direkt durch das Ausmaß der Überschreitungen beeinflußt wird.[520)] Somit basiert der unscharfe Vergleich nicht nur auf der Einbeziehung eines einzigen oder einiger weniger α–Niveaus, wodurch ein entsprechend hoher Verlust von Informationen vermieden wird.
Weil bei anderen Vergleichsmöglichkeiten, die sich in der Literatur finden,[521)] nur wenige α–Niveaus berücksichtigt werden oder der Lösungsraum stark eingeschränkt wird, arbeitet FULPAL ausschließlich mit der $\tilde{\leq}_R$-Relation.

Bei einer steigenden Anzahl von Variablen kann es aber auch bei der $\tilde{\leq}_R$-Relation zu Einschränkungen des Lösungsraums kommen, was auf einen starken Anstieg der Spannweiten der linken Restriktionsseiten zurückzuführen ist. Um dieses Problem zu lösen, kann zur Ermittlung der linken Seiten die von Rommelfanger und Keresztfalvi entwickelte erweiterte Addition, die auf der parameterabhängigen Yager'schen

---

519) Vgl. Rommelfanger 1994a, S. 226. Eine weitere Möglichkeit, dieses Problem zu lösen, wird am Ende dieses Abschnitts erläutert.

520) Vgl. Rommelfanger 1992a, S. 148.

521) Vgl. z.B. die Vorschläge von Negoita et al. 1976; Slowinski 1986; Carlsson/ Korhonen 1986; Ramik/ Rimanek 1985; Lee/ Li 1993. Die wichtigsten Vergleichsvorschläge werden in Rommelfanger 1994a, S. 225-237 diskutiert.

T–Norm basiert, verwendet werden.[522] Hierbei ist für jede unscharfe Restriktion ein Parameter $\tau \in \{\frac{0}{4}, \frac{1}{4}, \frac{2}{4}, \frac{3}{4}, \frac{4}{4}\}$ zu fixieren, mit dem das Anwachsen des Lösungsraums beeinflußt wird. Ein $\tau = 0$ entspricht der Verwendung des Minimum–Operators und ist bei einer geringen Anzahl von Entscheidungsvariablen zweckmäßig.

Sind dagegen relativ viele Variablen zu berücksichtigen, sollte $\tau > 0$ gewählt werden. Mit $\tau = 1$ können die Spannweiten der einzelnen Restriktionskoeffizienten entsprechend der Lukasiewicz'schen T–Norm extrem kompensiert werden, wodurch die Menge der zulässigen Lösung erweitert wird.[523] Je kleiner also der τ–Wert einer Restriktion ist, desto "fuzzier" wird deren linke Seite und desto stärker wird der Lösungsraum eingeengt. Dem Benutzer steht somit ein einfach zu handhabendes Instrument zur Steuerung der Kompensation der Spannweiten zur Verfügung.
Darüber hinaus läßt sich durch die Verwendung der erweiterten Addition antizipieren, daß ein potentiell hoher Ressourcenverbrauch, der auf pessimistisch eingeschätzten Fuzzy–Koeffizienten basiert, zumindest teilweise durch andere als optimistisch erachtete Koeffizienten kompensiert werden kann und umgekehrt.

4.3.2.3 Mehrzieloptimierung mit unscharfen Zielkoeffizienten

Bevor nun erläutert wird, wie das Mehrzieloptimierungsproblem, das unter Verwendung des im letzten Abschnitt beschriebenen unscharfen Vergleichs entsteht, zu lösen ist, soll anhand eines Beispiels gezeigt werden, daß auch die Berücksichtigung von Fuzzy–Zielkoeffizienten keine größeren Schwierigkeiten aufwirft.

Der bisherigen Analyse lag die Annahme zugrunde, daß die Zielkoeffizienten deterministisch sind. Dies ist aber in vielen Planungssituationen nicht sehr realistisch. So können z.B. die Deckungsbeiträge neuer Produkte oder Produktgruppen aufgrund nicht–deterministischer Verkaufspreise oder Kostenfaktoren nur unscharf quantifizierbar sein.[524] Ungenau bestimmte Zielkoeffizienten sollten deshalb durch unscharfe Parameter informationsadäquat beschrieben werden:

$$\widetilde{zw}(\mathbf{x}) = \tilde{r}_1 x_1 \oplus \tilde{r}_2 x_2 \oplus \ldots \oplus \tilde{r}_c x_c \to \widetilde{\text{Max}} \tag{68}$$

---

522) Eine detaillierte Darstellung der erweiterten parameterabhängigen Addition findet sich in Rommelfanger 1994b; Rommelfanger/ Keresztfalvi 1993; Rommelfanger/ Keresztfalvi 1992; Keresztfalvi 1992.

523) Wie bei der auf S. 104 erläuterten Chebychev–Metrik, bei der nur die maximale Abweichung bei einem Merkmal die Distanz determiniert, ergibt sich die rechte Spannweite der linken Seiten einer Restriktion i für $\tau = 1$ als das Maximum $\text{Max}\{\overline{\alpha}_{i1}^{\epsilon} x_1, \ldots, \overline{\alpha}_{ic}^{\epsilon} x_c\}$.

524) Vgl. Lai/ Hwang 1992b, S. 121.

Aufgrund der Mehrdeutigkeit der Zielkoeffizienten ist diese Zielfunktion nicht mehr deterministisch. Statt dessen liegt eine multikriterielle Zielsetzung vor.[525] Da im Regelfall die Existenz einer perfekten Lösung auszuschließen ist, wird zur Lösung dieses Mehrzieloptimierungsproblems unter Berücksichtigung der Erkenntnisse aus Abschnitt 2.3.2 auf ein *Satisfizierungskonzept* zur Kompromißfindung zurückgegriffen. Daher soll der Zielwert $\widetilde{zw}(\mathbf{x})$ einem benutzerdefinierten unscharfen Anspruchsniveau $\tilde{S}$ genügen:[526] $\tilde{S} \tilde{\leq} \widetilde{zw}(\mathbf{x})$.

Wählt man hier eine zu Abschnitt 4.3.2.2 analoge Ungleichheitsinterpretation, so gilt

$$\tilde{S} \tilde{\leq}_R \widetilde{zw}(\mathbf{x}) \Leftrightarrow \begin{cases} s - \underline{\nu}^\epsilon & \leq \quad \underline{r}(\mathbf{x}) - \underline{\gamma}^\epsilon(\mathbf{x}) \\ \mu_S(\underline{r}(\mathbf{x})) & \rightarrow \quad \text{Max} \end{cases} \tag{69}$$

Um den Disponenten bei der Formulierung des Anspruchsniveaus $\tilde{S}$ zu unterstützen, wird diesem bei FULPAL eine Vorstellung über die potentiellen Ausprägungen der Zielwerte vermittelt. Der maximale Zielwert, der sich bei einer pessimistischen Einschätzung der Modellparameter einstellt, wird hierzu als Minimalforderung bzw. untere Grenze $\underline{z}$ angesetzt:[527]

$$\underline{z} = \sum_{j=1}^{c} (\underline{r}_j - \underline{\gamma}_j^\epsilon) x_j \rightarrow \text{Max} \tag{70}$$

$$\text{u.B.d.N.} \quad \sum_{j=1}^{c} \overline{a}_{ij} x_j \leq b_i \quad \forall \quad i = 1, \ldots, u \tag{71}$$

$$\mathbf{x} \in X_\epsilon, \tag{72}$$

wobei X_ϵ alle Handlungsalternativen des Lösungsraums

$$X_\epsilon = \{\mathbf{x} \in \mathbb{R}_o^c \mid (\overline{\mathbf{a}}_i + \overline{\alpha}_i^\epsilon)' \cdot \mathbf{x} \leq b_i + \overline{e}_i^\epsilon \quad \forall \quad i = 1, \ldots, u\}. \tag{73}$$

repräsentiert. Die pessimistische Grundhaltung ist bei diesem Modell daran zu erkennen, daß der Lösungsraum durch die Restriktionen (71) und (72) stark eingeschränkt wird. Für die α–Niveaus eins und ϵ wird der jeweils höchste Ressourcenverbrauch angesetzt, wobei der Anstieg des Zielwerts aufgrund der pessimistischen Einschätzung der Zielkoeffizienten bei einer Mehrproduktion im Vergleich zur Zielfunktion auf dem α–Niveau eins geringer ausfällt. Die Lösung dieses Modells wird durch $\mathbf{x}^*$ symbolisiert.

Als obere Grenze $\overline{z}$ soll der maximale Zielwert herangezogen werden, der sich bei optimistischer Einschätzung aller Parameter einstellt. Zu dessen Ermittlung wird der

---

[525] Vgl. Rommelfanger 1996, S. 519-520.

[526] Vgl. Rommelfanger 1990b, S. 535.

[527] Vgl. Rommelfanger 1989c, S. 207-208.

Lösungsraum durch die Aufhebung der Restriktionen (71) erweitert und eine günstigere Beurteilung der Zielkoeffizienten verwendet:[528)]

$$\begin{aligned} \overline{z} &= \sum_{j=1}^{c} \underline{r}_j x_j \to \text{Max} & (74) \\ \text{u.B.d.N.} \quad & \mathbf{x} \in X_\epsilon & (75) \end{aligned}$$

Der Lösungsvektor $\mathbf{x}^{**}$ repräsentiert das Ergebnis dieses Modells.

Da nun dem Disponenten das Intervall $[\underline{z}, \overline{z}]$ bekannt ist, kann im Regelfall davon ausgegangen werden, daß dieser in der Lage ist, ein zusätzliches Anspruchsniveau $z^A \in]\underline{z}, \overline{z}[$ zu formulieren. Eine akzeptable Lösung sollte dann mindestens zu einem Zufriedenheitsgrad von $\lambda_A = 0,5$ führen. Der λ_A–Wert, der dem Anspruchsniveau z^A zugeordnet wird, entspricht dem λ–Wert aus Abschnitt 4.3.2.1, da somit unter Verwendung des Minimum–Operators ein echter Vergleich ermöglicht wird.
Ist die Angabe des zusätzlichen Anspruchsniveaus nicht möglich, so kann wie bei FULPAL $\left(\underline{z} + ((\overline{z} - \underline{z}) \cdot 0,25)\right)$ oder die Intervallmitte von $[\underline{z}, \overline{z}]$ zur Fixierung von z^A herangezogen werden.[529)]

Nach der Spezifizierung des unscharfen Zielanspruchsniveaus $\tilde{S}$ ist das hieraus resultierende Fuzzy–Problem im Rahmen eines symmetrischen Ansatzes in das nachstehende deterministische Programm zu transformieren:[530)]

$$\begin{aligned} \lambda &\to \text{Max} \\ \text{u.B.d.N.} \quad \lambda &\leq \mu_s(\underline{r}(\mathbf{x})) \\ \lambda &\leq \mu_{L_i}(\mathbf{x}) \quad \forall \quad i = 1, \ldots, u \\ \lambda &\in [0,1] \qquad\qquad (76) \\ \mathbf{x} &\in X_\epsilon \\ -\underline{r}(\mathbf{x}) + \underline{\gamma}^\epsilon(\mathbf{x}) &\leq -\underline{z} \end{aligned}$$

Ohne größere Schwierigkeiten lassen sich weitere Zielfunktionen im Modell berücksichtigen. Hierzu müssen zunächst für die zusätzlichen Zielfunktionen die Intervallgrenzen der unscharfen Anspruchsniveaus $\tilde{S}_k$ festgelegt werden. Obergrenzen $\overline{z}_k$ sind dabei die jeweils maximal erreichbaren Zielwerte, die sich bei der ausschließlichen Verfolgung der Einzelziele unter Anwendung der optimistischen Modellvariante (74/75) einstellen. Jener minimale Zielwert $\underline{z}_k$, der sich bei der Berechnung der oberen Schranken für

528) Vgl. Rommelfanger 1989c, S. 208.
529) Vgl. Rommelfanger 1994a, S. 196.
530) Vgl. Rommelfanger 1990b, S. 536.

die Zielanspruchsniveaus der anderen Ziele ergibt, kann dann als Mindestanforderung bzw. Untergrenze für das Ziel k angesehen werden:[531)]

$$\underline{z}_k = \text{Min}\Big(\text{Min}\big((\underline{\mathbf{r}}_k - \underline{\gamma}_k^\epsilon)' \cdot \mathbf{x}_l^*\big), \text{Min}\big((\underline{\mathbf{r}}_k - \underline{\gamma}_k^\epsilon)' \cdot \mathbf{x}_l^{**}\big)\Big)$$

$$\forall \quad l = 1, \ldots, K \wedge l \neq k \tag{77}$$

Ist der Disponent über die Ober- und Untergrenzen $\overline{z}_k$ und $\underline{z}_k$ informiert und hat seine Anspruchsniveaus für alle Ziele $k = 1, \ldots, K$ fixiert, so sind sämtliche unscharfe Zielfunktionen und Restriktionen, wie in diesem und in Abschnitt 4.3.2.2 beschrieben, in ein Modell vom Typ (76) zu transformieren, wobei die Restriktion

$$-\underline{r}(\mathbf{x}) + \underline{\gamma}^\epsilon(\mathbf{x}) \leq -\underline{z}$$

durch die Restriktionen

$$-\underline{\mathbf{r}}_k(\mathbf{x}) + \underline{\gamma}_k^\epsilon(\mathbf{x}) \leq -\underline{z}_k \quad \forall \quad k = 1, \ldots, K \tag{78}$$

zu substituieren ist. Zur Lösung dieses Modells bieten sich klassische Lösungsverfahren an.

Die oben erläuterte Verfahrensweise soll nun durch ein Beispiel illustriert werden, das sich auf die oberste Planungsebene eines hierarchischen Produktionsplanungsmodells bezieht und dessen Entscheidungsvariablen bzw. Parameter stark aggregiert sind.[532)] Hierzu wird ein lineares Modell formuliert, mit dem das Produktionsprogramm für zwei Produkttypen ermittelt werden soll, wobei die Summe der Deckungsbeiträge zu maximieren ist. Da dieses Grobplanungsmodell einen relativ langen zeitlichen Horizont umfaßt, soll davon ausgegangen werden, daß die einzelnen Modellparameter nur unscharf quantifiziert werden können. Unter der Annahme, daß der Disponent für das Fuzzy-Problem

$$\begin{array}{rcrcll}
(90,90,5,5)^{0,1}x_1 & \oplus & (90,95,10,10)^{0,1}x_2 & \rightarrow & \widetilde{\text{Max}} & \text{(s)} \\
\text{u.B.d.N.} & & & & & \\
(650,670,20,20)^{0,1}x_1 & \oplus & (840,840,20,10)^{0,1}x_2 & \tilde{\leq} & (40000,0,5000)^{0,1} & \text{(I)} \\
(360,360,5,5)^{0,1}x_1 & \oplus & (425,435,15,15)^{0,1}x_2 & \tilde{\leq} & (28000,0,9000)^{0,1} & \text{(II)} \\
(20,20,5,5)^{0,1}x_1 & \oplus & (20,20,0,0)^{0,1}x_2 & \tilde{\leq} & (1200,0,600)^{0,1} & \text{(III)} \\
(1,1,0,0)^{0,1}x_1 & & & \tilde{\leq} & (30,0,5)^{0,1} & \text{(IV)} \\
 & & x_2 & \leq & 52 & \text{(V)} \\
 & & x_1, x_2 & \geq & 0 &
\end{array}$$

531) Um den Lösungsraum nicht zu früh einzuschränken, wird bei der Berechnung der unteren Grenzen in Gleichung (77) sowohl der $\mathbf{x}^*$- als auch der $\mathbf{x}^{**}$-Vektor berücksichtigt; vgl. hierzu auch Werners 1984, S. 84.

532) In Anlehnung an Scheer 1976, S. 84-85.

mit den Kapazitätsrestriktionen (I) bis (III) und den Absatzbeschränkungen (IV) und (V) die Anspruchsniveaus $g_{\mathrm{I}}^A = 43700$, $g_{\mathrm{II}}^A = 34750$, $g_{\mathrm{III}}^A = 1650$, $g_{\mathrm{IV}}^A = 33,75$ und $z^A = 4960$ fixiert und stückweise lineare Zugehörigkeitsfunktionen verwendet werden, ergeben sich die nachstehenden unscharfen Anspruchsniveaus:

$$\mu_{L_{\mathrm{I}}} = \begin{cases} 0 & \forall\ 45000 < (670x_1 + 840x_2) \\ 0,1 + \frac{45000-(670x_1+840x_2)}{1300} \cdot 0,4 & \forall\ 43700 \leq (670x_1 + 840x_2) \leq 45000 \\ 0,5 + \frac{43700-(670x_1+840x_2)}{3700} \cdot 0,5 & \forall\ 40000 \leq (670x_1 + 840x_2) < 43700 \end{cases}$$

$$\mu_{L_{\mathrm{II}}} = \begin{cases} 0 & \forall\ 37000 < (360x_1 + 435x_2) \\ 0,1 + \frac{37000-(360x_1+435x_2)}{2250} \cdot 0,4 & \forall\ 34750 \leq (360x_1 + 435x_2) \leq 37000 \\ 0,5 + \frac{34750-(360x_1+435x_2)}{6750} \cdot 0,5 & \forall\ 28000 \leq (360x_1 + 435x_2) < 34750 \end{cases}$$

$$\mu_{L_{\mathrm{III}}} = \begin{cases} 0 & \forall\ 1800 < (20x_1 + 20x_2) \\ 0,1 + \frac{1800-(20x_1+20x_2)}{150} \cdot 0,4 & \forall\ 1650 \leq (20x_1 + 20x_2) \leq 1800 \\ 0,5 + \frac{1650-(20x_1+20x_2)}{450} \cdot 0,5 & \forall\ 1200 \leq (20x_1 + 20x_2) < 1650 \end{cases}$$

$$\mu_{L_{\mathrm{IV}}} = \begin{cases} 0 & \forall\ 35 < x_1 \\ 0,1 + \frac{35-x_1}{1,25} \cdot 0,4 & \forall\ 33,75 \leq x_1 \leq 35 \\ 0,5 + \frac{33,75-x_1}{3,75} \cdot 0,5 & \forall\ 30 \leq x_1 < 33,75 \end{cases}$$

$$\mu_s = \begin{cases} 0 & \forall\ (90x_1 + 95x_2) < 4445 \\ 0,1 + \frac{(90x_1+95x_2)-4445}{520} \cdot 0,4 & \forall\ 4445 \leq (90x_1 + 95x_2) \leq 4965 \\ 0,5 + \frac{(90x_1+95x_2)-4965}{393} \cdot 0,5 & \forall\ 4965 < (90x_1 + 95x_2) \leq 5358 \end{cases}$$

Da die o.a. Funktionen stetig, stückweise linear und konkav sind, kann das obige Fuzzy–Problem in das nachstehende deterministisch lineare Programm überführt werden:

$$\lambda \rightarrow \text{Max}$$

unter Beachtung der Nebenbedingungen:

$$\begin{array}{rcrcrcrr}
 & - & 85x_1 & - & 80x_2 & \leq & -4445 & \text{(s)} \\
786\lambda & - & 90x_1 & - & 95x_2 & \leq & -4572 & (\text{s}_{0,5}) \\
1300\lambda & - & 90x_1 & - & 95x_2 & \leq & -4315 & (\text{s}_{0,1}) \\
7400\lambda & + & 670x_1 & + & 840x_2 & \leq & 47400 & (\text{I}_{0,5}) \\
13500\lambda & + & 360x_1 & + & 435x_2 & \leq & 41500 & (\text{II}_{0,5}) \\
900\lambda & + & 20x_1 & + & 20x_2 & \leq & 2100 & (\text{III}_{0,5}) \\
7,5\lambda & + & x_1 & & & \leq & 37,5 & (\text{IV}_{0,5}) \\
3250\lambda & + & 670x_1 & + & 840x_2 & \leq & 45325 & (\text{I}_{0,1}) \\
5625\lambda & + & 360x_1 & + & 435x_2 & \leq & 37562,5 & (\text{II}_{0,1}) \\
375\lambda & + & 20x_1 & + & 20x_2 & \leq & 1837,5 & (\text{III}_{0,1}) \\
3,125\lambda & + & x_1 & & & \leq & 35,3125 & (\text{IV}_{0,1}) \\
 & & 690x_1 & + & 850x_2 & \leq & 45000 & (\text{I}_\epsilon) \\
 & & 365x_1 & + & 450x_2 & \leq & 37000 & (\text{II}_\epsilon) \\
 & & 25x_1 & + & 20x_2 & \leq & 1800 & (\text{III}_\epsilon) \\
 & & & & x_2 & \leq & 52 & \\
 & & & & x_1, x_2 & \geq & 0 & \\
 & & & & \lambda & \in & [0,1] &
\end{array}$$

Als Lösung erhält man $x_1^{opt} = 32,28$ und $x_2^{opt} = 24,55$, wobei sich ein Zufriedenheitsgrad von $\lambda^* = 0,7$ einstellt. Aus der Tatsache, daß das vom Disponenten gesetzte Anspruchsniveau $\lambda_A = 0,5$ vom minimalen Grad der Zufriedenheit λ^* übertroffen wurde, kann dieser schließen, daß für mindestens eine Restriktion oder Zielfunktion Spielraum zur Forderung einer geringeren Restriktionsüberschreitung oder eines höheren Zielwertes bei gegebenem $\lambda_A = 0,5$ besteht.

Diese Informationen über den Lösungsraum können eine Änderung der Zielwertvorstellungen bzw. der Ansprüche des Disponenten zur Folge haben. Um ihn deshalb beim entsprechenden Anpassungsprozeß zu unterstützen, werden ihm bei FULPAL die λ–Werte der einzelnen Zielfunktionen und Restriktionen zur Verfügung gestellt. Damit sollen dem Disponenten die Spielräume zur Anpassung der Anspruchsniveaus einzelner Restriktionen und Zielfunktionen transparent gemacht werden.

Da nun der Disponent unter Beachtung der λ_i–Werte besser abschätzen kann, welche Modellparameter womöglich entscheidungsrelevant sind, kann er sich dazu veranlaßt fühlen, über diese gezielt zusätzliche Informationen einzuholen und das Modell zu modifizieren. Unter Berücksichtigung dieser Informationen und der modifizierten Zielwertvorstellungen werden dann die oben erzielten Resultate im Regelfall nach den

subjektiven Vorstellungen der meisten Disponenten nicht mehr "optimal" sein.[533] Folglich sollte es ihnen gestattet sein, ihre Anspruchsniveaus im Rahmen eines interaktiven Prozesses zu revidieren und eine neue Iteration zu starten.
Im nächsten Abschnitt wird deshalb der interaktive Ablauf von FULPAL am Beispiel des unscharfen Programmplanungsproblems genauer erläutert, wobei auch zusätzliche Informationen, die auf den Ergebnissen des CLAZZI–Verfahrens basieren, genutzt werden sollen.

4.3.3 Interaktives Disponieren mit HIPROFIT

Um den Umgang mit FULPAL 3.0 zu erleichtern und die Akzeptanz bei den Benutzern weitestgehend zu erhöhen, wurde bei der Entwicklung des PC–Programms großen Wert darauf gelegt, daß der gesamte Programmablauf durch Menüsysteme und flexibel abrufbare Eingabemasken gesteuert werden kann, ohne dabei die Disponenten zu überfordern. Der in der Programmiersprache *C* geschriebene Kern von FULPAL basiert auf dem in den letzten Abschnitten dargestellten Ablauf der Fuzzy Linearen Optimierung und erlaubt das mehrmalige Durchlaufen von Iterationszyklen, bis eine akzeptable Kompromißlösung gefunden ist bzw. bis der Benutzer das Verfahren abbricht.
Abb. 40 stellt den Ablauf des interaktiven Disponierens dar.[534] Wie die Abbildung verdeutlicht, sind zunächst alle entscheidungsrelevanten Parameter des Dispositionsproblems zu spezifizieren. Zur Erleichterung der Dateneingabe bietet die Version 3.0 von FULPAL die in Abb. 41 dargestellte grafische, benutzerfreundliche Windowsoberfläche an.

Ferner sollen die in Abb. 42 dargestellten Visualisierungsfunktionen zur Fixierung der Anspruchsniveaus dem Disponenten helfen, seine Zielwertvorstellungen zu entwickeln und zu artikulieren. Um dem Disponenten einen ersten Eindruck vom Lösungsraum zu verschaffen, werden ihm im Rahmen der Fixierung der Anspruchsniveaus der jeweiligen Zielgrößen die Intervalle der realisierbaren Zielausprägungen aller effizienten Handlungsalternativen $[\underline{z}_k, \overline{z}_k]$ angezeigt. Durch Verschieben der Regler kann er daraufhin die Anspruchsniveaus entsprechend seiner Vorstellungen festlegen.

Wie in Abschnitt 4.3.2.3 am Beispiel des Programmplanungsproblems erläutert wurde, ist anschließend ein erster Lösungsvorschlag zu ermitteln. Dabei können grundsätzlich

---

533) Vgl. hierzu auch die Erkenntnisse aus Abschnitt 2.3.2.

534) Abb. 40 ist eine vereinfachte Darstellung des Algorithmus. Ein detailliertes Ablaufschema findet sich in Rommelfanger 1990a, S. 291-294.

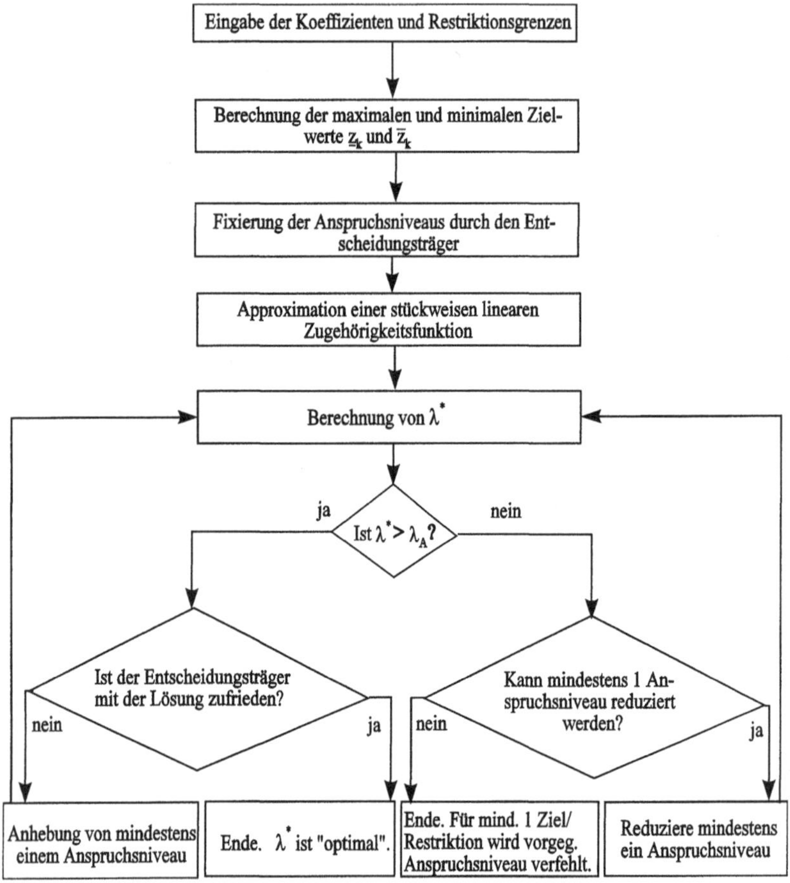

Abb. 40: Disponieren mit FULPAL 3.0

zwei Fälle eintreten:[535)]

1. Das errechnete optimale Niveau der Gesamtbefriedigung λ^* ist größer oder gleich dem Mindestanspruchsniveau des Entscheiders λ_A.
   Gibt sich der Entscheidungsträger mit dieser Lösung zufrieden, so ist die satisfizierende Lösung des Problems ermittelt. Andernfalls kann der Entscheider einige Anspruchsniveaus derart modifizieren, daß diese nur noch mit einem höheren Zielwert bzw. mit einem geringeren Ressourcenverbrauch erreicht werden können. Die Anspruchsniveaus aller anderen Ziele und Restriktionen können unverändert bleiben.

535) Vgl. Rommelfanger 1994a, S. 209-210.

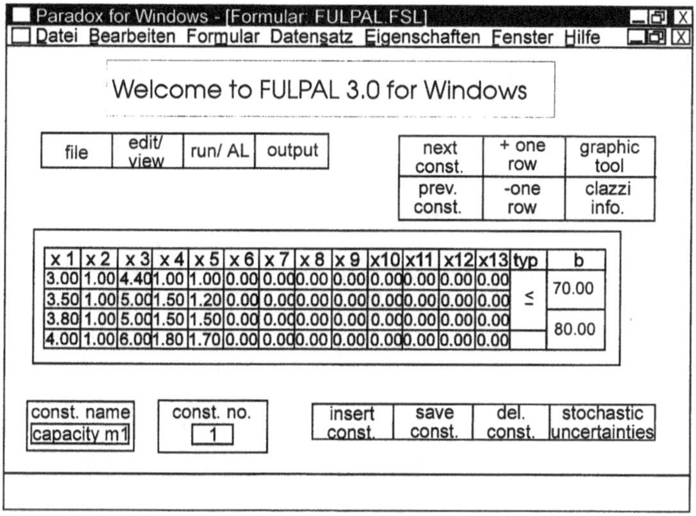

Abb. 41: Dateneingabe unter FULPAL 3.0/ 1

2. Das errechnete optimale Niveau der Gesamtbefriedigung λ^* ist kleiner als das Mindestanspruchsniveau des Entscheiders λ_A.
   Dies bedeutet, daß die Lösung nicht dem vorgegebenen Gesamtanspruchsniveau genügt. Sollte überhaupt eine akzeptable Lösung existieren, muß der Entscheider mindestens eines der vorgegebenen Anspruchsniveaus herabsetzen. D.h. mindestens einem gegebenen Anspruchsniveau ist nun ein kleinerer Zielwert bzw. eine größere Überschreitung der Restriktionsgrenze zuzuordnen.

Somit können die anfangs nur näherungsweise formulierten Anspruchsniveaus im Rahmen eines interaktiven Prozesses schrittweise präzisiert werden, wobei den Veränderungen der Zielwertvorstellungen des Disponenten Rechnung zu tragen ist. Im nächsten Iterationszyklus erfolgt eine Neuberechnung der Gesamtbefriedigung.

Im Verlauf des Iterationsprozesses ist es möglich, wieder zu einer alten Parameterkonstellation zurückzukehren, wenn sich die subjektiven Ansprüche des Disponenten entsprechend verändern. Zwar stellen sich dann die Ergebnisse eines vorherigen Zyklus ein, so daß der Algorithmus keiner streng mathematischen Konvergenz gehorcht, doch wäre die Konvergenzeigenschaft in diesem Fall unerwünscht, da der Entscheider ein Resultat unter Einbeziehung seines aktuellen Informationsstandes jetzt anders bewertet als zum Zeitpunkt der vorherigen Iteration bzw. den "wahren Wert" einer bestimmten Lösung erst nach genauerer Kenntnis des Lösungsraums zu schätzen

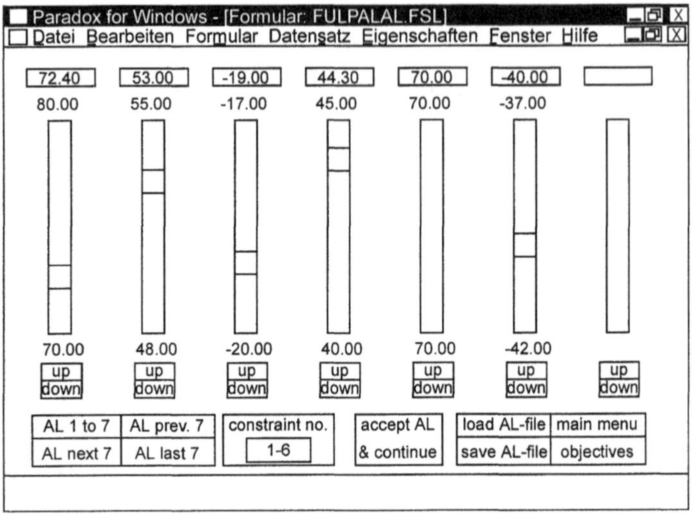

Abb. 42: Dateneingabe unter FULPAL 3.0/ 2

weiß. Es wäre daher falsch, einmal abgelehnte Ergebnisse für alle weiteren Iterationen grundsätzlich auszuschließen.

Dennoch endet der Algorithmus im Normalfall nach einer endlichen Anzahl von Iterationszyklen, da davon auszugehen ist, daß sich die tatsächlichen Zielwertvorstellungen des Entscheiders im Rahmen eines iterativen Lernprozesses herauskristallisieren. Die Konvergenz kann aber auch durch die Beachtung der nachstehenden Bedingungen erreicht werden:[536)]

1. Für eine Lösung mit $\lambda^* \geq \lambda_A$ stellen die Anspruchsniveaus für Zielwerte eine Unter– und für Restriktionen eine Obergrenze für weitere Iterationen dar.
2. Für die Anspruchsniveaus einer inakzeptablen Lösung λ^* stellen die entsprechenden Anspruchsniveaus für Zielwerte eine Ober– und für Restriktionen eine Untergrenze für weitere Iterationen dar.
3. Änderungen der Anspruchsniveaus sind nur in bestimmten Mindestgrößenordnungen möglich. Würde eine solche Modifikation die Verletzung einer der beiden o.a. Bedingungen erfordern, so wird das entsprechende Anspruchsniveau im Verlauf des weiteren Iterationsprozesses konstant gehalten.

Um nun die obigen Ausführungen zum Ablauf von FULPAL zu verdeutlichen, soll noch einmal das auf S. 156 eingeführte Beispiel zur Programmplanung aufgegriffen

---

[536)] Vgl. Rommelfanger 1994a, S. 210.

werden. Ausgehend von der Annahme, daß sich der Disponent mit einem λ_A von 0,5 zufrieden gibt, werden seine Erwartungen nach der ersten Iteration durch einen λ^*–Wert von 0,7 erheblich übertroffen.

Durch die Möglichkeit zur grafischen Gegenüberstellung der rechten und linken Seiten der einzelnen Restriktionen bzw. Ziele kann der Disponent daraufhin, wie der Bildschirmausschnitt 43 veranschaulicht, bei der subjektiven Beurteilung der Lösung unterstützt werden. Der Benutzer bekommt somit einen Eindruck vom Spielraum zur Anpassung seiner Anspruchsniveaus. Ferner werden die λ–Werte für Hyperebenen, auf denen die Lösung liegt, farblich unterlegt, so daß deren schnelle und einfache Identifikation möglich ist.

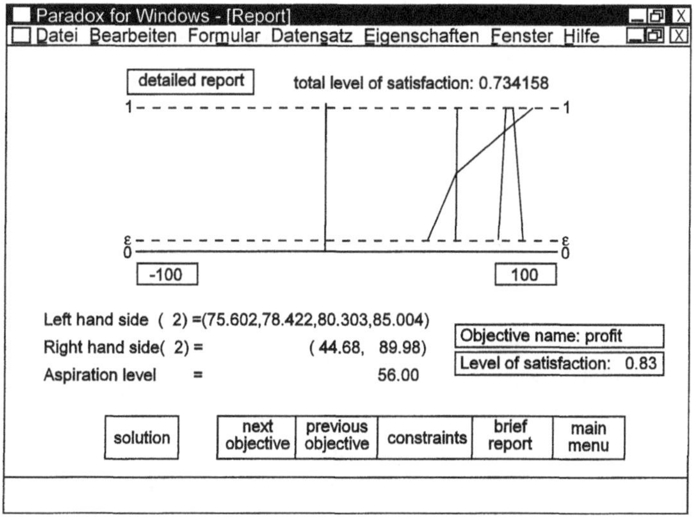

Abb. 43: Visualisierung der FULPAL–Ergebnisse

Da ausschließlich die Parameter dieser Hyperebenen die Lösung beeinflussen und der Disponent nun durch FULPAL über deren Kritikalität informiert ist, kann dieser systematisch und zielgerichtet zusätzliche Informationen über die kritischen Parameter einholen, wenn er es für sinnvoll hält. Stellt sich z.B. heraus, daß eine bestimmte Maschinengruppe einen Engpaß darstellt, könnte es sich trotz gewisser Kosten wie z.B. Opportunitätskosten lohnen, zusätzliche Informationen über die Produktionskoeffizienten der einzelnen Produktaggregate oder über die Restriktionsgrenze durch Gespräche mit Verantwortlichen oder Mitarbeitern der Fertigungseinheit einzuholen.

Darüber hinaus besteht die Möglichkeit, Zusatzinformationen über die Eigenschaften CLAZZI–generierter Aggregate abzurufen. Das dem HIPROFIT–Konzept zugrunde liegende Datenbank–System *Paradox for Windows* ermöglicht die hierzu notwendigen Abfragen. Der Benutzer erhält dann eine Liste, die alle Objekte eines Aggregats, deren Zugehörigkeitsgrade sowie die Ausprägungen der einzelnen Merkmale beinhaltet. In Kenntnis dieser Daten kann der Disponent dann Parameter, die Eigenschaften des Aggregats beschreiben, modifizieren. Auf diese Weise wird die gezielte Nutzung detaillierter Informationen erleichtert.

Im obigen Programmplanungsbeispiel informiert sich der Disponent zunächst über die Entscheidungsrelevanz der einzelnen Hyperebenen. Dabei stellt er fest, daß die Zielfunktion sowie die Restriktionen I und IV die Lösung der ersten Iteration determinieren. Da mit $\lambda_s = 0,7; \lambda_{\text{I}} = 0,7; \lambda_{\text{II}} = 1; \lambda_{\text{III}} = 1$ und $\lambda_{\text{IV}} = 0,7$ sowohl beim Zielwert als auch bei allen Erfüllungsgraden der Restriktionen die Erwartungen des Disponenten weit übertroffen wurden, soll angenommen werden, daß sich dieser entscheidet, die Anspruchsniveaus g_{I}^A von 43700 auf 43000, g_{II}^A von 34750 auf 28000, g_{III}^A von 1650 auf 1200 sowie g_{IV}^A von 33,75 auf 33 abzusenken und statt eines Deckungsbeitrags von 4960 5300 Geldeinheiten für z^A zu fordern. Eine Präzisierung einzelner Koeffizienten oder Restriktionsbegrenzungen wird vorläufig nicht in Erwägung gezogen.

Der Algorithmus bietet daraufhin die Lösung $x_1^{opt} = 33,6$ und $x_2^{opt} = 25,1$ an. Der entsprechende λ^*–Wert 0,39 genügt jedoch nicht mehr dem minimal gewünschten Mindesterfüllungsgrad $\lambda_A = 0,5$. Da der Disponent nicht dazu bereit ist, vom erhöhten Deckungsbeitragsziel abzugehen oder eines der anderen Anspruchsniveaus zu verändern, beschafft er sich Informationen über die Parameter der Engpaßrestriktionen. Daraufhin stellt er fest, daß er die Angaben zum Produktionskoeffizienten der Produktgruppe 1 von Restriktion (I) präzisieren kann, da ihm mitgeteilt wurde, daß aufgrund eines Verbessungsvorschlages aus der Belegschaft Schwankungen der Fertigungszeiten gewisser Produkte der Gruppe 1 an Maschine I reduziert werden konnten. Statt $(650, 670, 20, 20)^{0,1}$ wird deshalb der Koeffizient a_{11} mit $(650, 655, 5, 5)^{0,1}$ angesetzt.

Die hieraus resultierende Lösung $x_1^{opt} = 33,2$ und $x_2^{opt} = 25,6$ ist mit $\lambda^* = 0,47$ zwar befriedigender als die vorherige, doch sie entspricht noch immer nicht dem Mindesterfüllungsgrad von 0,5. Nach Rücksprache mit den Verantwortlichen der Maschinengruppe I sieht der Disponent jedoch eine erhöhte Belastung der Maschinengruppe als "mehr oder weniger" durchsetzbar an und lockert folglich die Engpaßrestriktion I, indem g_I^A von 43000 auf 43500 Kapazitätseinheiten erhöht wird.

Aus der nachfolgenden Iteration ergibt sich $x_1^{opt} = 32,9$ und $x_2^{opt} = 26$. Dieses Ergebnis kommt mit $\lambda^* = 0,51$ λ_A sehr nahe, so daß davon ausgegangen werden soll, daß die entsprechende Differenz kleiner als die "Fühlbarkeitsschranke" des Disponenten ist, dieser die Lösung akzeptiert und den Iterationsprozeß beendet.

Unterliegen dagegen die Variablen x_1 und x_2 Ganzzahligkeitsbedingungen, so sollte die oben berechnete satisfizierende Lösung modifiziert werden, indem nach einer Handlungsalternative in der näheren Umgebung dieser Lösung gesucht wird. Da die Anzahl der Ganzzahligkeitsvariablen in diesem Beispiel nicht sehr groß ist, kann man es sich bei der Ermittlung einer ganzzahligen Lösung zunutze machen, daß der Übergang zwischen zulässigen und unzulässigen Ergebnissen stetig verläuft, indem einzelne Entscheidungsvariablen auf- oder abgerundet werden. Mit den so fixierten Variablen ist anschließend ein weiterer Iterationszyklus zu starten.

Durch das Runden verursachte λ^*–Reduktionen sollten dann durch ein entsprechendes Runden anderer Ganzzahligkeitsvariablen kompensiert werden, so daß sich ein λ^* von mindestens 0,5 einstellt. Im obigen Beispiel bietet sich das Abrunden von x_1 auf 33 an. Für die Lösung $x_1 = 33$ und $x_2 = 26$ stellt sich nach der anschließenden Iteration ein λ^* von genau 0,5 ein. Da dieses Resultat mit λ^A übereinstimmt, endet der Dispositionsprozeß. Wäre dagegen dieses Ergebnis für den Disponenten nicht mehr akzeptabel, also $\lambda^* < \lambda^A$, so könnte die zuletzt gerundete Variable noch einmal modifiziert werden.
Dies wird aber bei den meisten Problemen überflüssig sein, da sich die ganzzahligen Lösungen im Regelfall nur unwesentlich von den Ausgangslösungen ohne Ganzzahligkeitsbeschränkungen unterscheiden und die Lösung letztlich nur durch Zugehörigkeitswerte in der Umgebung von λ^* determiniert wird.

Hierdurch wird ein echter Vergleich von Zugehörigkeitswerten möglich, so daß die in Abschnitt 4.3.2.1 diskutierten Schwächen des Minimum–Operators als Vergleichsoperator gemildert werden.[537] Des weiteren sollten die wesentlichen Vorteile des HIPROFIT–Moduls FULPAL 3.0 am obigen bewußt einfach gehaltenen Beispiel deutlich geworden sein:

---

[537] Vgl. Rommelfanger 1994a, S. 217.

So fließen z.B., wie in Abschnitt 2.3.2 gefordert wurde, die subjektiven Zielwertvorstellungen und Bewertungen von Restriktionsverletzungen in den Dispositionsprozeß ein. Durch die interaktive Verfahrensweise wird sichergestellt, daß eine Revision bzw. Präzisierung einzelner Modellparameter möglich ist. Um den Disponenten bei der Wahl der Modellparameter, die gegebenenfalls modifiziert bzw. präzisiert werden sollen, zu unterstützen, wird er auf entscheidungsrelevante Modellelemente hingewiesen. Bei Bedarf können dann gezielt konkrete Informationen über die betreffenden Parameter eingeholt werden, wodurch sich Informationsbeschaffungs– und –verarbeitungskosten reduzieren lassen.

Hierzu trägt auch die Nutzung der Abfragefunktionen des Datenbanksystems und die Kopplung mit CLAZZI 2.0 bei, da durch entsprechende Abfragen schnell und einfach zusätzliche Informationen über kritische Parameter abgerufen werden können. Darüber hinaus erhält der Benutzer unverzügliche Auskunft über die Auswirkungen seiner Interaktionen mit dem System und wird bei der Artikulierung der Modellparameter, insbesondere der Anspruchsniveaus durch Visualisierungsfunktionen unterstützt.

Die Anforderungen, die hierbei an den Disponenten gestellt werden, sind relativ gering. Ferner trägt die benutzerfreundliche Gestaltung des Systems dazu bei, eventuelle Vorbehalte gegenüber OR–Verfahren zu beseitigen und den Umgang mit dem System ohne größeren Schulungsaufwand zu ermöglichen. Des weiteren wird potentiellen Akzeptanzproblemen durch die Möglichkeit zur realitätskonformen Formulierung der Modellparameter und durch die interaktive Einbeziehung des Disponenten, der das Resultat maßgeblich beeinflußt, entgegengewirkt.

Somit sind eine Reihe wesentlicher Kritikpunkte, die konventionellen Produktionsplanungssystemen anhaften, beseitigt. Dennoch bestehen Erweiterungsmöglichkeiten bezüglich der Integration stochastischer Modellparameter.

4.4 HIPROFIT/ FULPAL unter Berücksichtigung stochastischer Modellparameter

4.4.1 Stochastische Modellparameter in der Produktionsplanung

Substituiert man stochastische Modellparameter durch deterministische Größen, besteht wie bei der Vernachlässigung von Unschärfen die Gefahr, daß der Disponent nur pseudogenaue Planungsergebnisse erhält.[538] Können deshalb realistische Aussagen über die Wahrscheinlichkeiten der entsprechenden Parameter gemacht werden, so sollten stochastische Unsicherheiten berücksichtigt werden.[539]

Zwar wird versucht, diese Form der Unsicherheit bei einzelnen Modellparametern durch die im Zusammenhang mit konventionellen Planungssystemen erläuterten Vorschläge zu antizipieren,[540] doch wurde bereits darauf hingewiesen, daß die einzelnen Maßnahmen nicht unproblematisch sind. So ist z.B. das Einplanen von Sicherheitsbeständen mit z.T. hohen Bestandskosten verbunden. Um daher derartige Nachteile zu vermeiden, soll im folgenden untersucht werden, wie stochastische Modellparameter sachadäquat antizipiert werden können.

Zunächst ist hierbei zu prüfen, inwiefern die klassischen Verfahren der stochastischen Programmierung zur Lösung des nachstehenden stochastisch linearen Programms taugen:

$$zw(\mathbf{x},\boldsymbol{\omega}) = r_1(\boldsymbol{\omega})x_1 + \ldots + r_c(\boldsymbol{\omega})x_c \rightarrow \text{Max} \tag{79}$$

$$\text{u.B.d.N.}: \quad a_{i1}(\boldsymbol{\omega})x_1 + \ldots + a_{ic}(\boldsymbol{\omega})x_c \leq b_i(\boldsymbol{\omega}), \quad \forall i = 1,\ldots,u \tag{80}$$

$$x_1, x_2, \ldots, x_c \geq 0,$$

$r_j(\boldsymbol{\omega}), a_{ij}(\boldsymbol{\omega})$ und $b_i(\boldsymbol{\omega})$ sind hierbei Zufallsvariablen, die über einen Wahrscheinlichkeitsraum definiert sind. Bei Verfahren der stochastisch linearen Optimierung wird dann angenommen, daß die stochastischen Restriktionsparameter einfachen Wahrscheinlichkeitsverteilungen, wie z.B. der Expotential- oder Gleichverteilung genügen.[541]

Bei Problemstellungen der hierarchischen Produktionsplanung ist dies jedoch nicht sehr realistisch. So können beispielsweise, wie in Abb. 44 dargestellt, mehrgipflige Wahrscheinlichkeitsdichtefunktionen für Produktdeckungsbeiträge oder für Nachfragemengen nach Produkten vorliegen. In diesen Fällen sind die hieraus resultierenden stochastischen Optimierungsprobleme nicht mehr mit klassischen Verfahren der sto-

538) Vgl. Herterich/ Zell 1991, S. 92.

539) Vgl. Rommelfanger 1994a, S. 277.

540) Vgl. Abschnitt 2.5.2.

541) Dies ist z.B. bei der *Chance Constrained-Methode* (Charnes/ Cooper 1959), bei Kompensationsmodellen (Abel 1981, S. 76ff) oder dem stochastischen Programmieren mit Regreß (Kall 1982) der Fall. Einfache Wahrscheinlichkeitsverteilungen werden auch bei Kira et al. 1997 vorausgesetzt, die eine Erweiterung des Modells von Hax und Meal entwickelt haben, bei der potentielle Restriktionsverletzungen durch Zufallsschwankungen von Nachfragemengen mit Strafkosten bewertet werden.

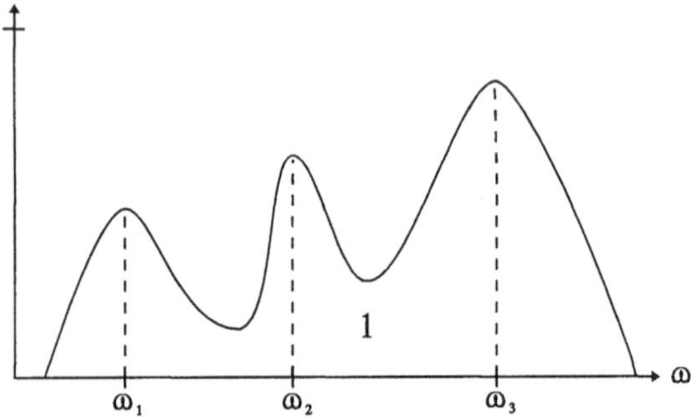

Abb. 44: Wahrscheinlichkeitsdichtefunktion

chastisch linearen Programmierung lösbar, da gegen die Konvexitätsbedingung verstoßen wird.

Lediglich die sogenannte *Fat solution–Methode*[542] bietet eine Lösung für dieses Problem an. Bei dieser Methode wird angenommen, daß der Entscheider dazu in der Lage ist, zwischen endlich vielen Umweltzuständen $s \in \{1, \ldots, S\}$ zu unterscheiden und für diese diskrete Wahrscheinlichkeitsverteilungen $p(\omega_s)$ angeben kann, wobei

$$p(\omega_s) \geq 0, \quad \sum_{s=1}^{S} p(\omega_s) = 1.$$

Sämtliche Parameter, die Zufallseinflüssen unterworfen sind, werden anschließend zustandsspezifisch fixiert, so daß sich in Verbindung mit dem Erwartungswertkonzept das nachstehende Optimierungsproblem mit $u \cdot s$ Restriktionen ergibt:

$$\mathrm{E}(zw(\mathbf{x}, \boldsymbol{\omega})) = \sum_{j=1}^{c} \left(\sum_{s=1}^{S} r_j(\omega_s) p(\omega_s) \right) \cdot x_j \to \text{Max} \tag{81}$$

unter Beachtung der Nebenbedingungen:

$$\begin{aligned} a_{i1}(\omega_s)x_1 + \ldots + a_{ic}(\omega_s)x_c &\leq b_i(\omega_s), \quad \forall i = 1, \ldots, u, \quad \forall s = 1, \ldots, S \\ x_1, x_2, \ldots, x_c &\geq 0. \end{aligned} \tag{82}$$

Durch das obige Modell wird nun sichergestellt, daß die ermittelte Lösung unabhängig vom später realisierten Umweltzustand mit Sicherheit keine Restriktion verletzt und die Konvexitätsbedingung in jedem Fall erfüllt ist.

Allerdings hat die Berücksichtigung von u Restriktionen pro Umweltzustand zur Folge, daß die Menge der zulässigen Lösungen entsprechend stark eingeschränkt wird. Dies ist vor allem bei relativ großen Streubereichen der Modellparameter ein immenses

[542] Eine detaillierte Erläuterung der Fat solution–Methode findet sich in Madansky 1962.

Problem.[543] Da außerdem das Bestreben, eine Lösung zu bekommen, die allen Restriktionen unabhängig vom Umweltzustand genügt, eine totale Risikoaversion des Entscheiders impliziert, läßt sich eine derart starke Beschneidung des Lösungsraums i.d.R. nicht rechtfertigen. So kann man davon ausgehen, daß Entscheider i.a. dazu bereit sind, potentielle Überschreitungen von Restriktionen in Kauf zu nehmen, die eher unwahrscheinlichen Umweltzuständen zuzuordnen sind. Die bei der Fat Solution–Methode unterstellte Grundhaltung ist deshalb im Regelfall als zu pessimistisch abzulehnen.

Problematisch sind zudem die bei klassischen Verfahren verwendeten Zielfunktionen, die im Normalfall deterministisch formuliert sind. Neben Erwartungswertzielen werden bei den meisten Verfahren Risikominimierungsziele oder Nutzenziele[544], die den Erwartungswert und die Varianz berücksichtigen, verfolgt. Diese Zielkriterien sind jedoch unangebracht, wenn die Zufallsvariablen mehrgipfligen Wahrscheinlichkeitsdichtefunktionen genügen. Ferner ist selbst für den Fall, daß diese Parameter einfachen Verteilungen genügen, die Adäquanz dieser Zielkriterien nicht gegeben, wenn zwischen der Risikoeinstellung des Entscheiders und den erreichbaren Zielwerten Abhängigkeiten bestehen.

Ergeben sich beispielsweise bei der Minimierung der Varianz sehr niedrige Gesamtdeckungsbeiträge, so könnte ein prinzipiell risikoscheuer Entscheider seine Risikoeinstellung überdenken und zumindest kurzfristig ändern, um einen gewissen Mindestgewinn zu erzielen, den er z.B. zur Überwindung kurzfristiger Liquiditätsprobleme benötigt. Ebenso könnte man sich vorstellen, daß sich Entscheider zunächst risikoneutral verhalten und dann in gewissen Entscheidungssituationen zu mehr oder weniger Risikofreude neigen.

Darüber hinaus ist bei klassischen Ansätzen zu kritisieren, daß die Formulierung umweltspezifischer Parameter umfassende Kenntnisse bzw. fundierte Schätzungen über die zugrunde liegenden Wahrscheinlichkeitsverteilungen erfordert, so daß ein immenser Informationsbedarf entsteht und der Planungsaufwand zunimmt.[545] Ist dieser Aufwand sehr groß, sollte man sich mit einer Beschreibung der umweltspezifischen Parameter durch Fuzzy–Zahlen bzw. –Intervalle zufrieden geben. Die verschiedenen

---

[543] Vgl. Abel 1981, S. 22.

[544] Zur Kritik an Nutzenzielen vgl. Abschnitt 2.3.2.

[545] Vgl. Dück/ Bliefernich 1972, S. 249.

Formen der Unbestimmtheit sind somit zu kombinieren und simultan im Entscheidungskalkül zu berücksichtigen.[546] Somit ergibt sich das nachstehende Problem:

$$\widetilde{zw}_s(\mathbf{x}) = \tilde{r}_1(\omega_s)x_1 + \ldots + \tilde{r}_c(\omega_s)x_c \rightarrow \widetilde{\text{Max}}, \quad \forall s \in \{1, \ldots, S\} \tag{83}$$

unter Beachtung der Restriktionen:

$$\begin{aligned} \tilde{a}_{i1}(\omega_s)x_1 + \ldots + \tilde{a}_{ic}(\omega_s)x_c &\tilde{\leq} \tilde{b}_i(\omega_s), \quad \forall i = 1, \ldots, u, \forall s \in \{1, \ldots, S\} \\ x_1, \ldots, x_c &\geq 0, \end{aligned} \tag{84}$$

dessen Lösung mit klassischen Verfahren der stochastisch linearen Programmierung nicht möglich ist.

Aufgrund der o.a. Kritikpunkte muß festgestellt werden, daß Verfahren der stochastisch linearen Optimierung zur Lösung von Produktionsplanungsproblemen ungeeignet sind. Deshalb wird im nächsten Abschnitt eine Erweiterung von FULPAL vorgeschlagen, die es ermöglicht, die verschiedenen Formen der Unbestimmtheit simultan zu antizipieren.

4.4.2 Interaktives Disponieren mit fuzzy–stochastischen Daten

Bei der Erweiterung von FULPAL um stochastische Modellelemente wird davon ausgegangen, daß die Ausprägungen der Parameter einzelner Restriktionen bzw. Zielfunktionen vom Eintritt bestimmter Umweltzustände abhängig sind. Daher werden die Zielfunktionen und Restriktionen für sämtliche Umweltzustände zustandsspezifisch formuliert.

Im Entscheidungsmodell vom Typ (83/ 84) sind dann jeweils S zustandsspezifische Erscheinungsformen der Zielfunktionen und Restriktionen einzubeziehen. Unwahrscheinliche Umweltzustände sollten hierbei nicht berücksichtigt bzw. mit anderen Umweltzuständen zusammengefaßt werden, da andernfalls damit gerechnet werden muß, daß die Anzahl der Zielfunktionen bzw. Restriktionen stark ansteigt und der Lösungsaufwand dementsprechend zunimmt. Werden Umweltzustände zusammengefaßt, so lassen sich die Parameter der betreffenden Restriktionen im Regelfall nicht mehr durch deterministische Größen beschreiben. Statt dessen empfiehlt es sich, diese Parameter als Fuzzy–Zahlen oder –Intervalle zu modellieren.

Zugleich sollten unscharfe Koeffizienten und rechte Seiten für zustandsunabhängige Restriktionen

[546] Vgl. Wolf 1988, S. 158-159.

$$\sum_{j=1}^{c}(\overline{a}_{ij}+\overline{\alpha}_{ij}^{\epsilon})x_j \leq b_i+\overline{e}_i^{\epsilon},$$

verwendet werden, wenn dies aus den in den Abschnitten 4.1 und 4.3.2 erläuterten Gründen erforderlich ist. Überschreitungen dieser Restriktionen sind grundsätzlich unerwünscht. Des weiteren wird angenommen, daß der Disponent dazu bereit ist, ein Risiko bezüglich der Einhaltung der Restriktionen

$$\tilde{a}_{i1}(\omega_s)x_1+\ldots+\tilde{a}_{ic}(\omega_s)x_c \tilde{\leq} \tilde{b}_i(\omega_s) \quad \forall i=1,\ldots,u, \quad \forall s=1,\ldots,S$$

einzugehen, da der Eintritt des sich letztlich als richtig erweisenden Umweltzustands $s \in \{1,\ldots,S\}$ und die damit verbundene Gestalt der Restriktionen ungewiß ist. D.h. es wird davon ausgegangen, daß der Disponent im Fall der stochastischen Unsicherheit von Restriktionen Überschreitungen der Restriktionsgrenzen b_{is} in Kauf nimmt.

Aus diesem Grund wird vorgeschlagen, Verletzungen stochastischer Restriktionen zu riskieren, indem die Restriktionsgrenzen $b_{is}+\overline{e}_{is}^{\epsilon}$ gelockert und die entsprechenden Restriktionen folgendermaßen modifiziert werden:[547)][548)]

$$\sum_{j=1}^{c}(\overline{a}_{ijs}+\overline{\alpha}_{ijs}^{\epsilon})x_j \leq b_{is}+\overline{e}_{is}^{\epsilon}+\frac{\kappa_i^{\epsilon}}{p_s} \tag{85}$$

$\kappa \in [0,\infty[$ ist hierbei ein benutzerdefinierter Risikoaversionsparameter, der als obere Schranke für das Risiko interpretiert werden kann. *Risiko* wird in Analogie zur *Integrated Chance Constraint-Methode*[549)] als Erwartungswert der potentiellen Restriktionsverletzungen

$$\mathrm{E}(\varsigma_i(\mathbf{x}))=\sum_{s=1}^{S}\varsigma_i(\mathbf{x},\omega_s)\cdot p_s \tag{86}$$

$$\text{mit} \quad \varsigma_i(\mathbf{x},\omega_s)=\mathrm{Max}\left[0,\sum_{j=1}^{c}(\overline{a}_{ijs}+\overline{\alpha}_{ijs}^{\epsilon})x_j-(b_{is}+\overline{e}_{is}^{\epsilon})\right] \tag{87}$$

definiert. Die Modifizierung stochastisch unbestimmter Restriktionen (85) basiert somit auf der o.a. Definition des Risikos bzw. auf der nachstehenden Beschränkung desselben durch κ_i^{ϵ}:

$$\mathrm{E}(\varsigma_i(\mathbf{x})) \leq \kappa_i^{\epsilon}, \quad \forall \quad i=1,\ldots,u \tag{88}$$

$$\Leftrightarrow \quad \mathrm{E}\left(\mathrm{Max}\left[0,\sum_{j=1}^{c}(\overline{a}_{ijs}+\overline{\alpha}_{ijs}^{\epsilon})x_j-(b_{is}+\overline{e}_{is}^{\epsilon})\right]\right) \leq \kappa_i^{\epsilon}, \quad \forall \quad i=1,\ldots,u. \tag{89}$$

---

547) Vgl. Rommelfanger 1991b, S. 220.

548) Zur Vereinfachung der Schreibweise wird im folgenden p_s statt $p(\omega_s)$ verwendet.

549) Vgl. zur Integrated Chance Constraint–Methode: Klein Haneveld 1986.

Je größer die obere Schranke für das Risiko bzw. für den Erwartungswert der Restriktionsverletzungen κ_i^ϵ gewählt wird, desto größer wird tendenziell der Lösungsraum. Sind daher κ_i^ϵ und $\hat{\kappa}_i^\epsilon$ beliebige Aversionsparameter, so gilt für die zulässigen Mengen $X(\kappa_i^\epsilon) = \{\mathbf{x} \in \mathbb{R}^c \mid \mathrm{E}(\varsigma_i(\mathbf{x})) \leq \kappa_i^\epsilon\}$:[550)]

$$\kappa_i^\epsilon \leq \hat{\kappa}_i^\epsilon \Rightarrow X(\kappa_i^\epsilon) \subseteq X(\hat{\kappa}_i^\epsilon) \tag{90}$$

Das Problem besteht nun für den Disponenten darin, aus seiner Sicht angemessene Risikoaversionsparameter κ_i^ϵ zu fixieren. Da davon ausgegangen werden kann, daß dieser zu Beginn des Dispositionsprozesses noch keine Vorstellung über potentiell angemessene κ_i^ϵ–Werte hat, wird für die erste Iteration vorgeschlagen, die κ_i^ϵ–Werte durch $0,1 \cdot (b_{is} + \overline{e}_{is}^\epsilon)$ festzulegen. Je nach Risikoeinstellung des Entscheiders sind aber auch andere Vorschläge akzeptabel, die für alle Restriktionen zu höheren oder niedrigeren κ_i^ϵ–Werten führen.

Im Verlauf des Iterationsprozesses kann sich der Entscheider darüber informieren, wie hoch der jeweilige κ_i^ϵ–Wert einer Restriktion ist. In Abhängigkeit der jeweiligen Lösungsvorschläge, die seine Risikoeinstellung beeinflussen können, wird es ihm dann in einem interaktiven Prozeß ermöglicht, die oberen Schranken des Risikos κ_i^ϵ zu modifizieren, falls er dies als notwendig erachtet.

Sieht sich der Disponent außerstande, deterministische Werte für die κ_i^ϵ–Parameter anzugeben, sollte ihm die Möglichkeit eingeräumt werden, diese unscharf zu quantifizieren. Die Restriktionen (85) sind dann durch

$$\sum_{j=1}^{c} (\overline{a}_{ijs} + \overline{\alpha}_{ijs}^\epsilon) x_j \leq b_{is} + \overline{e}_{is}^\epsilon + \frac{\tilde{\kappa}_i^\epsilon}{p_s} \tag{91}$$

zu substituieren. Da sich allerdings hierbei die Spannweiten der rechten Seiten im Vergleich zu den Restriktionen (85) vergrößern, wird empfohlen, nach Möglichkeit deterministische Risikoaversionsparameter zu verwenden.

Ist der Disponent dazu bereit, Verletzungen der Restriktionen zu riskieren, sollten konsequenterweise auch die Anspruchsniveaus g_{is}^A gelockert werden. Aus diesem Grund schlägt Rommelfanger[551)] vor, die Anspruchsniveaus, die nach der in Abschnitt 4.3.3 beschriebenen Verfahrensweise bestimmt wurden, unter Berücksichtigung der Eintrittswahrscheinlichkeiten der Umweltzustände p_s folgendermaßen abzusenken:

$$\hat{g}_{is}^A = g_{is}^A + (b_{is} + \overline{e}_{is}^\epsilon - g_{is}^A) \cdot (1 - p_s) \tag{92}$$

550) Vgl. Rommelfanger 1994a, S. 281.

551) Vgl. Rommelfanger 1991b, S. 218.

Um risikobehaftete Restriktionen stärker in Anspruch zu nehmen, kann statt dem Anspruchsniveau (92) auch

$$\hat{g}_{is}^A = g_{is}^A + (b_{is} + \overline{e}_{is}^\epsilon + \frac{\kappa_i^\epsilon}{p_s} - g_{is}^A) \cdot (1 - p_s) \tag{93}$$

verwendet werden. Dieses Anspruchsniveau ist einer Absenkung nach (92) zu präferieren, falls der Entscheider zur Risikofreude neigt. Andernfalls sollte man die Anspruchsniveaus durch (92) anpassen.

Wie Abb. 45 zeigt, werden dann Überschreitungen der Grenzen b_{is} von risikobehafteten Restriktionen bei einer Verwendung von (92) bzw. (93) weniger streng bewertet als dies bei einem Verzicht auf eine Absenkung der Anspruchsniveaus der Fall ist. Darüber hinaus kann nun eine Ressource stärker in Anspruch genommen werden, ohne dabei λ_A zu unterschreiten. Unterliegt eine Restriktion keinerlei stochastischen Einflüssen, gilt also $p_s = 1$, so stimmt das Anspruchsniveau $\hat{g}_{is}^A$ mit dem Anspruchsniveau g_{is}^A überein.

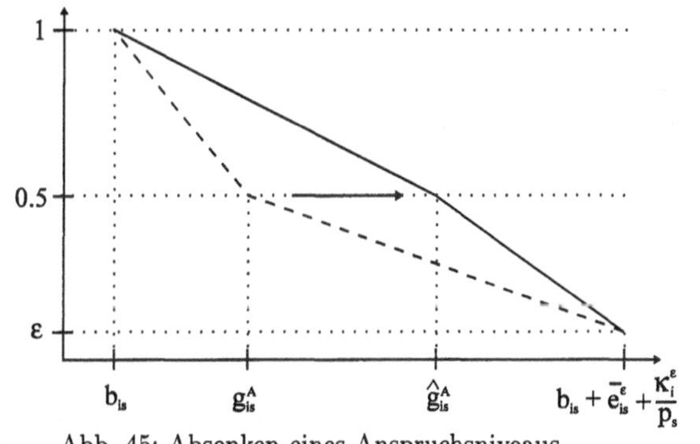

Abb. 45: Absenken eines Anspruchsniveaus

Bei umweltspezifischen Zielfunktionen wird davon abgeraten, zunächst die maximal erreichbaren Zielwerte auszudehnen und anschließend die Anspruchsniveaus abzusenken, da die Parameter $\underline{z}_{ks}$ und $\overline{z}_{ks}$ im Gegensatz zu den Intervallgrenzen der Restriktionsbeschränkungen Werte darstellen, die i.d.R. nicht erreicht werden. So spiegelt z.B. der Parameter $\underline{z}_{ks}$ eine Einschätzung der betreffenden Zielgröße wider, die bewußt extrem pessimistisch getroffen wird, um den Lösungsraum nicht zu früh einzuengen. Ebenso ist ein Zielwert von $\overline{z}_{ks}$ sehr unrealistisch, da sich bei effizienten Handlungsalternativen i.d.R. niedrigere Zielwerte einstellen, falls keine perfekte Lösung existiert.

Eine Ausweitung der maximalen Zielwerte $\overline{z}_{ks}$ ist daher nicht sinnvoll. Um dennoch umweltspezifische Zielfunktionen zu berücksichtigen, könnte man deren Aggregation durch das Erwartungswertkonzept in Erwägung ziehen. Da jedoch davon ausgegangen wird, daß Disponenten in diesem Fall mit der Fixierung der entsprechenden Anspruchsniveaus überfordert sind, wird von der Verwendung des Erwartungswertkonzepts abgeraten und die Beibehaltung der umweltspezifischen Zielfunktionen empfohlen.[552)]

Wie beim interaktiven Disponieren mit nicht–stochastischen Daten sollten dann die oberen und unteren Zielwerte $\overline{z}_{ks}$ bzw. $\underline{z}_{ks}$ für jede Zielfunktion unter Beachtung der zustandsabhängigen Restriktionen berechnet werden, so daß der Lösungsraum für den Disponenten zumindest grob überschaubar wird. In Kenntnis der Zielwerte $\overline{z}_{ks}$ und $\underline{z}_{ks}$ kann der Entscheider anschließend die Anspruchsniveaus für die zustandsbezogenen Zielfunktionen nach seinem subjektiven Ermessen unter Einbeziehung der jeweiligen Eintrittswahrscheinlichkeiten und seiner Risikoeinstellung fixieren. Nach der Durchführung einer Iteration sind diese Anspruchsniveaus zu modifizieren, falls dies der Entscheider für notwendig hält.

Erfordert ein Lösungsvorschlag die Verletzung der Grenzen zustandsspezifischer Restriktionen $b_{is} + \overline{e}_{is}^{\epsilon}$, so muß bei dessen Beurteilung berücksichtigt werden, daß der entsprechende Plan auch beim Eintritt eines ungünstigen Umweltzustands, bei dem Restriktionen überschritten werden, durchsetzbar sein kann. Dies ist z.B. der Fall, wenn bei der Berechnung der linken Restriktionsseiten mit einer Kompensation günstiger und ungünstiger Koeffizienten zu rechnen ist.

Gegebenenfalls sollte deshalb eine neue Iteration unter Verwendung der erweiterten parameterabhängigen Addition gestartet werden.[553)] Um geeignete Kompensationsgrade bzw. τ–Werte für die jeweiligen Restriktionen zu fixieren, ist hierbei auf Fachwissen der Disponenten zurückzugreifen. Ferner können gezielt Informationen eingeholt werden, indem z.B. Mitarbeiter, die für Engpaßressourcen verantwortlich sind, zu solchen Kompensationsmöglichkeiten befragt oder entsprechende Daten aus der Betriebsstatistik angefordert werden.

Wird eine Kompensation hoher Koeffizienten durch niedrige ausgeschlossen, was jedoch eher unrealistisch ist, oder reicht der Kompensationseffekt nicht zur Beseitigung der Restriktionsverletzungen aus, ist zu überlegen, inwiefern die entsprechenden Über-

---

552) Vgl. Rommelfanger 1991b, S. 220.

553) Vgl. zur erweiterten parameterabhängigen Addition Abschnitt 4.3.2.2.

schreitungen möglicherweise durch die Ausnutzung von Substitutionsbeziehungen zwischen einzelnen Ressourcen eliminiert werden können. So ist z.B. bei der Verletzung von Kapazitätsrestriktionen einzelner Fertigungseinheiten eine Verlagerung der Produktion von Produkten auf andere Maschinengruppen in Erwägung zu ziehen, falls derartige Möglichkeiten bestehen.[554)]
Der Iterationsprozeß endet, wenn eine für den Disponenten akzeptable Lösung gefunden ist, die dieser für durchsetzbar hält.

Zur Verdeutlichung des Ablaufs der oben beschriebenen Erweiterung von FULPAL soll nun das auf S. 156 eingeführte Beispiel erweitert werden. Dabei wird angenommen, daß die Ausprägungen gewisser Parameter der Restriktionen I bis IV vom Eintritt bestimmter Umweltzustände abhängig sind. Deren Eintrittswahrscheinlichkeiten werden vom Entscheider mit $p_1 = 0,5$; $p_2 = 0,3$ und $p_3 = 0,2$ beziffert. Die einzelnen Modellparameter können dann durch die nachstehende Tabelle beschrieben werden:

UZ	Restriktion	x_1	x_2	b_{is}
1	Kapaz. I	$(650, 670, 20, 20)^{0,1}$	$(840, 840, 10, 10)^{0,1}$	$(40000, 0, 5000)^{0,1}$
	Kapaz. II	$(360, 360, 5, 5)^{0,1}$	$(425, 435, 15, 15)^{0,1}$	$(28000, 0, 7000)^{0,1}$
	Kapaz. III	$(20, 20, 5, 5)^{0,1}$	20	$(1200, 0, 600)^{0,1}$
	Absatz IV	1	0	$(30, 0, 5)^{0,1}$
	Absatz V	0	1	52
2	Kapaz. I	$(600, 620, 20, 20)^{0,1}$	$(830, 840, 10, 10)^{0,1}$	$(37000, 0, 2000)^{0,1}$
	Kapaz. II	$(345, 345, 5, 5)^{0,1}$	$(395, 410, 15, 20)^{0,1}$	$(25000, 0, 9000)^{0,1}$
	Kapaz. III	$(17, 18, 5, 2)^{0,1}$	$(16, 17, 1, 1)^{0,1}$	$(1000, 0, 500)^{0,1}$
	Absatz IV	1	0	$(30, 0, 3)^{0,1}$
	Absatz V	0	1	52
3	Kapaz. I	$(660, 680, 10, 10)^{0,1}$	840	$(41000, 0, 6000)^{0,1}$
	Kapaz. II	$(390, 390, 10, 10)^{0,1}$	$(425, 435, 15, 15)^{0,1}$	$(30000, 0, 8000)^{0,1}$
	Kapaz. III	$(23, 24, 3, 3)^{0,1}$	$(23, 24, 1, 1)^{0,1}$	$(1300, 0, 600)^{0,1}$
	Absatz IV	1	0	$(34, 0, 4)^{0,1}$
	Absatz V	0	1	52

Tabelle 10: Ausgangsdaten zum erweiterten Fallbeispiel

Da der Disponent zu Beginn des Dispositionsprozesses noch keine genaue Vorstellung über geeignete κ_i^ϵ-Werte hat, werden diese anfangs pauschal gleich $0,1 \cdot (b_{is} + \overline{e}_{is}^\epsilon)$ gesetzt. Daraufhin ergibt sich die Lösung $\mathbf{x}' = (35,25; 25,84)$ mit $\lambda^* = 0,71$. Nach weiteren Iterationen kristallisieren sich die in der Tabelle 11 angeführten Anspruchsniveaus heraus, die der Disponent nach Möglichkeit nicht mehr verändern will.

554) Vgl. hierzu auch Abschnitt 4.3.1.

Restriktion	UZ	$\hat{g}_{is}^A$	UZ	$\hat{g}_{is}^A$	UZ	$\hat{g}_{is}^A$
Kapaz. I	1	47 000	2	50 000	3	44 000
Kapaz. II		40 000		38 000		50 000
Kapaz. III		2 000		1 800		2 500
Absatz IV		33		40		43

Tabelle 11: Anspruchsniveaus zum erweiterten Fallbeispiel

Bei dieser Datenkonstellation wird aber λ^A mit $\lambda^* = 0,46$ verfehlt. Der Disponent informiert sich deshalb über die kritischen λ–Werte und überlegt, inwiefern er es vertreten kann, ein höheres Risiko bezüglich der Einhaltung stochastischer Restriktionen einzugehen. Dabei stellt er fest, daß die Restriktion IV im Umweltzustand 1 und die Restriktion I im Umweltzustand 3 kritisch ist. Weil der Umweltzustand 3 eine im Vergleich zum Umweltzustand 1 niedrige Eintrittswahrscheinlichkeit hat, beschließt der Disponent, eine größere Verletzung der Restriktion I zu riskieren, indem er die entsprechende Begrenzung des Erwartungswertes der Überschreitung im Umweltzustand 3 für Restriktion I von 4700 auf 5100 ausweitet. Hierdurch ergibt sich eine Vergrößerung der rechten Spannweite der betreffenden Restriktionsgrenze, was den Disponenten dazu veranlaßt, das entsprechende Anspruchsniveau anzupassen.

Nachdem er das Anspruchsniveau $\hat{g}_{I3}^A = 44000$ durch 45250 substituiert, liefert FULPAL die Lösung $\mathbf{x}' = (32,97; 27,13)$, die zu einem λ^* von etwa 0,5 führt. Der Disponent beendet daraufhin den Dispositionsprozeß, da ihn diese Lösung voll zufriedenstellt.

Wie dieses Beispiel gezeigt hat, ermöglicht es FULPAL, auch stochastische Koeffizienten und rechte Seiten zu berücksichtigen, die mehrgipfligen Verteilungen unterliegen. Bei der Formulierung des Entscheidungsmodells kann der Disponent abwägen, inwiefern es sich lohnt, detaillierte Informationen über die jeweiligen Parameter zu beschaffen und eine gewisse Anzahl von Umweltzuständen zu berücksichtigen. In den meisten Fällen wird es allerdings sinnvoll sein, Informationskosten zu sparen und mit ungenauen Fuzzy–Parametern zu arbeiten.

Darüber hinaus wird der Disponent durch die von FULPAL 3.0 gelieferten Informationen in die Lage versetzt, sich bei der Fixierung der Risikoaversionsparameter und der Anspruchsniveaus auf die entscheidungsrelevanten Restriktionen zu konzentrieren. Hierbei kann er im Rahmen des interaktiven Dispositionsprozesses seine Risikoeinstellung bezüglich der Restriktionen überdenken. Der oben beschriebene Ansatz antizipiert somit, daß sich die Risikoeinstellung des Disponenten aufgrund gewisser Zwischenresultate bzw. Lösungsvorschläge im Verlauf des Entscheidungsprozesses verändern kann.

So können z.B. die Anforderungen des Disponenten bezüglich der Zielgröße *Gewinn* so hoch sein, daß sich für andere Zielgrößen oder Restriktionen inakzeptable Ergebnisse einstellen. Um nicht von seinen Anforderungen abweichen zu müssen und zu einer Lösung zu kommen, die ihn voll zufriedenstellt, ist er daher u.U. wie im obigen Beispiel deutlich wurde dazu bereit, ein größeres Risiko der Verletzung von Restriktionen einzugehen. Im Gegensatz zu klassischen Verfahren der stochastischen Optimierung kann dies bei FULPAL durch entsprechende Anpassungen der Risikoeinstellung, d.h. durch Modifikationen der Risikoaversionsparameter von Restriktionen berücksichtigt werden. Mit FULPAL steht dem Disponenten somit ein flexibles und adäquates Instrument zur Bewältigung von Unbestimmtheiten zur Verfügung.
Abschließend werden nun die wichtigsten Ergebnisse dieser Untersuchung zusammengefaßt und Entwicklungstendenzen im Bereich der hierarchischen Planung aufgezeigt.

5 Ergebnisse und Ausblick

Zunächst ist festzustellen, daß sich funktionale Dekompositionsstrukturen, wie sie z.B. beim MRP II-Konzept vorliegen, nur bedingt zur Lösung von hierarchischen Produktionsplanungsproblemen unter Beachtung konfliktärer Zielgrößen eignen. Vor allem das Fehlen eines überzeugenden Konzepts zur Bewältigung von Planungsunsicherheiten sowie die mangelhafte Berücksichtigung funktionsübergreifender Interdependenzen sind als wesentliche Kritikpunkte anzuführen.
Da Simultanplanungsansätze zwar wünschenswert, jedoch aufgrund der in Abschnitt 2.1 erläuterten Probleme nicht realisierbar sind, wird zumindest eine partielle Verschmelzung der Funktionen im Rahmen einer hierarchischen Integration mit dezentralen Planungsmodulen gefordert.[555] Hierbei ist eine konzeptionelle Umorientierung i.S. der in den Abschnitten 2.5 und 2.6 diskutierten objektbezogenen Ansätze zu empfehlen.

Zwar decken konventionelle objektbezogene Ansätze im Regelfall nicht alle Funktionen der Produktionsplanung ab, doch sind sie auf das unternehmensspezifische Produktionsumfeld bzw. die speziellen Fertigungsstrukturen zugeschnitten und führen zu hierarchischen Modellen, bei denen zwischen den Subproblemen i.d.R. nur relativ geringe Interdependenzen bestehen. Hierdurch eröffnet sich die Möglichkeit, voneinander unabhängige Teilprobleme an mehr oder weniger autonome Dispositionseinheiten zu delegieren und dezentral zu lösen. Eine Weiterentwicklung objektbezogener Ansätze ist daher im engen Zusammenhang mit einem Trend zu flexiblen, funktional dezentralen Konzepten zu sehen, wobei es voraussichtlich zu einer Ausdünnung mittlerer Dispositionsebenen und damit zur Verflachung von Planungshierarchien kommen wird. Durch ein paralleles Lösen der jeweiligen Subprobleme kann dann der gesamte Dispositionsprozeß erheblich beschleunigt, der Dispositionsbeginn zeitlich verschoben und damit ein besserer Informationsstand antizipiert werden.

Obwohl sich die meisten Dezentralisierungskonzepte momentan eher auf kurzfristige Dispositionsschritte beschränken, ist aus den o.a. Gründen zu erwarten, daß immer mehr Teilaufgaben der Material- und Zeitwirtschaft, die bisher zentral durchgeführt wurden, an teilautonome Planungseinheiten delegiert werden. In Verbindung mit modernen dezentralen Konzepten der Fertigungsorganisation und größeren Entscheidungsspielräumen für die betreffenden Disponenten kann hierdurch ein erhebliches Erfolgspotential erschlossen und ein Beitrag zu einer flexiblen realitätskonformen Dis-

[555] Vgl. Drexl et al. 1994, S. 1029.

position geleistet werden, wobei das Know–how der humanen Ressourcen in stärkerem Maße als bisher zum Tragen kommt.

Dezentrale objektbezogene Konzepte erfordern jedoch z.T. erhebliche Umstrukturierungen konventioneller Planungssysteme. Da diese Umstrukturierungsmaßnahmen ein wesentliches Hindernis für die Ausschöpfung der oben beschriebenen Erfolgspotentiale im Bereich der Produktionsplanung sein können, wurde untersucht, inwiefern Clusteranalysen zur Lösung dieses Problems beitragen können. Dabei konnte festgestellt werden, daß sich das Problem der Aggregation von Modellelementen nur bedingt durch deterministische Varianten lösen läßt, da klassische Verfahren zu dichotomen Klassenstrukturen führen und somit nicht berücksichtigen, daß die meisten Objekte eine gewisse Affinität zu mehreren Klassen aufweisen. Hierdurch können wichtige Informationen über Freiheitsgrade, die sich bei der Disaggregation der Ergebnisse übergeordneter Planungsebenen ergeben, verlorengehen.

Um dies zu vermeiden, empfiehlt es sich, den Aggregationsprozeß durch Fuzzy–Clusteranalysen, die Mehrfachzuordnungen erlauben, zu unterstützen. Da allerdings die meisten gängigen Fuzzy–Varianten die Kompatibilitäten der Objekte zu den Klassen nur verzerrt wiedergeben oder für Wiedererkennungsprobleme konzipiert sind, wurde im Rahmen des Konzepts HIPROFIT das sachadäquate Fuzzy–Clusteranalyse–Tool CLAZZI entwickelt.

Mittels CLAZZI können unscharfe Aggregate gebildet werden, wobei Informationen über tendenzielle Zugehörigkeiten von Objekten zu Aggregaten realistisch ausgewiesen werden. Hierdurch wird die Konstruktion hierarchischer Produktionsplanungsmodelle erheblich vereinfacht und die Möglichkeit zur flexiblen Disaggregation eröffnet. Zudem können Entscheidungen über die endgültige Klassenzugehörigkeit von Objekten solange verschoben werden, bis Dispositionsschritte anstehen, die deren exklusive Zuordnung erforderlich machen.

Um mit den unscharfen Aggregaten disponieren zu können und Unbestimmtheiten sachadäquat zu antizipieren, wurde HIPROFIT durch FULPAL, einem Modul zur Fuzzy Linearen Programmierung, erweitert. Dieses Modul beinhaltet ein interaktives Mehrzieloptimierungsverfahren, das auf einem Satisfizierungsansatz basiert, und ermöglicht eine funktionsübergreifende Disposition mit Fuzzy–Daten. Dabei kann der Disponent sämtliche Parameter so genau fixieren, wie es sein Informationsstand erlaubt. D.h. er wird nicht dazu genötigt, sich auf deterministische Werte für Modellparameter festzulegen, wodurch nicht–deterministische Größen wie z.B. die Eigenschaften von Aggregaten realitätskonform modelliert werden können, ohne dabei den Lösungsraum zu stark einzuschränken.

Zudem wird berücksichtigt, daß die Zielwertvorstellungen des Disponenten zu Beginn des Entscheidungsprozesses noch nicht vollständig ausgeprägt sind und sich die subjektiv erstrebenswerten Anspruchsniveaus im Verlauf des interaktiven Prozesses verändern können. Daher wird es dem FULPAL–Anwender jederzeit gestattet, die zu Beginn der Disposition fixierten Anspruchsniveaus nach seinen subjektiven Zielwertvorstellungen flexibel zu revidieren, wobei er durch Visualisierungsfunktionen unterstützt wird. An einem Beispiel wurde gezeigt, daß dem Disponenten hierdurch Dispositionsspielräume erhalten bleiben, die im Verlauf des Iterationsprozesses zur Ermittlung einer satisfizierenden Lösung genutzt werden können.

Um überflüssige Informationsbeschaffungsaktivitäten zu vermeiden und die damit verbundenen Kosten zu sparen, wird im Rahmen des interaktiven Lösungsverfahrens auf entscheidungsrelevante Größen hingewiesen, über die gezielt Informationen eingeholt werden können, wenn dies der Benutzer als sinnvoll erachtet. Zu diesen Größen gehören sämtliche Fuzzy–Koeffizienten und die unscharfen rechten Seiten, die in Abhängigkeit vom jeweiligen Informationsstand präzisierbar bzw. modifizierbar sind. Des weiteren wurde erläutert, wie sich unter der Ausnutzung der Tatsache, daß sich bei Fuzzy–Modellen der Übergang von zulässigen zu unzulässigen Lösungen stetig vollzieht, Ganzzahligkeiten berücksichtigen lassen.

Ist ein Disponent außerdem in der Lage, realistische Angaben zu Wahrscheinlichkeiten von Parametern zu machen, die stochastischen Unsicherheiten unterliegen, so können diese in den Dispositionsprozeß einbezogen werden. Da zu den einzelnen Parametern in den jeweiligen Umweltzuständen oftmals keine genauen Angaben möglich sind, wurde eine Erweiterung von FULPAL entwickelt, die das Fuzzy–Modell mit einem Konzept zur Bewältigung stochastischer Unsicherheiten kombiniert. Diese Erweiterung eröffnet dem Disponenten die Möglichkeit, Änderungen der Risikoeinstellung, die sich im Verlauf der Iterationszyklen aufgrund der jeweiligen Lösungsvorschläge ergeben können, durch die Modifikation gewisser Risikoaversionsparameter zu antizipieren. Hierdurch wird ein weiterer wichtiger Beitrag zur Lösung des Problems der Berücksichtigung nicht–deterministischer Parameter geleistet.
Darüber hinaus sollte deutlich geworden sein, daß mit einer Kombination aus wahrscheinlichkeitstheoretischen Konzepten und Fuzzy–Instrumenten unterschiedliche Fa-

cetten des Unbestimmtheitsproblems berücksichtigt werden können und sich beide Theorien sinnvoll ergänzen.

Abschließend bleibt festzuhalten, daß ein Überdenken der klassischen funktional-hierarchischen Produktionsplanungssysteme unverzichtbar ist, damit Unternehmen flexibler und wettbewerbsfähiger agieren können. Funktional dezentralisierte, objektbezogene Dispositionskonzepte in Verbindung mit fuzzy–interaktiven Werkzeugen sind hierbei eine geeignete Alternative. Die vielversprechenden Ergebnisse dieser Arbeit sollten daher zu weiteren Forschungsaktivitäten ermuntern.

Beispielsweise könnte die unternehmenszielkonforme Umsetzung der Resultate oberer Hierarchieebenen genauer untersucht werden. Als Ansatzpunkte für eine derartige Analyse bieten sich z.B. die Erkenntnisse aus Abschnitt 3.1.2.3 an, wonach Dispositionsspielräume, die bei der späteren Durchsetzung der Ergebnisse der Grobplanung bzw. bei der Disaggregation der unscharfen Aggregate entstehen, sinnvoll oder eventuell sogar annähernd optimal genutzt werden können, wenn die kostengünstigste Fertigung der Produkte durch ein Anreizsystem belohnt wird. So ist z.B. zu überprüfen, unter welchen Bedingungen eine optimale Allokation von Produkten, die von mehreren Bereichen produzierbar sind, durch marktähnliche Mechanismen sichergestellt werden kann.
Trotz erster Ansätze, wie sie z.B. im Zusammenhang mit marktähnlichen Konzepten erläutert wurden, sind noch intensive Analysen derartiger Anreizsysteme unter verschiedenen hierarchischen Beziehungsmustern und Strukturen erforderlich.[556)] Hiervon könnten wichtige Impulse für eine sukzessive Erweiterung von HIPROFIT um weitere fuzzy–interaktive Werkzeuge ausgehen.

[556)] Erste Vorstöße in diese Richtung unternimmt z.B. Schneeweiß 1995.

Anhang

A Grundbegriffe der linearen Mehrzieloptimierung

Im Rahmen von linearen Mehrzielproblemen, die in der englischsprachigen Literatur als *Multi Objective Linear Programming-Problems* (MOLP-Problems) bezeichnet werden, wird ein Lösungsvektor $\mathbf{x}^{ideal}$ angestrebt, bei dem jedes einzelne Ziel simultan optimiert wird. Die Lösung $\mathbf{x}^{ideal}$ wird *ideale Lösung* genannt.[557] Ist diese zulässig, so spricht man auch von einer *perfekten Lösung*.[558] Da aber reale MOLP-Systeme zumeist konfliktäre Ziele aufweisen, ist die ideale Lösung i.d.R. nicht zulässig.[559]

Existiert keine perfekte Lösung, so muß man sich mit einer *effizienten* oder *pareto-optimalen Lösung* $\hat{\mathbf{x}}$ zufriedengeben, die dadurch definiert ist, daß es kein $\overline{\mathbf{x}} \in X$ gibt, so daß gilt:[560]

$$\begin{array}{lcll} zw_k(\overline{\mathbf{x}}) & \geq & zw_k(\hat{\mathbf{x}}) & \forall \; k = 1, \ldots, K, \quad \text{und} \\ zw_k(\overline{\mathbf{x}}) & > & zw_k(\hat{\mathbf{x}}), & \exists k \in \{1, \ldots, K\} \end{array}$$

Die Menge aller effizienten Lösungen bezeichnet man als *vollständige Lösung* X^v. Da diese normalerweise mehr als eine Lösung aufweist, ist aus X^v jene Lösung als *Kompromißlösung* auszuwählen, die den Zielvorstellungen des Entscheiders am besten entspricht.[561] Dazu ist eine Präferenzfunktion $H : \mathbb{R}^K \rightarrow \mathbb{R}$ festzulegen. Sei $\overline{H}(\mathbf{x}) = H(zw_1(\mathbf{x}), \ldots, zw_K(\mathbf{x}))$, so ist $\hat{\mathbf{x}}$ eine Kompromißlösung, wenn $H(\hat{\mathbf{x}}) \geq H(\mathbf{x})$ für alle $\mathbf{x} \in X^v$.

Zur Ermittlung dieser Kompromißlösung werden eine Reihe verschiedener MOLP-Verfahren vorgeschlagen, die auf unterschiedlichen Konfliktlösungsmechanismen basieren.[562] Auf die Erläuterung dieser Verfahren wird allerdings an dieser Stelle verzichtet, da im Abschnitt 4.3.3 ein für die hier zugrunde liegende Problemstellung besonders geeignetes, interaktives Verfahren zur Mehrzieloptimierung unter Berücksichtigung von Fuzziness vorgestellt wird. Interessierte Leser finden eine Übersicht über einzelne deterministische Varianten in Isermann 1979, Evans 1984 und Lieberman 1991.

---

557) Vgl. Dinkelbach/ Kleine 1996, S. 36-37.

558) Vgl. Isermann 1989, S. 430; Dinkelbach/ Kleine 1996, S. 37.

559) Vgl. Lieberman 1991, S. 1149.

560) Vgl. Isermann 1977, S. 712.

561) Vgl. Isermann 1989, S. 432.

562) Vgl. hierzu Abschnitt 2.3.2.

B Grundlagen der Fuzzy Set–Theorie

Viele Jahre vor der Prägung des Begriffs *Fuzzy Set* durch L.A. Zadeh wurde in der wissenschaftlichen Literatur darauf aufmerksam gemacht, daß sich viele Beobachtungen der realen Welt nur vage beschreiben lassen.[563] Obwohl man feststellte, daß, wie auch in den nächsten Abschnitten deutlich werden wird, das Instrumentarium der Statistik bzw. der Wahrscheinlichkeitstheorie für diese Form der Unbestimmtheit nicht zweckmäßig ist und es an Alternativen zu deren Modellierung mangelte, beschränkte man sich lange Zeit auf stochastische Methoden.[564] Erst nachdem L.A. Zadeh[565] seinen Aufsatz "Fuzzy Sets" veröffentlichte, kamen in den siebziger Jahren erste Diskussionen über die Einbeziehung vager bzw. unscharfer Daten in Systemmodellen auf.

B.1 Arten der Unbestimmtheit

Bevor nun grundlegende Kenntnisse der Fuzzy Set–Theorie erläutert werden, soll zunächst der Begriff der *Fuzziness* bzw. der *Unschärfe* gegenüber dem Begriff der *stochastischen Unsicherheit* abgegrenzt werden. Zudem sind die wichtigsten Arten der Unschärfe zu differenzieren, die mittels der Fuzzy Set–Theorie erfaßt werden können.

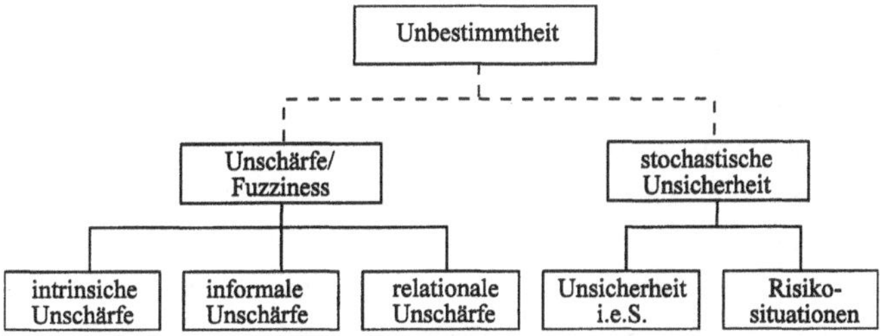

Abb. 46: Arten der Unbestimmtheit im Überblick

Wie Abb. 46 zeigt, gehören zu diesen Arten *intrinsische Unschärfen*, die auf menschlichen Empfindungen basieren.[566] Typische Beispiele für derartige Unbestimmtheiten sind die Aussagen "hohe Ausfallhäufigkeit der Produktionsanlage", "niedriges Qualitätsniveau" oder "kurze Durchlaufzeiten". Sie entstehen, da die Adjektive "hoch",

563) Vgl. z.B. Russel 1923 oder Black 1937.

564) Vgl. Zimmermann 1993, S. 91.

565) Vgl. Zadeh 1965.

566) Vgl. Rommelfanger 1994a, S. 4.

"niedrig" oder "kurz" nicht eindeutig definiert sind und die jeweiligen Begriffe von Person zu Person unterschiedlich ausgelegt werden können.

Ist dagegen ein Parameter nur ungenau bestimmbar, weil nicht genügend Informationen vorliegen, so liegt *informationale Unschärfe* vor. Diese Form der Unbestimmtheit kann darauf zurückzuführen sein, daß die Gewinnung der entsprechenden Informationen zu teuer ist und man daher dazu neigt, sich mit wenigen Informationen zu begnügen. Informationale Unschärfe kann aber auch vorliegen, wenn ein Begriff zwar durch die Aggregation vieler Informationen exakt definierbar ist, jedoch die Subsummierung verschiedener Teilinformationen auf praktische Schwierigkeiten stößt.[567)] Dieses Problem entsteht z.B. beim Ausdruck "durchsetzbares Produktionsprogramm", wenn die Überprüfung sämtlicher Bedingungen, die zur Realisierung eines Produktionsprogramms erfüllt sein müssen, ex ante sehr schwierig oder sogar unmöglich ist.

Darüber hinaus können Unschärfen im Zusammenhang mit Relationen entstehen. Bei derartigen *unscharfen Relationen* weisen die Interdependenzen zwischen einzelnen Größen keinen dichotomen Charakter auf.[568)] Dies ist z.B. der Fall, wenn bei einem Vergleich zweier Fertigungseinheiten die Einheit A "nicht wesentlich produktiver als" die Einheit B arbeitet.

Die oben erläuterten Formen der Unschärfe treten vor allem bei komplexen Systemen auf, was darauf zurückzuführen ist, daß die Fähigkeiten eines Menschen, präzise Aussagen zu machen, mit steigender Komplexität eines Systems abnimmt und ab einem gewissen Grad der Komplexität i.d.R. keine genauen Angaben mehr zu den Elementen oder den Systembeziehungen möglich sind.[569)] Um dennoch mit einem realitätskonformen Entscheidungsmodell arbeiten zu können, sollten Unschärfen bereits im Rahmen der Modellkonstruktion antizipiert werden. Dies gilt vor allem für die Modellierung komplexer Systeme.[570)] Hierzu bieten sich die Instrumente der *Fuzzy Set–Theorie* an.

Unbestimmtheiten, die stochastischer Natur sind, sollten dagegen mit Hilfe der Wahrscheinlichkeitstheorie modelliert werden. Bei *Risikosituationen* können für deterministisch oder unscharf beschriebene Ereignisse Eintrittswahrscheinlichkeiten angegeben bzw. ermittelt werden. Handelt es sich bei den Wahrscheinlichkeiten um intersubjektiv überprüfbare Aussagen, die von individuellen Einschätzungen bzw. Einstellungen

---

567) Vgl. Rommelfanger 1994a, S. 4.

568) Vgl. Zimmermann 1985, S. 596.

569) Vgl. Zadeh 1976, S. 250.

570) Vgl. Kruse 1993, S. 74.

unabhängig sind und für repetitive Massenerscheinungen erfaßt werden, so spricht man von *objektiven Wahrscheinlichkeiten.*[571] Demgegenüber liegen *subjektiven Wahrscheinlichkeiten* individuelle Einstellungen der Beurteilenden zugrunde. Sie können daher auch als subjektiver Grad des Glaubens bzw. des Fürwahrhaltens interpretiert werden.[572] Eine intersubjektive Überprüfbarkeit wird ex definitione ausgeschlossen. Liegen dagegen *Unsicherheiten i.e.S.* vor, so wird davon ausgegangen, daß der Entscheider nicht dazu in der Lage ist, den jeweiligen Ereignissen zumindest subjektive Eintrittswahrscheinlichkeiten zuzuordnen. Da jedoch diese Annahme in der Praxis selten zutrifft, werden Unsicherheiten i.e.S. im Rahmen dieser Arbeit nicht weiter behandelt.

Vergleicht man die Wahrscheinlichkeitstheorie mit der Fuzzy Set–Theorie, so kann man feststellen, daß die Wahrscheinlichkeitstheorie im Gegensatz zur Fuzzy Set–Theorie auf deduktivem Wege aus Axiomen ableitbar ist und daher harten Strukturierungsanforderungen genügen muß.[573] Soll zudem ein Modell formuliert werden, das auf objektiven Wahrscheinlichkeiten basiert, so entsteht ein hoher Informationsbedarf, was insbesondere bei der Konstruktion komplexer Modelle problematisch sein kann. Obwohl dieses Problem auch bei der Beschreibung unscharfer Modellelemente durch Zugehörigkeitsfunktionen auftreten kann, muß festgestellt werden, daß die Fixierung von Wahrscheinlichkeiten viel anspruchsvoller ist, da die Wahrscheinlichkeiten mit der strengen Axiomatik der Wahrscheinlichkeitstheorie in Einklang stehen müssen.[574]
Da die Wahrscheinlichkeitstheorie und die Fuzzy Set–Theorie unterschiedliche Aspekte der Unbestimmtheit beleuchten, besteht zwischen beiden Theorien keine substitutionale sondern eine komplementäre Beziehung.[575]

B.2 Basisdefinitionen

Im Rahmen der Fuzzy Set–Theorie wird der *Cantor'sche Mengenbegriff*, nach dem für ein beliebiges Element $x_i \in X$ oder $x_i \notin X$ gelten muß, verallgemeinert. Dabei wird davon ausgegangen, daß, wie Abb. 47 zeigt, durch eine reellwertige Zugehörigkeitsfunktion mit $\mu_A : X \to [0,1]$ jedem Mengenelement ein Zugehörigkeitswert bzw. Kompatibilitätsgrad zugeordnet werden kann.[576]

---

[571] Vgl. Brose/ Corsten 1983, S. 330.

[572] Vgl. Wittmann 1975, S. 63.

[573] Vgl. Hanuscheck 1986, S. 174.

[574] Vgl. Hanuscheck 1986, S. 174.

[575] Dies wird besonders in Abschnitt 4.4 deutlich.

[576] Vgl. Zadeh 1965, S. 339.

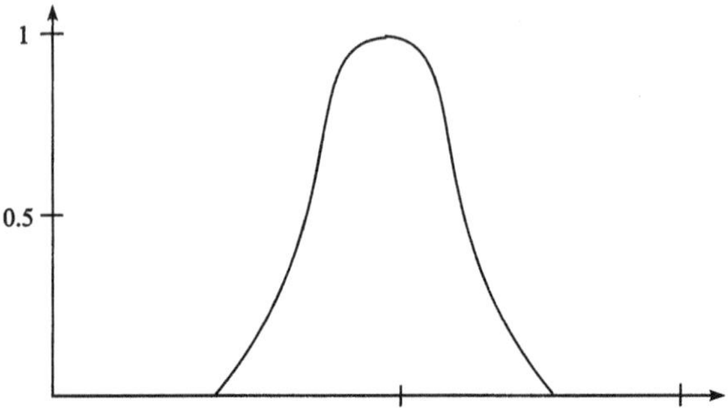

Abb. 47: Zugehörigkeitsfunktion einer unscharfen Menge

Unter Verwendung dieser Zugehörigkeitsfunktion wird eine unscharfe Menge folgendermaßen definiert:
Sei X eine Menge von Objekten, so heißt $\tilde{A} = \{(x, \mu_A(x)) | x \in X\}$ eine *unscharfe Menge* bzw. *Fuzzy Set* auf X.[577)]

Eine vollständige Nichtzugehörigkeit zu dieser unscharfen Menge wird dabei durch einen Zugehörigkeitsgrad von null ausgedrückt.[578)] Interpretiert man den Zugehörigkeitsgrad eins als sichere Zugehörigkeit der betreffenden Elemente zu einer unscharfen Menge $\tilde{A}$, so wird deutlich, daß die Beschränkung der klassischen Mengenlehre auf die zweielementige Menge $\{0, 1\}$ ein Spezialfall der Fuzzy Set–Theorie darstellt.

Zur Beschreibung von unscharfen Mengen wird sehr oft auf stetig lineare oder stückweise lineare Zugehörigkeitsfunktionen zurückgegriffen. Es können aber auch andere Funktionstypen, wie z.B. S–förmige oder konkave Zugehörigkeitsfunktionen, verwendet werden.[579)] Um die Adäquanz eines Fuzzy–Modells überprüfen zu können, sollte die Wahl eines sachadäquaten Funktionstyps stets unter Einbeziehung des Modellanwenders erfolgen und der Verlauf von Zugehörigkeitsfunktionen ausreichend begründet werden. Dies ist in der Literatur nur selten der Fall. Zumeist werden einfach Zugehörigkeitsfunktionen angegeben, ohne die Funktionsverläufe zu rechtfertigen.

577) Vgl. Bellmann/ Zadeh 1970, S. B-143.

578) Vgl. Pedrycz 1993, S. 6.

579) Die Vor- und Nachteile verschiedener Funktionstypen werden ausführlich in Rommelfanger 1994a, S. 172-176 diskutiert.

In Analogie zu klassischen Mengen werden Fuzzy Sets i.d.R. nur durch jene Objekte beschrieben, die einen Zugehörigkeitsgrad größer null haben. Diese Elemente bilden die sogenannte *stützende Menge* eines Fuzzy Sets:[580)]

$$supp(\tilde{A}) = \{x \in X \mid \mu_A(x) > 0\}$$

Nach dieser Definition ist die stützende Menge eine klassische Teilmenge von X.

Die Menge aller unscharfen Mengen auf eine Menge X wird im folgenden als *Fuzzy-Potenzmenge* $\tilde{\wp}(X)$ bezeichnet.
Wie im Zusammenhang mit der fuzzy-linearen Optimierung deutlich werden wird, kann die Definition bestimmter Teilmengen auf die Grundmenge X, deren Zugehörigkeit zur unscharfen Menge $\tilde{A}$ größer gleich einem vorgegebenen Niveau $\alpha \in [0,1]$ ist, nützlich sein.
Die klassische Menge $A_\alpha = \{x \in X | \mu_A(x) \geq \alpha\}$ wird als *α-Niveau-Menge* von $\tilde{A}$ bezeichnet. Dementsprechend wird die Menge $A_{\overline{\alpha}} = \{x \in X | \mu_A(x) > \alpha\}$ als *strenge α-Niveau-Menge* definiert.

Zwei unscharfe Mengen $\tilde{A}, \tilde{B} \in \tilde{\wp}(X)$ sind genau dann *gleich*, wenn sie über X durch identische Zugehörigkeitsfunktionen beschrieben werden, so daß

$$\tilde{A} = \tilde{B} \quad \Leftrightarrow \quad \mu_A(x) = \mu_B(x) \quad \forall x \in X$$

gilt.

Ein Fuzzy Set $\tilde{A} \in \tilde{\wp}(X)$ ist in der unscharfen Menge $\tilde{B} \in \tilde{\wp}(X)$ *enthalten* und man schreibt $\tilde{A} \subseteq \tilde{B}$, falls die nachstehende Ungleichung für die entsprechenden Zugehörigkeitsfunktionen erfüllt ist:

$$\mu_A(X) \leq \mu_B(X) \quad \forall \quad x \in X$$

Eine unscharfe, auf das Intervall [0,1] genormte konvexe Menge $\tilde{A}$ auf der Menge der reellen Zahlen $\mathbb{R}$ wird *Fuzzy-Zahl* genannt, wenn die entsprechende Zugehörigkeitsfunktion μ_A stückweise stetig ist und genau eine reelle Zahl x_0 mit $\mu_A(x_0) = 1$ existiert.
Als *konvex* wird eine unscharfe Menge $\tilde{A} = \{(x, \mu_A(x)) | x \in X\}$ auf einer konvexen Menge X bezeichnet, wenn

$$\mu_A(\rho x_1 + (1-\rho)x_2) \geq \mathrm{Min}(\mu_A(x_1), \mu_A(x_2)) \quad \forall x_1, x_2 \in X \quad \rho \in [0,1]$$

gilt.

580) Die nachfolgenden Ausführungen und Definitionen orientieren sich an: Rommelfanger 1994a, S. 10-15.

Der Begriff des *Fuzzy-Intervalls* ist analog zum Begriff der Fuzzy-Zahl zu definieren, wobei bei einem Fuzzy-Intervall mehrere Zahlen mit $\mu_A(x) = 1$ exisitieren.

B.3 Operationen mit unscharfen Mengen

Um mit unscharfen Mengen arbeiten zu können, wurden klassische Operatoren auf Fuzzy-Zahlen und -Intervalle erweitert.
Der *Durchschnitt* zweier Fuzzy Sets $\tilde{A}$ und $\tilde{B}$ wird durch die Zugehörigkeitsfunktion

$$\mu_{A\cap B}(x) = \text{Min}(\mu_A(x), \mu_B(x)) \quad \forall x \in X \tag{A1}$$

beschrieben.[581)]

Die Zugehörigkeitsfunktion

$$\mu_{A\cup B}(x) = \text{Max}(\mu_A(x), \mu_B(x)) \quad \forall x \in X \tag{A2}$$

charakterisiert die *Vereinigungsmenge* zweier Fuzzy Sets $\tilde{A}$ und $\tilde{B}$.
Abb. 48 stellt die Operationen *Durchschnitt* und *Vereinigung* am Beispiel der unscharfen Mengen $\tilde{A}$ und $\tilde{B}$ gegenüber.

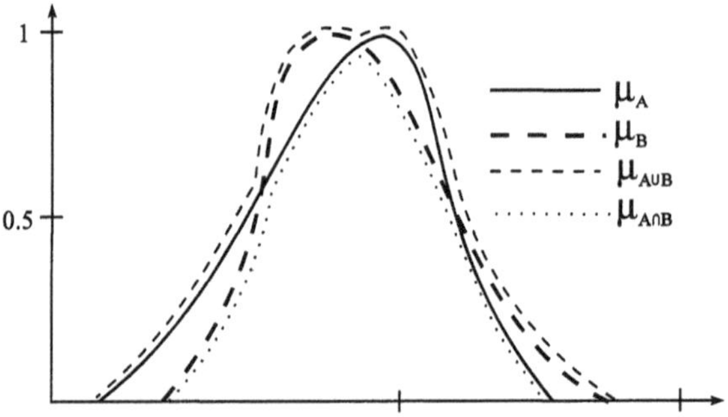

Abb. 48: Die Zugehörigkeitsfunktionen $\mu_{A\cap B}(x)$ und $\mu_{A\cup B}(x)$

Der bei der Durchschnittsbildung (A1) verwendete Minimum-Operator läßt sich hierbei als Äquivalent zum *logischen und* interpretieren, mit dem unscharfe Aussagen wie z.B. "nicht viel größer als 3" UND "nicht viel kleiner als 1" miteinander verbunden werden können. In Analogie hierzu entspricht der Maximum-Operator (A2) dem *logischen oder.*[582)]
Sowohl der Minimum- als auch der Maximum-Operator sind jedoch nicht unumstritten, da sie nicht alle Eigenschaften der Durchschnitts- und Vereinigungsoperatoren

[581)] Vgl. Kaufmann 1975, S. 11.
[582)] Vgl. Zimmermann/ Von Altrock 1991, S. 7-8.

aufweisen. So genügt dieses Operatorenpaar nicht der Komplementarität. Aus diesem Grund wurden für den Minimum und den Maximum–Operator Alternativen entwickelt, die sich an den Bedingungen für *triangular norms (t–Norms)* bzw. *t-Conorms* orientieren.

Eine *t–Norm* bezeichnet binäre Operatoren T : $[0,1] \times [0,1] \rightarrow [0,1]$, die für alle a, b, c, d $\in [0,1]$ den Bedingungen

(T1) T(a,1) = a	1 ist neutrales Element
(T2) T(a,b) = T(b,a)	Kommutativität
(T3) T(a,T(b,c)) = T(T(a,b),c)	Assoziativität
(T4) T(a,b) $\leq$ T(c,d), wenn a $\leq$ c und b $\leq$ d	Monotonie

genügen.[583)]

Ein binärer Operator S : $[0,1] \times [0,1] \rightarrow [0,1]$ wird *t-Conorm* genannt, wenn für alle a, b, c, d $\in [0,1]$ die Bedingungen

(S1) S(0,a) = a	0 ist neutrales Element
(S2) S(a,b) = S(b,a)	Kommutativität
(S3) S(a,S(b,c)) = S(S(a,b),c)	Assoziativität
(S4) S(a,b) $\leq$ S(c,d), wenn a $\leq$ c und b $\leq$ d	Monotonie

gelten.[584)]

Das Problem besteht nun darin, einen adäquaten Operator für die jeweilige Entscheidungssituation auszuwählen, denn keiner der anderen Vorschläge für die erweiterte Durchschnitts– und Vereinigungsbildung genügt allen Eigenschaften, die klassische Operatoren auszeichnen. Da der zu wählende Operator mit der Grundeinstellung des Entscheiders in Einklang stehen sollte, ist bei dessen Wahl eine enge Rückkopplung mit den späteren Modellanwendern sicherzustellen. Zudem kann nur kontextspezifisch entschieden werden, welcher Operator für welche Problemstellung am besten geeignet ist. Oft entscheidet man sich allerdings für den Maximum– bzw. den Minimum–Operator, da nur dieses Operatorenpaar für ordinal skalierte Zugehörigkeitsfunktionen anwendbar ist.

Auch das von Zadeh[585)] entwickelte *Erweiterungsprinzip*, das u.a. eine Verallgemeinerung von algebraischen Operationen auf unscharfe Mengen erlaubt, basiert auf dem Maximum–/ Minimum–Operator.

583) Vgl. Rommelfanger 1994a, S. 25.

584) Vgl. Rommelfanger 1994a, S. 25.

585) Vgl. Zadeh 1975, S. 236-141.

Eine klassische Abbildung g wird mittels des Erweiterungsprinzips auf unscharfe Mengen erweitert, indem eine Fuzzy–Bildmenge $\tilde{B}$ auf Y mit der Zugehörigkeitsfunktion

$$\mu_B(y) = \begin{cases} \underset{(x_1,\ldots,x_n)\in g^{-1}(y)}{\text{Sup}} \quad \text{Min}\big(\mu_{A_1}(x_1),\ldots,\mu_{A_n}(x_n)\big) & \text{für} \quad g^{-1}(y) \neq \emptyset \\ 0 & \text{sonst} \end{cases} \tag{A3}$$

induziert wird, wobei $g^{-1}(y)$ die Urbildmenge von y repräsentiert und

$$\text{Min}\big(\mu_{A_1}(x_1),\ldots,\mu_{A_n}(x_n)\big)$$

das Cartesische Produkt der unscharfen Mengen $\tilde{A}_1 \times \ldots \times \tilde{A}_n$ beschreibt.

Aus dem Erweiterungsprinzip folgt dann für die *Summe zweier unscharfer Mengen* $\tilde{A}$ und $\tilde{B}$:

$$\mu_{A\oplus B}(z) = \underset{z=x+y}{\text{Sup}} \ \text{Min}\big(\mu_A(x),\mu_B(y)\big) \quad \forall \quad (x,y) \in \mathbb{R}^2,$$

falls $z \in \mathbb{R}$ als $z = x + y$ darstellbar ist. Andernfalls ist $\mu_{A\oplus B}(z) = 0$. $\oplus$ symbolisiert hierbei die erweiterte Addition.

Die *Differenz zweier unscharfer Mengen* $\tilde{A}$ und $\tilde{B}$, in Zeichen $\tilde{A} \ominus \tilde{B}$, wird für alle $x, y, z \in \mathbb{R}$ durch die Zugehörigkeitsfunktion

$$\mu_{A\ominus B}(z) = \underset{z=x-y}{\text{Sup}} \ \text{Min}\big(\mu_A(x),\mu_B(y)\big)$$

beschrieben, wenn z als $z = x - y$ darstellbar ist. Andernfalls ist $\mu_{A\ominus B}(z) = 0$.

Das *Produkt zweier unscharfer Mengen* $\tilde{A}$ und $\tilde{B}$, in Zeichen $\tilde{A} \odot \tilde{B}$, wird für alle $x, y, z \in \mathbb{R}$ durch die Zugehörigkeitsfunktion

$$\mu_{A\odot B}(z) = \underset{z=x\cdot y}{\text{Sup}} \ \text{Min}\big(\mu_A(x),\mu_B(y)\big)$$

beschrieben, wenn z als $z = x \cdot y$ darstellbar ist. Andernfalls ist $\mu_{A\odot B}(z) = 0$.

Die o.a. Beispiele für verallgemeinerte algebraische Operationen können jedoch bei praktischen Problemstellungen zu einem erheblichen rechentechnischen Aufwand führen. Um daher Operationen mit Fuzzy–Zahlen bzw. –Intervallen zu erleichtern, wurde das Konzept der LR–Darstellung, das sich vor allem durch seine numerische Effizienz auszeichnet, entwickelt.

B.4 LR–Fuzzy–Zahlen und –Intervalle

Genügt eine Funktion L: $[0,+\infty[\rightarrow [0,1]$ den nachstehenden Bedingungen:

(I.) $L(0) = 1$,

(II.) L ist nicht steigend in $[0,+\infty[$,

so wird sie als *Referenzfunktion* bezeichnet.[586)]

[586)] Vgl. Rommelfanger 1992b, S. 164.

Eine Fuzzy–Zahl $\tilde{A}$ heißt *LR–Fuzzy–Zahl*, wenn reelle Zahlen $\underline{\alpha} > 0, \overline{\alpha} > 0$ existieren, so daß sich die Zugehörigkeitsfunktion μ_A darstellen läßt als

$$\mu_A(x) = \begin{cases} L(\frac{a-x}{\underline{\alpha}}) & x \leq a \\ R(\frac{x-a}{\overline{\alpha}}) & x > a. \end{cases}$$

Dabei ist a mit $\mu_A(a) = 1 = L(0)$ Gipfelpunkt der Fuzzy–Zahl.[587]

Wie auch Abb. 49 verdeutlicht, repräsentieren die Parameter $\underline{\alpha}$ und $\overline{\alpha}$ hierbei die linke bzw. rechte Schwankungsbreite von $\tilde{A}$. Je größer die Parameter $\underline{\alpha}$ und $\overline{\alpha}$ gewählt werden, desto "fuzzier" wird die Zahl $\tilde{A}$.

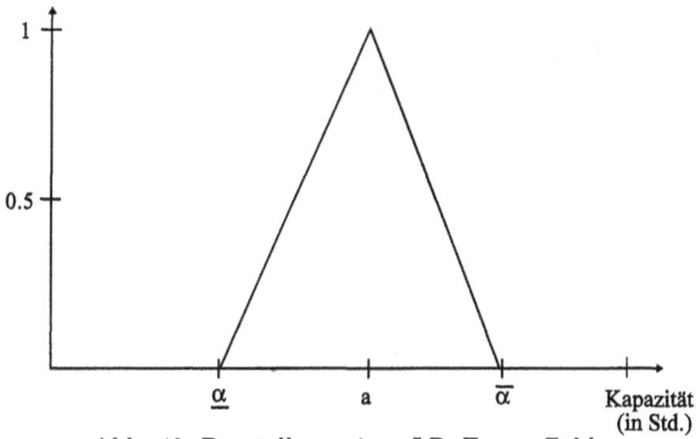

Abb. 49: Darstellung einer LR–Fuzzy–Zahl

Sind sämtliche Parameter der L– und R–Funktion einer Fuzzy–Zahl $\tilde{A}$ festgelegt, so kann man $\tilde{A}$ ganz einfach durch die folgende parametrisierte Repräsentationsform beschreiben: $\tilde{A} = (a; \underline{\alpha}; \overline{\alpha})_{LR}$

Werden, wie in Abb. 49, die Referenzfunktionen L(u) = R(u) = Max(0; 1-u) gewählt, so erhält man sogenannte *triangulare Fuzzy–Zahlen.*[588]

Ein Fuzzy–Intervall heißt LR–Fuzzy–Intervall, wenn die reellen Zahlen $\underline{\alpha} > 0, \overline{\alpha} > 0$ existieren, so daß ihre Zugehörigkeitsfunktionen und geeignete Referenzfunktionen darstellbar sind als:[589]

$$\mu_B(x) = \begin{cases} L(\frac{\underline{a}-x}{\underline{\alpha}}) & \text{für} & x < \underline{a} \\ 1 & \text{für} & \underline{a} < x \leq \overline{a} \\ R(\frac{x-\overline{a}}{\overline{\alpha}}) & \text{für} & x > \overline{a} \end{cases}$$

[587] Vgl. Rommelfanger 1994a, S. 40.

[588] Vgl. Rommelfanger 1994a, S. 42.

[589] Vgl. Rommelfanger 1994a, S. 46.

In Analogie zu LR–Fuzzy–Zahlen lassen sich LR–Fuzzy–Intervalle parametrisch beschreiben: $\tilde{B} = (\underline{a}; \overline{a}; \underline{\alpha}; \overline{\alpha})_{LR}$

Die parametrische Darstellungsform ist mit dem Vorteil verbunden, daß sich LR–Fuzzy–Zahlen bzw. –Intervalle einfach und ohne großen Bedarf an Speicherkapazität verwalten lassen. Darüber hinaus wird die Konstruktion von Fuzzy–Modellen erleichtert, da der Anwender nur jeweils drei bzw. vier Parameter spezifizieren muß.[590] Zudem lassen sich algebraische Operationen mit LR–Fuzzy–Zahlen bzw. –Intervallen einfach und numerisch effizient durchführen:[591]

Seien $\tilde{A} = (a; \underline{\alpha}; \overline{\alpha})_{LR}$ und $\tilde{B} = (r; \underline{\gamma}; \overline{\gamma})_{LR}$ zwei Fuzzy–Zahlen, so gilt für deren *Addition*:

$$(a; \underline{\alpha}; \overline{\alpha})_{LR} \oplus (r; \underline{\gamma}; \overline{\gamma})_{LR} = (a + r; \underline{\alpha} + \underline{\gamma}; \overline{\alpha} + \overline{\gamma})_{LR}$$

Bei der Addition zweier LR–Intervalle $\tilde{C} = (\underline{a}; \overline{a}; \underline{\alpha}; \overline{\alpha})_{LR}$ und $\tilde{D} = (\underline{r}; \overline{r}; \underline{\gamma}; \overline{\gamma})_{LR}$ ist analog vorzugehen:

$$(\underline{a}; \overline{a}; \underline{\alpha}; \overline{\alpha})_{LR} \oplus (\underline{r}; \overline{r}; \underline{\gamma}; \overline{\gamma})_{LR} = (\underline{a} + \underline{r}; \overline{a} + \overline{r}; \underline{\alpha} + \underline{\gamma}; \overline{\alpha} + \overline{\gamma})_{LR}$$

Unter Berücksichtigung, daß

$$-(a; \underline{\alpha}; \overline{\alpha})_{LR} = (-a; \overline{\alpha}; \underline{\alpha})_{RL}$$

läßt sich die *Subtraktion* zweier LR–Fuzzy–Zahlen $\tilde{A} = (a; \underline{\alpha}; \overline{\alpha})_{LR}$ und $\tilde{B} = (r; \underline{\gamma}; \overline{\gamma})_{LR}$ folgendermaßen durchführen:

$$\begin{aligned}(a; \underline{\alpha}; \overline{\alpha})_{LR} \ominus (r; \underline{\gamma}; \overline{\gamma})_{RL} &= (a; \underline{\alpha}; \overline{\alpha})_{LR} \oplus (-r; \overline{\gamma}; \underline{\gamma})_{LR} \\ &= (a - r; \underline{\alpha} + \overline{\gamma}; \overline{\alpha} + \underline{\gamma})_{LR}\end{aligned}$$

Nach dem gleichen Schema kann die Differenz zwischen zwei Fuzzy–Intervallen berechnet werden:

$$\begin{aligned}(\underline{a}; \overline{a}; \underline{\alpha}; \overline{\alpha})_{LR} \ominus (\underline{r}; \overline{r}; \underline{\gamma}; \overline{\gamma})_{RL} &= (\underline{a}; \overline{a}; \underline{\alpha}; \overline{\alpha})_{LR} \oplus (-\overline{r}; -\underline{r}; \overline{\gamma}; \underline{\gamma})_{LR} \\ &= (\underline{a} - \overline{r}; \overline{a} - \underline{r}; \underline{\alpha} + \overline{\gamma}; \overline{\alpha} + \underline{\gamma})_{LR}\end{aligned}$$

Auch die *Multiplikation* von Fuzzy–Zahlen *mit einem Skalar* $\sigma \in \mathbb{R}$ ist einfach

$$\sigma \cdot (a; \underline{\alpha}; \overline{\alpha})_{LR} = (\sigma a; \sigma\underline{\alpha}; \sigma\overline{\alpha})_{LR} \qquad \sigma \geq 0$$

$$\sigma \cdot (a; \underline{\alpha}; \overline{\alpha})_{LR} = (\sigma a; -\sigma\overline{\alpha}; -\sigma\underline{\alpha})_{RL} \qquad \sigma < 0$$

Ebenso können Fuzzy–Intervalle mit einem Skalar $\sigma \in \mathbb{R}$ multipliziert werden:

$$\sigma \cdot (\underline{a}; \overline{a}; \underline{\alpha}; \overline{\alpha})_{LR} = (\sigma\underline{a}; \sigma\overline{a}; \sigma\underline{\alpha}; \sigma\overline{\alpha})_{LR} \qquad \sigma \geq 0$$

$$\sigma \cdot (\underline{a}; \overline{a}; \underline{\alpha}; \overline{\alpha})_{LR} = (\sigma\underline{a}; \sigma\overline{a}; -\sigma\overline{\alpha}; -\sigma\underline{\alpha})_{RL} \qquad \sigma < 0$$

---

590) Vgl. Lehmann et al. 1992, S. 3.

591) Die nachstehenden Definitionen finden sich in Dubois/ Prade 1978.

Abschließend sei noch darauf hingewiesen, daß die *multiplikative Verknüpfung* von Fuzzy–Zahlen und –Intervallen in LR–Darstellung i.a. nicht mehr zu einer Referenzfunktion des vorgegebenen LR–Typs führt. Gleiches gilt für die *Division* von LR–Zahlen bzw. –Intervallen. Daher wurden für diese Operationen Näherungsformeln entwickelt, die dieses Problem vermeiden. Sie werden jedoch im Rahmen dieser Arbeit nicht benötigt, so daß auf deren Erläuterung und Herleitung an dieser Stelle verzichtet werden kann. Dem interessierten Leser wird die Lektüre von Rommelfanger[592)] empfohlen.

[592)]Vgl. Rommelfanger 1994a, S. 43-47; vgl. auch Dubois/ Prade 1978, S. 619-622.

Literaturverzeichnis

Abel, P.: Mehrstufige stochastische Produktionsmodelle, Frankfurt, 1981.

ACTIS (Hrsg.): FORS Produktionslogistik: Flexible Fertigungsorganisation mit Fortschrittszahlen, Stuttgart 1991.

Adam, D.: Aufbau und Eignung klassischer PPS–Systeme; in: Ders. (Hrsg.): Fertigungssteuerung, Schriften zur Unternehmensführung, Bd. 38/ 39, Wiesbaden 1988, S. 9-25.

Adam, D.: Produktionsdurchführungsplanung; in: Jacob, H. (Hrsg.): Industriebetriebslehre: Handbuch für Studium und Prüfung, 4. Aufl., Wiesbaden 1990, S. 677-843.

Adam, D.: Produktions–Management, 7. Aufl., Wiesbaden 1993.

Al-Sultan, K.S.: A hard clustering approach to part familiy formation problem; in: Production Planning and Control, Vol. 8, 1997, H. 3, S. 231-236.

Ambrosi, K.: Clusteranalyse - Ein Überblick über Gütekriterien und Verfahren, Diskussionspapier Nr. 7 des Instituts für Entscheidungstheorie und Unternehmensforschung der Univ. Karlsruhe, Karlsruhe September 1975.

Anderberg, M.R.: Cluster Anlysis for Applications, New York/ London 1973.

Axsäter, S.: On the Design of the Aggregate Model in a Hierachical Production Planning System; in: Engineering and Process Economics, Vol. 4, 1979, S. 89-97.

Axsäter, S.: Aggregation of Product Data for Hierarchical Production Planning; in: Operations Research, Vol. 29, 1981, H. 4, S. 744-756.

Axsäter, S.: On the Feasibility of Aggregate Production Plans; in: OR, Vol. 34, 1986, H. 5, S. 796-800.

Axsäter, S./ Jönsson, H./ Thorstenson, A.: Approximate Aggregation of Product Data; in: Engineering Costs and Production Economics, Vol. 7, 1983, S. 119-126.

Axsäter, S./ Schneeweiß, Ch./ Silver, E. (Hrsg.): Multi–Stage Production Planning and Inventory Control, Berlin et al. 1986.

Backhaus, K./ Erichson, B./ Plinke, W./ Weiber, R.: Multivariate Analysemethoden, 7. Aufl., Berlin et al. 1994.

Baker, F.B./ Hubert, L.J.: A graph-theoretic approach to goodness-of-fit in complete link hierarchical clustering; in: JASA, Vol. 71, 1976, S. 870-878.

Ball, G.H./ Hall, B.J.: ISODATA, A novel method of data analysis and pattern classification, Technical Report, Stanford Research Institute, Melno Park 1965.

Bandemer, H. (Hrsg.): Modelling of Uncertain Data, Berlin 1992.

Bartels, S.: Entwicklung und Beurteilung von Aggregationsstrategien für lineare Entscheidungsmodelle, Europäische Hochschulschriften, Bd. 686, Frankfurt a.M. et al. 1986.

Baumgärtel, H./ Bussmann, S./ Klosterberg, M./ Supper, R.: Agentenorientierte Koordination des Karossenflusses in der Fahrzeugproduktion; in: Industrie Management, 13. Jg., 1997, H. 2, S. 59-62.

Becker, F.G.: Anreizsysteme bei dezentralen Gruppenstrukturen; in: [Corsten 1994], S. 929-941.

Becker, J.: Computergestützte Materialwirtschaft (Stichwort Materialwirtschaft); in: Mertens, P. (Haupthrsg.): Lexikon der Wirtschaftsinformatik, 2. Aufl., Berlin et al. 1990, S. 274-275.

Becker, J./ Rehfeldt, M./ Turowski, K.: Koordination verteilter Objekte in der PPS; in: CIM Management, 11. Jg., 1995, H. 11, S. 33-37.

Becker, J./ Rehfeldt, M./ Turowski, K.: Auftragsabwicklung mit unscharfen Daten; in: Biethahn, J./ Hönerloh, A./ Kuhl, J./ Nissen, V. (Hrsg.): Betriebliche Anwendung von Fuzzy–Technologien, 2. Göttinger Symposium Softcomputing, Göttingen 1996, S. 51-61.

Bellman, R.E./ Zadeh, L.A.: Decision-making in a fuzzy environment; in: Management Science, Vol. 17, 1970, H. 4, December, S. B-141-B-164.

Bezdek, J.C.: A Convergence Theorem for the Fuzzy ISODATA Clustering Algorithms; in: IEEE Trans. on PAMI, Vol. 2, 1980, H. 1, S. 1-8.

Bezdek, J.C.: Numerical Taxonomy with Fuzzy Sets; in: Journal of Mathematical Biology, Vol. 1, 1974, S. 57-71.

Bezdek, J.C./ Dunn, J.C.: Optimal Fuzzy Partitions: A Heuristic for Estimating the Parameters in a Mixture of Normal Distributions; in: IEEE Transactions on Computers, Vol. 24, 1975, H. 8, S. 835-838.

Bichler, K.: KANBAN und Just–In–Time, Teil 1: KANBAN; in: Beschaffung aktuell, o.Jg., 1986, H. 11, S. 89-90.

Bidlingmaier, J./ Schneider, D.J.: Ziele, Zielsysteme und Zielkonflikte; in: Grochla, E./ Wittmann, W. (Hrsg.): Handwörterbuch der Betriebswirtschaft, 4. Aufl., Bd. 3, Stuttgart 1976, Sp. 4731-4740.

Bitran, G.R.: Linear multiple objective problems with interval coefficients; in: Management Science, Vol. 26, 1980, H. 7, Juli, S. 694-706.

Bitran, G.R./ Haas, E.A./ Hax, A.C.: Hierarchical Production Planning: A Single Stage System; in: OR; Vol. 29, 1981, H. 4, July/ August, S. 717-743.

Bitran, G.R./ Haas, E.A./ Hax, A.C.: Hierarchical Production Planning: A Two–Stage System; in: OR; Vol. 30, 1982, H. 2, March/ April, S. 232-251.

Bitran, G.R./ Hax, A.C.: On the Design of Hierarchical Production Planning Systems; in: Decision Sciences, Vol. 8, 1977, H. 1, January, S. 28-54.

Bitran, G.R./ Hax, A.C.: Disaggregation and Resource Allocation using convex Knapsack Problems with bounded Variables; in: MS, Vol. 27, 1981, H. 4, April, S. 431-441.

Bitz, M.: Die Strukturierung ökonomischer Entscheidungsmodelle, Wiesbaden 1977.

Black, M.: Vagueness: An Exercise in Logical Analysis; in: Philosophy of Science, Vol. 4, 1937, S. 427-455.

Blackburn, D.J.: The Time Factor; in: Ders. (Hrsg.): Time–Based Competition: The Next Battleground In American Manufacturing, Homewood/ Il. 1991, S. 3-23.

Bleicher, K.: Zentralisation und Dezentralisation; in: Grochla, E. (Hrsg.): Handwörterbuch der Organisation, Stuttgart 1980, Sp. 2405-2418.

Blevins, P.W.: Implementing just–in–time (JIT)–Opportunities, concerns and a strategy for success; in: Eanes, R.D. (Hrsg.): Advanced Manufacturing Systems, Proceedings of the AMS '86 Exposition and Conference, Berlin et al. 1986, S. 355-369.

Bock, H.H.: Automatische Klassifikation; Göttingen 1974.

Bock, H.H.: Clusteranalyse mit unscharfen Partitionen; in: Ders. (Hrsg.): Klassifikation und Erkenntnis III: Numerische Klassifikation, Studien zur Klassifikation, Bd. 6 (SK 6), 3. Fachtagung der Gesellschaft für Klassifikation e.V., Königstein, 1979, S. 137-163.

Bock, H.H.: Clusteranalyse – Überblick und neuere Entwicklungen; in: OR Spektrum, 1. Jg., 1980, S. 211-232.

Bocklisch, S.F.: Prozeßanalyse mit unscharfen Verfahren, Berlin 1987.

Boehncke, R.–J.: Ein Beitrag zur Fertigungssteuerung einer variantenreichen Fließfertigung in der Automobilindustrie; Diss. Braunschweig 1987.

Boskma, K.: Aggregation and the design of models for medium–term planning of production; in: EJOR, Vol. 10, 1982, S. 244-249.

Bowers, M.R./ Jarvis, J.P.: A Hierarchical Productions Planning and Scheduling Model; in: Decision Sciences, Vol. 23, 1992, S. 144-159.

Bretzke, W.-R.: Der Problembezug von Entscheidungsmodellen, Tübingen 1980.

Brose, P./ Corsten, H.: Bedeutung und Bestimmungsfaktoren subjektiver Wahrscheinlichkeiten; in: WiSt, 12. Jg., 1983, H. 7, S. 329-335.

Brunner, J.: Interaktive Fuzzy Optimierung, Heidelberg 1994.

Bullinger, H.–J./ Bamberger, R./ Hofmann, A.: Centerstrukturen und deren systemtechnische Unterstützung durch "Dezentrale PPS"; in: CIM Management, 11. Jg., 1995, H. 4, S. 69-72.

Bullinger, D.: Die Faktorenanalyse als Instrument der empirischen Regionalforschung; in: Karlsruher Manuskripte zur Mathematischen und Theoretischen Wirtschafts– und Sozialgeographie, Heft 59, Karsruhe 1982.

Bultmann, D.: ABC–/ XYZ–Analyse als Instrument der analytischen Logistik; in: Baumgarten, H. et al. (Hrsg.): RKW–Handbuch Logistik Bd. 2, 14. Lieferung, Berlin 1988, Kap. 9110.

Buscher, U./ Roland, F.: Fuzzy–Set–Modelle in der simultanen Investitions– und Produktionsplanung, Arbeitsbericht 1/1992, Institut für Betriebswirtschaftliche Produktions– und Investitionsforschung der Georg–August–Universität Göttingen.

Buscher, U./ Roland, F.: Fuzzy Sets in der Linearen Optimierung; in: WiSt, 1993, H. 6, Juni, S. 313-317.

Carravilla, M.A./ de Sousa, J.P.: Hierarchical production planning in a Make–To–Order company: A case study; in: EJOR, Vol. 86, 1995, S. 43-56.

Carlsson, Ch./ Korhonen, P.: A parametric approach to fuzzy linear programming; in: FSS, Vol. 20, 1986, S. 17-30.

Chanas, S./ Kulej, M.: A fuzzy linear programming problem with equality constraints; in: Control and Cybernetics, Vol. 13, 1984, H. 3, S. 195-201.

Charnes, A./ Cooper, W.W.: Chance-Constrained Programming; in: MS, Vol. 6, 1959, S. 73-79.

Chien, G.: Product Strategy Models for the Computer Business; in: [Plötzeneder 1977], S. 279-286.

Chu, C.-H.: Cluster Analysis in Manufacturing Cellular Formation; in: OMEGA, Vol. 17, 1989, H. 3, S. 289-295.

Corsten, H. (Hrsg.): Handbuch Produktionsmanagement, Wiesbaden 1994.

Dahlberg, I./ Schader, M.R. (Hrsg.): Automatisierung in der Klassifikation; Proceedings (Teil 1) der 7. Jahrestagung der Gesellschaft für Klassifikation e.V., Königswinter 5.-8. April 1983, Frankfurt 1983.

De Backer, P.: Umweltmanagement im Unternehmen, Berlin et al. 1996.

Degens, P.O.: Hierarchische Clusteranalyse. Approximation und Agglomeration.; in: [Dahlberg/ Schader 1983], S. 189-202.

Deimer, R.: Die Methoden der Clusteranalyse und deren unscharfe Verallgemeinerung, Frankfurt a.M., Diss. 1985.

Dempsey, P.A.: Breaking new ground in JIT; in: Mortimer, J. (Hrsg.): Just–In–Time: An Executive Briefing, Berlin et al. 1986, S. 179-184.

Dempster, M.A.H./ Fisher, M.L./ Jansen, L./ Lageweg, B.J./ Lenstra, J.K./ Rinnooy Kan, A.H.G.: Analytical Evaluation of Hierarchical Planning Systems; in: OR, Vol. 29, 1981, H. 4, July/ August, S. 707-716.

Diday, E./ Simon, J.C.: Clustering Analysis; in: Fu, K.S. (Hrsg.): Digital Pattern Recognition; Berlin et al. 1976, S. 47-94.

Diedrich, G./ Messick, S.J./ Tucker, L.R.: A general least squares solution for successive intervals; in: Psychometrika, Vol. 22, 1957, S. 159-173.

Dilger, W. / Kassel, S.: Sich selbst organisierende Produktionsprozesse als Möglichkeit zur flexiblen Fertigungssteuerung; in: Müller, Jürgen (Hrsg.): Verteilte Künstliche Intelligenz, Mannheim et al. 1993, S. 347-356.

Dinkelbach, W./ Kleine, A.: Elemente einer betriebswirtschaftlichen Entscheidungslehre, Berlin et al. 1996.

Dinkelbach, W.: Sensitivitätsanalysen und parametrische Programmierung, Berlin et al. 1969.

Dochnal, H.-G.: Darstellung und Analyse von OPT (Optimized Production Technology) als Produktionsplanungs– und –steuerungskonzept, Arbeitsbericht Nr.

31, Seminar für Allgemeine Betriebswirtschaftslehre, Industriebetriebslehre und Produktionswirtschaft, Universität zu Köln, Köln 1990.

Domschke, W./ Scholl, A./ Voß, S.: Produktionsplanung – Ablauforganisatorische Aspekte, Berlin/ Heidelberg 1993.

Drexl, A./ Fleischmann, B./ Günther, H.O./ Stadtler, H./ Tempelmeier, H.: Konzeptionelle Grundlagen kapazitätsorientierter PPS–Systeme; in: ZfbF, 46. Jg., 1994, S. 1022-1045.

Dubois, D./ Prade, H.: Operations on Fuzzy Numbers; in: Internationl Journal of Systems Sci., Vol. 9, 1978, S. 613-626.

Dück, W./ Bliefernich, M.: Operationsforschung 2: Mathematische Grundlagen, Methoden und Modelle, Berlin 1972.

Dürr, W.: Operations Research. Lineare Modelle und ihre Anwendungen, 3. Aufl., München/ Wien 1992.

Eckes, T./ Roßbach, H.: Clusteranalysen, Stuttgart et al. 1980.

Eschenbach, Rolf: Erfolgspotential Materialwirtschaft, München 1990.

Evans, G.W.: An overview of techniques for solving multiobjective mathematical programs; in: Management Science, Vol. 30, 1984, H. 11, November, S. 1268-1282.

Eversheim, W.: Organisation in der Produktionstechnik, 2. Aufl., Düsseldorf 1990.

Fahrmeiser, L./ Hamerle, A. (Hrsg.): Multivariate statistische Verfahren, Berlin/ New York 1984.

Fedrizzi, M./ Kacprzyk, J./ Rubens, M. (Hrsg.:) Interactive Fuzzy Optimization and Mathematical Programming, Berlin et al. 1991.

Ferstl, O.K./ Mannmeusel, Th.: Dezentrale Produktionslenkung; in: CIM Management, 11. Jg, 1995, H. 3, S. 26-32.

Fischer, Joachim: Qualitative Ziele in der Unternehmensplanung, Berlin 1989.

Fleischmann, B.: Operations–Research–Modelle und –Verfahren in der Produktionsplanung; in: ZfB, 58. Jg., 1988, H. 3, S. 347-372.

Forschungsinstitut für Rationalisierung (Hrsg.): Marktorientierte Flexibilisierung der Produktion, Köln 1993.

François, P./ Gubitz, K.–M./ Kruse, H.: PPS im Umbruch; in: ix Multiuser Multitasking Magazin, 1995, H. 5, Mai, S. 148-159.

Franck, B./ Neumann, K./ Schwindt, Ch.: A capacity–oriented hierarchical approach to single–item and small–batch production planning using project-scheduling methods; in: OR Spektrum, 19. Jg., 1997, S. 77-85.

Freist, Ch./ Granow, R.: Untersuchung von Werkstückspektren mit Hilfe der Cluster–Analyse; in: Operations Research Proceedings, Berlin et al. 1983, S. 501-508.

Funke, J./ Kopp, B.: Vergleich von drei Verfahren der Clusteranalyse: der HMEANS/ KMEANS–Algorithmus, das Verfahren mittels unscharfer Partitionen sowie die Klassifikation nach WARD; in: Psychologische Beiträge, Band 24, 1982, Nr. 2, S. 277-285.

Gabbay, H.: Optimal aggregation and disaggregation in hierarchical planning; in: [Ritzman et al. 1979], S. 95-106.

Geider, F.–J./ Rogge, K.–E./ Schaaf, H.P.: Einstieg in die Faktorenanalyse, Heidelberg 1982.

Gelders, L.F./ Van Wassenhove, L.N.: Production planning: A review; in: EJOR, Vol. 7, 1981, S. 101-110.

Geyer–Schulz, A.: Unscharfe Mengen im Operations Research, Wien, Diss. 1986.

Glaser, H./ Petersen, L.: PPS (Produktionsplanungs- und –steuerungs)–Systeme; in: [Kern et al. 1996], Sp. 1405-1418.

Glaser, H./ Geiger, W./ Rohde, V.F.: PPS – Produktionsplanung und –steuerung: Grundlagen – Konzepte – Anwendungen, Wiesbaden 1991.

Gonzalez, J.J./ Reeves, G.R.: Master production scheduling: a multiple-objective linear programming approach; in: IJPR, Vol. 21, 1983, H. 4, S. 553-562.

Göttker, A.: Teilefamilienbildung: Vergleich rechnergestützter Verfahren, Diss., Univ. Dortmund, Köln 1990.

Gottwald, M.K.: Produktionssteuerung mit Fortschrittszahlen; in: GfMT (Hrsg.): Neue PPS–Lösungen: Tagung in München 12./13. Oktober 1982, München 1982.

Graves, S.C.: Using lagrangian techniques to solve hierarchical production planning problems; in: MS, Vol. 28, 1982, S. 260-275.

Green, P./ Frank, R.E./ Robinson, P.J.: Cluster analysis in test market selection; in: MS, Vol. 13, 1967, S. B-387-B-400.

Gubitz, K.-M.: Computergesteuerte Produktionsplanung: Datenmanagement und Informationsverarbeitung in PPS–Systemen, Heidelberg 1994.

Günther, H.O.: The Design of an Hierarchical Model for Production Planning and Scheduling; in: [Axsäter et al. 1986], S. 227-260.

Günther, H.O./ Tempelmeier, H.: Produktion und Logistik, 2. Aufl., Berlin et al. 1995.

Gutenberg, E.: Grundlagen der Betriebswirtschaftslehre, Bd. 1: Die Produktion, 24. Aufl., Berlin et al. 1983.

Hahndel, S.: Ein verteiltes, verhandlungsgesteuertes Planungsverfahren für flexible Fertigungsumgebungen, München 1996.

Hall, R.W.: Driving the Productivity Machine; American Production and Inventory Control Society (Hrsg.), Falls Church 1981.

Hamel, W.: Zur Zielvariation in Entscheidungsprozessen; in: ZfbF, 25. Jg. 1973, S. 739-759.

Hamel, W.: Zielplanung; in: Szyperski, N./ Winand, U. (Hrsg.): Handwörterbuch der Planung, Stuttgart 1989, Sp. 2302-2316.

Hannan, E.L.: Linear programming with multiple fuzzy goals; in: FSS, Vol. 6, 1981, S. 235-248.

Hansen, R.M./ Chartier, D.A./ Peterson, L.D./ Willis, R.G.: Computer–Integrated Manufacturing Systems; in: Green, J.H. (Hrsg.): Production and Inventory Control Handbook, 2. Aufl., New York et al. 1987, Kapitel 19.

Hanuscheck, R.: Investitionsplanung auf der Grundlage vager Daten, Idstein 1986.

Hatchuel, A./ Saidi–Kabeche, D./ Sardas, J.C.: Towards a new planning and scheduling approach for multistage production systems; in: IJPR, Vol. 35, 1997, H. 3, S. 867-886.

Hauschildt, J.: Die Struktur von Zielen in Entscheidungsprozessen; in: ZfbF, 25. Jg., 1973, S. 709-738.

Hauschildt, J.: Entscheidungsziele. Zielbildung in innovativen Entscheidungsprozessen: Theoretische Ansätze und empirische Prüfung, Tübingen 1977.

Hauschildt, J.: Zielsysteme; in: Grochla, E. (Hrsg.): Handwörterbuch der Organisation, 2. Aufl., Stuttgart 1980, Sp. 2419-2430.

Hauschildt, J.: Zielbildung im Rahmen der Betriebswirtschaftspolitik; in: Geist, M.N./ Köhler, R. (Hrsg.): Die Führung des Betriebes, Stuttgart 1981, S. 131-143.

Haupt, R./ Nöfer, E.: Produktionsplanung und -steuerung dezentraler Einheiten; in: [Corsten, H. 1994], S. 763-780.

Hax, A.C.: Hierarchical Planning Systems - A Production Application; in: [Plötzeneder 1977], S. 103-136.

Hax, A.C.: Aggregate Production Planning; in: Moder, J.J./ Elmaghraby, S.E. (Hrsg.): Handbook of Operations Research: Models and Applications, Vol. 2, Litton 1978, Kap. 5, S. 127-172.

Hax, A.C./ Bitran, G.R.: Hierarchical planning systems - a production application; in: [Ritzman et al. 1979], S. 63-93.

Hax, A.C./ Candea, D.: Production and Inventory Management, Englewood Cliffs/ New Jersey 1984.

Hax, A.C./ Golovin, J.J.: Hierarchical Production Planning Systems; in: Hax, A.C. (Hrsg.): Studies in Operations Management, Amsterdam et al./ North Holland 1978, S. 400-428.

Hax, A.C./ Meal, H.C.: Hierarchical Integration of Production Planning and Scheduling; in: Geisler, M.A. (Hrsg.): Logistics, Vol. 1, Amsterdam et al. 1975, S. 53-69.

Hay, E.J.: The Just-in-Time Breakthrough, New York et al. 1988.

Heinemeyer, W.: Der Datenverbund sichert eine prompte Lieferung an die Kunden; in: GfMT (Hrsg.): Just In Time: Handelsblatt - Serie '87, Passau 1987, S. 29-30.

Heinemeyer, W.: Die Planung und Steuerung des logistischen Prozesses mit Fortschrittszahlen; in: Adam, D. (Hrsg.): Fertigungssteuerung II, Wiesbaden 1988a (Schriftenreihe zur Unternehmensführung Bd. 39), S. 5-32.

Heinemeyer, W.: Produktionsplanung und -steuerung mit Fortschrittszahlen für interdependente Fertigungs- und Montageprozesse; in: Baumgarten, H. et al. (Hrsg.): RKW-Handbuch Logistik Bd. 2, 12. Lieferung, Berlin 1988b, Kap. 6060.

Heinen, E.: Das Zielsystem der Unternehmung - Grundlagen betriebswirtschaftlicher Entscheidungen, Wiesbaden 1966.

Heinhold, M./ Nitsche, C./ Papadopoulos, G.: Empirische Untersuchung von Schwerpunkten der OR-Praxis in 525 Industiebetrieben der BRD; in: ZOR, Bd. 22, 1978, S. B 185- B 218.

Heinrich, C.E.: Das MRP II-Planungskonzept (Manufacturing Resource Planning) und dessen Realisierung mit Standardsoftware, dargestellt am System R/2 der

SAP AG; in: [Zäpfel 1989], S. 95-112.

Heinrich, C.E.: MRP II realisiert mit SAP R/2, 2. Internationaler Software–Kongreß, Karlsruhe 1990.

Heinrich, G.: Ein Beitrag zur langfristigen Produktionsplanung mit verdichteten Daten bei überwiegender Serienfertigung, Diss., Berlin 1980.

Helberg, P.: PPS als CIM–Baustein; Berlin 1987.

Helfrich, Ch.: Auswirkung der Fuzzy–Technik auf die Logistik; in: IO Management Zeitschrift, 61. Jg., 1992, H. 1, S. 34-36.

Herterich, R.P.G.: Leitstände in der Produktionssteuerung; in: [Corsten, H. 1994], S. 803-820.

Herterich, R./ Zell, M.: Benutzerorientierte Fertigungssteuerung in teilautonomen Bereichen; in: [Scheer 1991], S. 87-104.

Ho, C.-j./ Lau H.–S.: Evaluating the Impact of Lead Time Uncertainty im Material Requirement Planning Systems; in: EJOR, Vol. 75, 1994, S. 89-99.

Hochstädter, D.: Einführung in die statistische Methodenlehre, 8. Aufl., Frankfurt a.M. 1996.

Höppner, F./ Klawonn, F./ Kruse, R.: Fuzzy–Clusteranalyse, Braunschweig/ Wiesbaden 1997.

Huber, Philipp: Produktionsplanung und -lenkung: PPS dezentralisiert!; in: IO Management Zeitschrift, 62. Jg., 1993, H. 2, S. 82-86.

Inuiguchi, M./ Ichihashi, H./ Kume, Y.: A solution algorithm for fuzzy linear programming with picewise linear membership functions; in: FSS, Vol. 34, 1990, S. 15-31.

Isermann, H.: The Enumeration of the Set of All Efficient Solutions for a Linear Multiple Objective Program; in: Operational Research Quarterly, Vol. 28, 1977, H. 3, S. 711-725.

Isermann, H.: Strukturierung von Entscheidungsprozessen bei mehrfacher Zielsetzung; in: OR Spektrum, 1. Jg., 1979, S. 3-26.

Isermann, H.: Optimierung bei mehrfacher Zielsetzung; in: Gal, Th. (Hrsg.): Grundlagen des Operarions Research, 2. Aufl., Berlin et al. 1989, Kapitel 5, S. 420-497.

Jahn, W./ Vahle, H.: Faktorenanalyse und ihre Anwendung, Berlin 1970.

Jardine, N./ Sibson, R.: The construction of hierarchic and non-hierarchic classifications; in: Computer Journal, Vol. 11, 1968, S. 177-184.

Kahle, E.: Stichwort: Ziele, produktionswirtschaftliche; in: [Kern et al. 1996], Sp. 2315-2324.

Kälberer, G.: Untersuchung eines Produktspektrums mit Hilfe der Clusteranalyse; in: ZOR, Band 21, 1977, S. B143-B158.

Kall, P.: Stochastic Programming; in: EJOR, Vol. 10, 1982, S. 125-130.

Kargl, H.: Industrielle Datenverarbeitung; in: Schweitzer, M. (Hrsg.): Industriebetriebslehre: das Wirtschaften in Industrieunternehmungen, München 1990, S. 895-1014.

Karwowski, W./ Evans, G.W.: Contributions of Fuzzy Methodologies to Production Management; in: Bullinger, H.-J./ Warnecke, H.J. (Hrsg.): Toward the Factory of the Future, 8th International Conference on Production Research, Berlin et al. 1985, S. 657-662.

Kaufmann, A.: Introduction to the Theory of Fuzzy Subsets - Volume 1, Academic Press, New York 1975.

Kaufmann, H./ Pape, H.: Clusteranalyse; in: [Fahrheimer/ Hamerle 1984], S. 371-472.

Keil, R.: Strategieentwicklung bei qualitativen Zielen, Diss., Frankfurt a.M. 1995.

Keller, G./ Kern, S.: Dezentrale Inselstrukturen in Planung und Fertigung; [Scheer 1991], S. 105-125.

Kemmner, G.-A.: Anwenderorientierte Dezentralisierung von PPS-Systemen, Forschungsinstitut für Rationalisierung - FIR - Aachen, Köln 1991.

Kemmner, G.-A.: Dezentralisierung der PPS, in: CIM Management, 9. Jg., 1993, H. 1, 55-58.

Kemmner, G.–A./ Treuling, W.: Die Notwendigkeit der ganzheitlichen Betrachtung; in: CIM Management, 5. Jg., 1989, H. 3, S. 38-43.

Keresztfalvi, T.: Operations on Fuzzy Numbers Extended by Yager's Family of t-Norms; in: [Bandemer 1992], S. 163-168.

Kern, S.: Koordination dezentraler Produktionseinheiten; in: [Corsten, H. 1994], S. 381-401.

Kern, W: Industrielle Produktionswirtschaft, 5. Aufl., Stuttgart 1992.

Kern, W./ Schröder, H.–H./ Weber, J. (Hrsg.): Handwörterbuch der Produktionswirtschaft, Enzyklopädie der Betriebswirtschaftslehre, Bd. 7, 2. Aufl., Stuttgart 1996.

Kilger, W.: Die Produktionsprogrammplanung mit Hilfe der mathematischen Programmierung – kritische Analyse der praktischen Anwendungsmöglichkeiten; in: Hansen, H.-R. (Hrsg.): Informationssysteme im Produktionsbereich, Wirtschaftsinformatiksymposium 03/ Wildbad 1974, München 1975, S. 121-140.

Kimms, A.: Modelle der Losgrößenplanung und das MRP II–Konzept; in: WiSt, 26. Jg., 1997, H. 5, S. 227-231.

King, J.R.: Machine–component grouping in production flow analysis: an approach using a rank order clustering algorithm; in: IJPR, Vol. 18, 1980, H. 2, S. 213-232.

King, J.R./ Nakornchai, V.: Machine–component group formation in group technology: review and extension; in: IJPR, Vol. 20, 1982, H. 2, S. 117-133.

Kira, D./ Kusy, M./ Rakita, I.: A stochastic linear programming approach to hierarchical production planning; in: Journal of the Operational Research Society, Vol. 48, 1997, S. 207-211.

Kistner, K.-P.: Concepts of Production Planning and Control; in: Operations Research Proceedings, Berlin et al. 1987, S. 295-303.

Kistner, K.–P./ Steven, M.: Zur Entwicklung einer Theorie der hierarchischen Produktionsplanung; in: [Zäpfel 1989], S. 1-28.

Kistner, K.–P./ Steven, M.: Produktionsplanung, Heidelberg 1990.

Kistner, K.–P./ Steven, M.: Die Bedeutung des Operations Research für die hierarchische Produktionsplanung; in: OR Spektrum, 13. Jg., 1991, H. 3, S. 123-132.

Kistner, K.–P./ Switalski, M.: Hierarchical Production Planning: Necessity, Problems, and Methods; in: ZOR, 33. Jg.,1989a, S. 199-212.

Kistner, K.–P./ Switalski, M.: Hierarchische Produktionsplanung; in: ZfB, 59. Jg., 1989b, H. 5, S. 477-503.

Klein Haneveld, W.K.: Duality in Stochastic Linear and Dynamic Programming, Berlin et al. 1986.

Knolmayer, G.: Stand und Entwicklungstendenzen der computergestützten Produktionsplanung und -steuerung; in: Kurbel, K./ Strunz, H. (Hrsg.): Handbuch Wirtschaftsinformatik, Stuttgart 1990, S. 69-88.

Koffler, J.R.: Neuere Systeme zur Produktionsplanung und –steuerung, München 1987.

Köhler, Ch.: Der elektronische Leitstand – Befehlsempfänger der PPS oder Partner in der Werkstatt?; in: VDI–Zeitschrift, 132. Jg., 1990, H. 3, S. 14-19.

Kok, M.: The interface with decision makers and some experimental results in interactive multiple objective programming methods; in: EJOR, Vol. 26, 1986, S. 96-107.

Kortschak, B.H.: Leistungsanforderungen an PPS–Systeme aus logistischer Sicht; in: Bäck, H. (Hrsg.): Logistikkosten und Logistikleistung, 6. Logistik–Dialog (Sonderdruck), Köln 1989, S. 417-431.

Kotschenreuther, W.: DUMDEX – Ein dezentrales System zur Umdisposition bei Störungen in der Produktion; in: Wirtschaftsinformatik, 34. Jg., 1992, H. 1, S. 52-65.

Krauth, J.: Evaluation von Verfahren der automatischen Klassifikation; in: [Dahlberg/ Schader 1983], S. 203-213.

Kruse, R.: Fuzzy–Systeme - einige Klarstellungen; in: KI, 7. Jg., 1993, H. 4, Dezember, S. 73-74.

Kühling, M./ Thorlümke, K.: Die Kapazitätsbörse als Instrument einer kooperativen Fertigungssteuerung; in: Industrie Management, 13. Jg., 1997, H. 4, S. 13-17.

Kühnle, H./ Fuchs, R.–M.: Just–in–Time–Konzept erfordert mehr Qualifikation; in: Logistik im Unternehmen, 4. Jg., 1990, Juli/ August 1990, S. 33-35.

Kupsch, P.: Satisfizierungsprinzip; in: WiSt, 11. Jg., 1982, H. 10, S. 477-478.

Kurbel, K./ Meynert, J.: Engpaßorientierte Auftragsterminierung und Kapazitätsdispositon; in: Kurbel, K./ Mertens, P./ Scheer, A.–W. (Hrsg.): Interaktive betriebswirtschaftliche Informations– und Steuerungssysteme, Berlin/ New York 1989, S. 69-87.

Lackes, R.: Die Nutzwertanalyse zur Beurteilung qualitativer Investitionseigenschaften; in: WISU, o.Jg., 1988, H. 7, S. 385-390.

Lai, Y.–J./ Hwang, C.–L.: Fuzzy Mathematical Programming: Methods and Applications, Berlin et al. 1992a.

Lai, Y.–J./ Hwang, C.–L.: A new approach to some possibilistic linear programming problems; in: FSS, Vol. 49, 1992b, S. 121-133.

Lance, G.N./ Williams, W.T.: A general theory of classificatory sorting startegies: 1. Hierarcical systems; in: Computer Journal, Vol. 9, 1967, S. 373-380.

Lasserre, J.B./ Martin, J.P./ Roubellat, F.: Aggregate model and decomposition method for mid-term production planning; in: IJPR, Vol. 21, 1983, H. 6, S. 835-843.

Laux, H.: Entscheidungstheorie, 3. Aufl., Berlin et al. 1995.

Leberling, H.: On finding compromise solutions in multicriteria problems using the fuzzy min-operator; in: FSS, Vol. 6, 1981, S. 105-118.

Lee, E.S./ Li, R.J.: Fuzzy multiple objective programming and compromise programming with Pareto optimum; in: FSS, Vol. 53, 1993, S. 275-288.

Lehmann, I.: Fuzzy Set Theorie: Die Theorie der unscharfen Mengen; in: OR Spektrum, 14. Jg., 1992, S. 1-9.

Lermen, P.: Hierarchische Produktionsplanung und KANBAN, Diss., Wiesbaden 1992.

Liberatore, M.J./ Miller, T.: A Hierarchical Production Planning System; in: Interfaces, Vol. 4, July/ August 1985, S. 1-11.

Lieberman, E.R.: Soviet multi-objective mathematical programming methods: an overview; in: Management Science, Vol. 37, 1991, H. 9, September, S. 1147-1165.

Liebstückel, K.: Die Bewertung von EDV-gestützten Produktionsplanungs- und -steuerungssystemen (PPS) aus betriebswirtschaftlicher Sicht, Diss. Würzburg 1986.

Liesegang, G.: Aggregation bei linearen Optimierungsmodellen – Beiträge zur Konzipierung, Formalisierung und Operationalisierung, Habil., Univ. Köln 1980.

Lipp, H.P.: Ein Fuzzy Konzept für die Produktionssteuerung in Fertigungs- und Montagesystemen; in: Gesellschaft Fördertechnik, Materialfluß und Logistik/ VDI (Hrsg.): Fuzzy: Verfahren und Einsatz; Nutzen in der Produktionssteuerung, VDI Berichte, Nr. 1084, Düsseldorf 1993, S. 25-40.

Lubben, R.T.: Just-in-Time Manufacturing: An Aggressive Manufacturing Strategy, New York et al. 1988.

Luhandjula, M.K.: Compensatory operators in fuzzy linear programming with multiple objectives; in: FSS, Vol. 8, 1982, S. 245-252.

Luhandjula, M.K.: Fuzzy Optimization: An Appraisal; in: FSS, Vol. 30, 1989, S. 257-282.

Madansky, A.: Methods of Solution on Linear Programs under Uncertainty; in: OR, Vol. 10, 1962, S. 463-471.

Malek, M.: KANBAN-gesteuerte Fertigung: Simulative Analyse und Strukturierung eines mehrstufigen Produktionssytems, Frankfurt am Main 1988.

Manz, J.: Zur Anwendung der Aggregation auf mehrperiodische lineare Produktionsprogrammplanungsprobleme, Diss., Frankfurt et al. 1983.

Masnata, A./ Settineri, L.: An application of fuzzy clustering to cellular manufacturing; in: IJPR, Vol. 35, 1997, H. 4, S. 1077-1094.

Mayr, M.: Hierarchische Produktionsplanung mit zyklischen Auflagemustern, Diss., Regensburg 1996.

Meier, P.: Die engpaßorientierte Grobplanung in der Fertigung ...; in: IO Management Zeitschrift, 57. Jg., 1988, H. 11, S. 527-530.

Meier, W.: Analyse betrieblicher Daten mit Fuzzy–Datenanalysemethoden; in: Gabriel, R./ Jaeger, A. (Hrsg.): Fuzzy–Technologien: Prinzipien, Potentiale, Anwendungen, Arbeitsbericht Nr. 55, Institut für Unternehmensführung und Unternehmensforschung, Ruhr–Universität Bochum, Bochum Juni 1993, S. 51-89.

Mertins, K.: Gestaltungsrichtlinien für Produktionsplanungs– und Steuerungssysteme; in: Rationalisierungs–Kuratorium der Dt. Wirtschaft e.V. (Hrsg.): PPS–Fachmann: Grundlagen, Planung, Steuerung; Bd. 5 Steuerung; Eschborn 1987, Baustein S.1.5.

Meyer, B.E.: Just–in–Time durch Kommunikation und Fortschrittszahlen in der Automobilindustrie; in: Schmidt, K.J. (Hrsg.): Handbuch Logistik und Produktionsmanagement, Grundausstattung, Landsberg/ Lech 1988, Kap. 3.1.2.

Meyer, B.E./ Schefenacker, R.: Erfahrungen mit einem EDV–gestützten Fortschrittszahlensystem für Automobilzulieferer; in: ZwF, 78. Jg., 1983, H. 4, S. 170-172.

Milligan, G.W.: Ultrametric Hierarchical Clustering Algorithms; in: Psychometrika, Vol. 44, 1979, S. 343-346.

Milling, P.: Entscheidungen bei unscharfen Prämissen - Betriebswirtschaftliche Aspekte der Theorie unscharfer Mengen; in: ZfB, 52. Jg., 1982, H. 8, S. 716-734.

Miska, F.M.: CIM – Computer–integrierte Fertigung: Konzepte, Planung, Realisierung; Landsberg/ Lech 1988.

Monden, Y.: Adaptable Kanban System Helps Toyota Maintain Just–In–Time Production; in: Industrial Engineering, Vol. 13, 1981, May, S. 29-46.

Monden, Y.: Toyota Production System: Practical Approach to Production Management, Atlanta 1983.

Nedeß, Ch.: PPS–Systeme als Kern der rechnerintegrierten Produktion; in: [Forschungsinstitut für Rationalisierung 1993], S. 227-246.

Nedeß, Ch./ Friedewald, A./ Maack, R.: PPS–Systeme im Spannungsfeld technischer und betriebsorganisatorischer Veränderungen; in: CIM Management, 9. Jg., 1993, H. 1, S. 4-10.

Negoita, C.V.: Applications of Fuzzy Sets to Systems Analysis, Basel/ Stuttgart 1975.

Negoita, C.V./ Sularia, M.: On Fuzzy Mathematical Programming and Tolerances in Planning; in: Economic Computation and Economic Cybernetics Studies and Research, Vol. 3, 1976, S. 3-15.

Negoita, C.V./ Minoiu, S./ Stan, E.: On considering imprecision in dynamic linear programming; in: Economic Computation and Economic Cybernetics Studies and Research, Vol. 3, 1976, S. 83-95.

Nietsch, T./ Rautenstrauch, C./ Rehfeldt, M./ Rosemann, M./ Turowski, K.: Verbesserung von PPS–Systemen durch Fuzzy–Logik; in: CIM Management 1994, 10. Jg., H. 6, S. 22-26.

Orlicky, J.: Material Requirements Planning: The New Way of Life in Production and Inventory Management, New York et al. 1975.

Ost, F.: Faktorenanalyse, in: [Fahrmeiser/ Hamerle 1984], S. 575-662.

o.V.: Recherche: PPS–Systeme in dezentralen Produktionsstrukturen; in: CIM Management, 11. Jg., 1995, H. 3, S. 37.

o.V.: Dezentralisierung; in: Gabler Wirtschaftslexikon, 14. Aufl., Bd. 1 (A-E), Wiesbaden 1997, S. 906.

Özdamar, L./ Yetis, N./ Atli, A.Ö.: A modified hierarchical production planning system integrated with MRP: A case study; in: Production Planning and Control, Vol. 8, 1997, S. 72-87.

Pappas, I.A./ Tatsiopoulos, I.P. (Hrsg.): Advances in Production Management Systems, North Holland 1993.

Paris, Q.: Consistent aggregation of linear complementarity problems; in: Mathematical Programming, Vol. 18, 1980, S. 41-48.

Pedrycz, W.: Fuzzy Control and Fuzzy Systems, 2. Aufl., New York et al. 1993.

Plötzeneder, H.D. (Hrsg.): Computergestützte Unternehmensplanung, Wirtschaftsinformatik Symposium 1976, Stuttgart 1977.

Ramesh, R./ Prasud, S.Y./ Thirumurthy, M.V.: Flow control in kanban based multicell manufacturing: II. Design of control systems and experimental results; in: IJPR, Vol. 35, 1997, H. 9, S. 2413-2427.

Ramik, J./ Rimanek, J.: Inequality relation between fuzzy numbers and its use in fuzzy optimization; in: FSS, Vol. 16, 1985, S. 123-138.

Rausch, P.: CLAZZI - Ein PC-Programm zur Unterstützung von dezentralen und objektorientierten PPS-Systemen; in: Operations Research Proceedings 1996, Berlin et al. 1997, S. 248-253.

Reese, J.: Kapazitätsbelegungsplanung; in: [Kern et al. 1996], Sp. 862-873.

Rehfeldt, M.D./ Turowski, K./ Becker, J.: Anticipating Coordination in Distributed Information Systems through Fuzzy Information; in: Proceedings EUFIT '95, 3rd European Congress on Intelligent Techniques and Soft Computing, Vol. 3, Aachen 1995, S. 1774-1779.

Revenstorf, D.: Lehrbuch der Faktorenanaylse, Stuttgart 1976.

Rieper, B.: Hierarchische betriebliche Systeme; Beiträge zur industriellen Unternehmensforschung, Bd. 8, Wiesbaden 1979.

Riis, J.O.: Situational production management: a practical theory for the development and application of production management; in: Production Planning and Control, Vol. 5, 1994, H. 3, S. 240-252.

Ritsert, J./ Stracke, E./ Heider, F.: Grundzüge der Varianz– und Faktorenanalyse, Frankfurt/ New York 1976.

Ritzman, L.P./ Krajewski, L.J./ Berry, W.L./ Goodman, S.H./ Hardy, S.T./ Vitt, L.D. (Hrsg.): Disaggregation: Problems in manufacturing and service organizations, Boston/ London 1979.

Rohde, V. F.: MRP II und KANBAN als Bestandteile eines kombinierten PPS-Systems, Fuchsstadt 1991.

Rohlf, J.F.: Graphs implied by the Jardine–Sibson Overlapping Clustering Methods, B_k; in: JASA, Vol. 69, September 1974, S. 705-710.

Rohloff, M.: Decentralized production planning and design of a production management system based on an object-oriented architecture; in: IJPE, Vol. 30-31, 1993a, S. 365-383.

Rohloff, M.: Design of a Decentralized Production Management System Based on an Object Oriented Architecture; in: [Pappas/ Tatsiopoulos 1993b], S. 585-597.

Rommelfanger, H.: Lineare Ersatzmodelle für lineare Fuzzy–Optimierungsmodelle mit konkaven Zugehörigkeitsfunktionen , Diskussionspapier des Instituts für Statistik und Mathematik, Universität Frankfurt a.M. 1983.

Rommelfanger, H.: Rangordnungsverfahren für unscharfe Mengen; in: OR Spektrum, 8. Jg., 1986, S. 219-228.

Rommelfanger, H.: Interactive decision making in fuzzy linear optimization problems; in: EJOR, Vol. 41, 1989a, S. 210-217.

Rommelfanger, H.: Lineare Fuzzy–Optimierungsmodelle; in: Operations Research Proceedings, Berlin et al. 1989b, S. 368-373.

Rommelfanger, H.: Inequality Relations in Fuzzy Constraints und its Use in Linear Fuzzy Optimization; in: [Verdegay/ Delgado 1989c], S. 195-211.

Rommelfanger, H.: FULPAL – An interactive method for solving (multiobjective) fuzzy linear programming problems; in: [Slowinski/ Teghem 1990a], S. 279-299.

Rommelfanger, H.: FULPAL – Ein interaktives Verfahren zur Lösung linearer (Mehrziel)–Optimierungsprobleme mit vagen Daten; in: Operations Research Proceedings 1990b, S. 530-537.

Rommelfanger, H.: FULP – A PC–supported procedure for solving multicriteria linear programming problems with fuzzy data; in: [Fedrizzi et al. 1991a], S. 154-167.

Rommelfanger, H.: Stochastic Programming with vague Data; in: Annales Universitatis Scientiarum Budapestinensis de Rolando Eötvös Nominatae Section Computatorica 12, 1991b, S. 213-221.

Rommelfanger, H.: Fuzzy Mathematical Programming – Modelling of Vague Data by Fuzzy Sets and Solution Procedures, in: [Bandemer 1992a], S. 142-152.

Rommelfanger, H.: Beschreibung vager Größen mit Fuzzy–Sets; in: Viertl, R. (Hrsg.): Beiträge zur Umweltstatistik, Schriftenreihe der Technischen Universität Wien, Wien 1992b, S. 160-171.

Rommelfanger, H.: Fuzzy Decision Support–Systeme – Entscheiden bei Unschärfe, 2. Aufl., Berlin et al. 1994a.

Rommelfanger, H.: Some problems of fuzzy optimization with t-norm based extended addition; in: Delgado, M./ Kacprzyk, J./ Verdegay, J.-L./ Vila, M.A. (Hrsg.): Fuzzy Optimization: Recent Advances, Heidelberg 1994b, S. 158-168.

Rommelfanger, H.: Reduction costs as a vital argument in favour of fuzzy models; in: BUSEFAL, Vol. 60, 1994c, S. 30-38.

Rommelfanger, H.: Fuzzy linear programming and applications; in: EJOR, Vol. 92, 1996, S. 512-527.

Rommelfanger, H./ Keresztfalvi, T.: Fuzzy linear programming with t–norm based extended addition; in: Operations Research Proceedings, Berlin et al. 1992, S. 492-499.

Rommelfanger, H./ Keresztfalvi, T.: Fuzzy–Optimierungsmodelle auf der Basis der Yagerschen t-Norm T_p, DFG–Forschungsbericht, J.W. Goethe–Universität, Frankfurt a.M. 1993.

Ruffing, Th.: Die integrierte Auftragsabwicklung bei Fertigungsinseln – Grobplanung, Feinplanung, Überwachung; in: [Scheer 1991], S. 65-86.

Russell, B.: Vagueness; in: Australasian Journal of Psychology and Philosophy, Vol. 1, 1923, S. 84-92.

SAP (Hrsg.): MRP II im SAP–System, o.O., o.J.

SAP (Hrsg.): MRP II (Manufacturing Resource Planning) – Ein integriertes Logistikmodell als zentraler CIM–Baustein, RM–Infotage, Karlsruhe 1990.

SAP (Hrsg.): Funktionen im Detail – PP System R/3 Integrierte Produktionsplanung und –steuerung, Walldorf 1997.

Sarin, R.K.: Applications of Multicriteria Methods to Operations Management; in: Sawaragi, Y./ Inoue, K./ Nakayama, K. (Hrsg.): Toward Interactive and Intelligent Decision Support Systems, Proceedings Kyoto 1986, Vol. 1, Berlin et al., 1987, S. 333-342.

Scheer, A.–W.: Produktionsplanung auf der Grundlage einer Datenbank des Fertigungsbereichs, München/ Wien 1976.

Scheer, A.–W.: Wirtschaftsinformatik: Informationssysteme im Industriebetrieb, 2. Aufl., Berlin et al. 1988.

Scheer, A.–W.: Neue Architekturen für PPS–Systeme; in: [Ders. 1991a], S. 13-19.

Scheer, A.–W.: Produktionsplanungs– und Steuerungssysteme; in: Bullinger, H.–J. (Hrsg.): Handbuch des Informationsmanagements im Unternehmen, Kapitel 12, München 1991b.

Scheer, A.–W. (Hrsg.): Expertenwissen für die Praxis, München et al. 1991.

Schick, J.: Flexiblere Produktion durch segmentierte PPS; in: IO Management–Zeitschrift, 60. Jg., 1991, H. 4, S. 73-76.

Schmidt, G./ Frenzel, B.: Anforderungen an Leitstände für die flexible Fertigung; in: CIM Management, 6. Jg., 1990, H. 4, S. 33-37.

Schmitz, R./ Schotten, M.: Ergebnisse einer zweijährigen PPS–Marktanalyse im deutschsprachigen Raum; in: CIM Management, 10. Jg., 1994, H. 4, S. 39-44.

Schneeweiß, Ch.: Einführung in die Produktionswirtschaft, 5. Aufl., Berlin et al. 1993.

Schneeweiß, Ch.: Elemente einer Theorie hierarchischer Planung; in: OR Spektrum, 16. Jg., 1994, S. 161-168.

Schneeweiß, Ch.: Hierarchical structures in organisations: A conceptual framework; in: EJOR, Vol. 86, 1995, S. 4-31.

Schomburg, E.: Die Wirkung von PPS–Systemen; in: Rationalisierungs–Kuratorium der Dt. Wirtschaft e.V. (Hrsg.): PPS–Fachmann: Grundlagen, Planung, Steuerung; Bd. 5 Steuerung, Eschborn 1987, Baustein S. 1.6.

Schonberger, R.J.: The Transfer of Japanese Manufacturing Management Approaches to U.S. Industry; in: Academy of Management Review, Vol. 7, 1982, Nr. 3, S. 479-487.

Schotten, M./ Vogeler, Ch.: Produktionsplanung und –steuerung 1995; in: FB/ IE, 44. Jg. 1995, H. 2, S. 52-63.

Schulte, Ch.: Logistik, München 1991.

Schwaninger, M.: Systemtheorie; in: [Kern et al. 1996], Sp. 1946-1960.

Simon, H.A.: A Behavioral Model of Rational Choice; in: Ders., Models of Man, Kapitel 14, London/ New York 1957, S. 241-260.

Slowinski, R.: A Multicriteria Fuzzy Linear Programming Method for Water Supply System Development Planning; in: FSS, Vol. 19, 1986, S. 217-237.

Slowinski, R./ Teghem, J. (Hrsg.): Stochastic versus Fuzzy Approaches to Multiobjective Mathematical Programming under Uncertainty, Dordrecht 1990.

Sommer, G.: Lineare Ersatzprogramme für unscharfe Entscheidungsprobleme zur Optimumbestimmung bei unscharfer Problembeschreibung; in: ZOR, Bd. 22, 1978, S. B1-B24.

Sondermann, D.: Optimale Aggregation von großen linearen Gleichungssystemen; in: Zeitschrift für Nationalökonomie, 33. Jg., 1973, S. 235-250.

Späth, H.: Cluster–Analyse–Algorithmen zur Objektklassifizierung und Datenreduktion, 2. Aufl., München/ Wien 1977.

Stadtler, H.: Hierarchical Production Planning: Tuning Aggregate Planning with Sequencing and Scheduling; in: [Axsäter et al. 1986], S. 197-225.

Stadtler, H.: Hierarchische Produktionsplanung bei losweiser Fertigung, Heidelberg 1988.

Steinbuch, P.A./ Olfert, K.: Fertigungswirtschaft, 4. Aufl., Ludwigshafen 1989.

Steinhausen, D./ Langer, K.: Clusteranalyse: Einführung in Methoden und Verfahren der automatischen Klassifikation, Berlin/ New York 1977.

Steven, M.: Hierarchische Produktionsplanung, 2. Aufl., Heidelberg 1994.

Steven, M./ Meyer, H.: Computergestützte PPS–Systeme: Entwicklung, Stand, Tendenzen; in: WiSt, 27. Jg., 1998, H. 1, S. 20-26.

Stock, J. R./ Lambert, D. M.: Strategic Logistics Management, 2. Aufl., Homewood/ Irwin 1987.

Strack, M.: Die Plantafel ist tot, es lebe der CIM–Leitstand?; in: CIM–Management, 4. Jg., 1988, H. 2, S. 26-31.

Straube, B.: Anwendung der Theorie unscharfer Mengen bei der Modellierung realer Systeme, Diss., Berlin 1984.

Straube, B.: Some Remarks to Fuzzy Cluster Analysis; in: Bocklich, S.F./ Orlovski, S./ Peschel, M./ Nishiwaki, Y. (Hrsg.): Fuzzy Sets Applications, Methodological Approaches, and Results; Proceedings of the International Workshop on Fuzzy Sets Applications 1985, Berlin 1986, S. 165-174.

Streitferdt, L.: Auftragsverteilung; in: Kern, W. (Hrsg): Handwörterbuch der Produktionswirtschaft (Enzykopädie der Betriebswirtschaftslehre Bd. 7) Stuttgart 1979, Sp. 211-221.

Switalski, M.: Hierarchische Produktionsplanung: Entwicklung und Grundmodell; in: WiSt, 1987a, 16. Jg., September, H. 9, S. 446-452.

Switalski, M.: Fallstudie zur hierarchischen Produktionsplanung; in: WiSt, 1987b, 16. Jg., September, H. 9, S. 474-476.

Switalski, M.: Hierarchische Produktionsplanung und Aggregation; in: ZfB, 58. Jg., 1988, H. 3, S. 381-396.

Switalski, M.: Hierarchische Produktionsplanung: Konzeption und Einsatzbereiche, Schriften zur Betriebswirtschaft, Bd. 25, Heidelberg 1989.

Takatsu, S.: Decomposition of Satisficing Decision Problems; in: Information Sciences, Vol. 22, 1980, S. 139-148.

Tanaka, H./ Asai, K.: Fuzzy Solution in Fuzzy Linear Programming; in: IEEE Trans. SMC, Vol. 14, 1984, H. 2, March/ April, S. 325-328.

Tiwari, R.N./ Dharmar, S./ Rao, J.R.: Fuzzy goal programming – an additive model; in: FSS, Vol. 24, 1987, S. 27-34.

Trienekens, J.H./ Trienekens, J.J.M.: Information systems for production management in the food processing industry; problems and needs identified by empirical research; in: [Pappas/ Tatsiopoulos 1993], S. 449-456.

Tsubone, H./ Sugawara, M.: A Hierarchical Production Planning System in the Motor Industry; in: OMEGA, Vol. 15, 1987, H. 2, S. 113-120.

Tsubone, H./ Anzai, M./ Sugawara, M./ Matsuura, H.: An interactive production planning and scheduling system for a flow–type manufacturing process; in: International Journal of Production Economics, Vol. 22, 1991, S. 43-51.

Türke, Dieter: Das KANBAN–System aus Japan oder wie man fast lagerlos fertigt, 4. Aufl., Nürnberg 1986.

Vercellis, C.: Multi-criteria models for capacity analysis and aggregate planning in manufacturing systems; in: IJPE, Vol. 23, 1991, S. 261-272.

Verdegay, J.L./ Delgado, M. (Hrsg.): The interface between artificial intelligence and operations research in fuzzy environment, Köln 1989.

Vogel, F.: Probleme und Verfahren der numerischen Klassifikation, Göttingen 1975.

Vollmann, T.E./ Berry, W.L./ Whybark, D.C.: Manufacturing Planning and Control Systems, 2. Aufl., Homewood/ Illinois 1988.

Ward, J.H.: Hierarchical Grouping to Optimize an Objective Function; in: JASA, Vol. 58, 1963, S. 236-244.

Warnecke, H.–J.: Das Gruppenprinzip als Grundlage dezentraler Produktionsstrukturen; in: [Corsten 1994], S. 333-349.

Wedekind, H. (Hrsg.): Verteilte Systeme, Berlin et al. 1994.

Weigelt, M.: Dezentrale Produktionssteuerung mit Agenten–Systemen, Wiesbaden 1994.

Weigelt, M./ Mertens, P.: Dezentrale Produktionssteuerung mit dem Agenten–System DEPRODEX-1; in: [Wedekind 1994], S. 409-426.

Werners, B.: Interaktive Entscheidungsunterstützung durch ein flexibles mathematisches Programmierungssystem, München 1984.

Werners, B.: Interactive multiple objective programming subject to flexible constraints; in: EJOR, Vol. 31, 1987a, S. 342-349.

Werners, B.: An interactive fuzzy programming system; in: FSS, Vol. 23, 1987b, S. 131-147.

Wiendahl, H.–P.: Belastungsorientierte Fertigungssteuerung, München 1987.

Wiendahl, H.-P.: Entwicklungstrends in der Produktionsplanung und –steuerung; in: [Forschungsinstitut für Rationalisierung 1993], S. 177-200.

Wiendahl, H.–P./ Erdlenbruch, B.: Belastungsorientierte Werkstattsteuerung; in: Rationalisierungs–Kuratorium der Dt. Wirtschaft e.V. (Hrsg.): PPS–Fachmann: Grundlagen, Planung, Steuerung; Bd. 4 Steuerung; Eschborn 1987, Baustein S.1.1.4.2.

Wight, O.W.: Manufacturing Resource Planning: MRP II, Essex Junction/ VT 1981.

Wildemann, Horst: Einführungsstrategien zur Integration japanischer KANBAN–Prinzipien in deutsche Unternehmen, Rationalisierungs–Kuratorium der deutschen Wirtschaft: Schriftenreihe "Produktionsplanung und Produktionssteuerung" Merkblatt 15, Eschborn 1983.

Wildemann, H.: Flexible Werkstattsteuerung nach KANBAN–Prinzipien, in: Ders. (Hrsg.): Computergestütztes Produktionsmanagement, Bd. 2: Flexible Werkstattsteuerung durch Integration von KANBAN–Prinzipien, München 1984, S. 33-99.

Wildemann, H.: Produktion und Zulieferung auf Abruf: Das Just–In–Time Konzept, Passau 1987.

Wildemann, H.: Produktionssteuerung nach KANBAN–Prinzipien; in: Adam, D. (Hrsg.): Fertigungssteuerung II, Schriftenreihe zur Unternehmensführung Bd. 39, Wiesbaden 1988, S. 33-50.

Will, Th.: Organisationstypen der Produktion; in: Corsten, H. (Hrsg.): Lexikon der Betriebswirtschaftslehre, 3. Aufl., München/ Wien 1995, S. 707-712.

Winter, R.: Mehrstufige Produktionsplanung in Abstraktionshierarchien auf der Basis relationaler Informationsstrukturen, Diss., Berlin et al. 1991.

Wittemann, N.: Produktionsplanung mit verdichteten Daten; in: Operations Research Proceedings, Berlin 1984, S. 172-179.

Wittemann, N.: Produktionsplanung mit verdichteten Daten, Berlin et al. 1985.

Wittmann, W.: Entscheiden unter Ungewißheit, Sitzungsbericht der Wissenschaftlichen Gesellschaft an der Johann Wolfgang Goethe–Universität Frankfurt a.M., Bd. 13, Nr. 3, Frankfurt 1975.

Wolf, J.: Lineare Fuzzy–Modelle zur Unterstützung der Investitionsentscheidung, Diss., Frankfurt et al. 1988.

Yang, Y.: A new approach to uncertain parameter linear programming; in: EJOR, Vol. 54, 1991, S. 95-114.

Zadeh, L.A.: Fuzzy Sets, in: Information and Control, Vol. 8, 1965, S. 338-353.

Zadeh, L.A.: The concept of a linguistic variable and its application to approximate reasonning; in: Information Sciences, Vol. 8, 1975, S. 199-249, S. 301-357.

Zadeh, L.A.: A Fuzzy-Algorithmic Approach to the Definition of Complex or Imprecise Concepts; in: International Journal of Man-Machine Studies, Vol. 8, 1976, S. 249-291.

Zäpfel, G. (Hrsg.): Neuere Konzepte der Produktionsplanung und –steuerung, Linz 1989.

Zäpfel, G.: Strategisches Produktions-Management, Berlin/ New York 1989.

Zäpfel, G.: Entwicklungsstand und –tendenzen von PPS–Systemen; in: [Corsten 1994], S. 719-745.

Zäpfel, G.: PPS (Produktionsplanung und –steuerung); [Kern et al. 1996], Sp. 1391-1405.

Zäpfel, G./ Gfrerer, H.: Sukzessive Produktionsplanung; in: WiSt, 13. Jg., 1984, H. 5, S. 235-241.

Zäpfel, G./ Hödlmoser, P.: Läßt sich das KANBAN-Konzept bei einer Variantenfertigung wirtschaftlich einsetzen?; in: ZfB, 62. Jg., 1992, H. 4, S. 437-458.

Zäpfel, G./ Missbauer, H.: Traditionelle Systeme der Produktionsplanung und -steuerung in der Fertigungsindustrie; in: WiSt, 17. Jg., 1988, H. 2, S. 73-77.

Zeleny, M.: On the (ir)relevancy of fuzzy set theories; in: Human Systems Management, Vol. 4, 1984, S. 301-306.

Zelewski, S.: Elektronische Märkte zur Prozeßkoordinierung in Produktionsnetzwerken; in: Wirtschaftsinformatik, 39. Jg., 1997, H. 3, S. 231-243.

Zibell, R.M.: Just-in-Time: Philosophie, Grundlagen, Wirtschaftlichkeit (Schriftenreihe der Bundesvereinigung Logistik e.V.: Band 22), München 1990.

Zimmermann, H.-J.: Optimale Entscheidungen bei unscharfen Problembeschreibungen; in: ZfbF, 27. Jg., 1975, H. 12, S. 785-795.

Zimmermann, H.-J.: Fuzzy programming and linear programming with several objective functions; in: FSS, Vol. 1, 1978, S. 45-55.

Zimmermann, H.-J.: Fuzzy Sets in Operations Research - Eine Einführung in Theorie und Anwendung; in: Operations Research Proceedings, Berlin et al. 1985, S. 594-608.

Zimmermann, H.-J.: Prinzipien der Fuzzy Logic; in: Spektrum der Wissenschaft, o.Jg., 1993, März, H. 3, S. 90-94.

Zimmermann, H.-J./ Angstenberger, J.: Fuzzy Technologien: Prinzipien, Werkzeuge, Potentiale, Düsseldorf 1993.

Zimmermann, H.-J./ Von Altrock, C.: Prinzipien und Anwendungspotential der Fuzzy Mengentheorie; in: KI, 5. Jg., 1991, Dezember, H. 4, S. 6-12.

Zimmermann, H.-J./ Zysno, P.: Latent connectives in human decision making; in: FSS, Vol. 3, 1980, S. 37-51.

Zipkin, P.H.: Bounds on the Effects of Aggregation Variables in Linear Programs; in: OR, Vol. 28, 1980a, March-April, H. 2, S. 403-418.

Zipkin, P.H.: Bounds for Row-Aggregation in Linear Programming; in: OR, Vol. 28, 1980b, July-August, H. 4, S. 903-916.

Oliver Motz

Strategisches Management, Kooperation und der Einfluß von Informations- und Kommunikationstechnologien

Eine kritische Betrachtung aktueller Paradigmen in der Betriebswirtschaftslehre

Frankfurt/M., Berlin, Bern, New York, Paris, Wien, 1998. XVI, 262 S., 17 Graf.
Europäische Hochschulschriften: Reihe 5, Volks- und Betriebswirtschaft.
Bd. 2319
ISBN 3-631-33494-X · br. DM 89.–*

In jüngster Zeit werden unter dem Einfluß der Diffusion von Informations- und Kommunikationstechnologien neue Formen wirtschaftlicher Kooperation als Strategien zur Erlangung von Wettbewerbsvorteilen vorgestellt. Der Gebrauch scheinbar geklärter Begriffe wie Strategie, Management und Kooperation erweckt dabei den Eindruck, es handle sich um Mittel, durch deren Einsatz, insbesondere mit Hilfe von Informations- und Kommunikationstechnologien, geplante Ziele erreicht werden können. Der Autor hinterfragt diese Begriffe sowie das der Argumentation der klassischen Betriebswirtschaftslehre zugrunde liegende Rationalitätsverständnis, indem er die klassischen Theorien mit Hilfe der Theorie selbstreferentieller autopoietischer Systeme reflektiert.

Aus dem Inhalt: Das strategische Management · Kooperation · Die strategische Bedeutung der Informations- und Kommunikationstechnologien für Kooperationen

Frankfurt/M · Berlin · Bern · New York · Paris · Wien
Auslieferung: Verlag Peter Lang AG
Jupiterstr. 15, CH-3000 Bern 15
Telefax (004131) 9402131
*inklusive Mehrwertsteuer
Preisänderungen vorbehalten

Kolibri 360 GmbH
Ferdinand-Jühlke-Straße 7
99095 Erfurt, Deutschland
produktsicherheit@kolibri360.de

Druck:
CPI Druckdienstleistungen GmbH
im Auftrag der
Kolibri 360 GmbH
Ferdinand-Jühlke-Str. 7
99095 Erfurt